住房和城乡建设部"十四五"规划教材
"十二五"普通高等教育本科国家级规划教材
高等学校给排水科学与工程学科专业指导委员会规划推荐教材
北京市高等教育精品教材

水处理实验设计与技术

（第六版）

冯萃敏　吴俊奇　赵　丽　编著
李伟光　主审

中国建筑工业出版社

图书在版编目（CIP）数据

水处理实验设计与技术 / 冯萃敏，吴俊奇，赵丽编著. -- 6 版. -- 北京：中国建筑工业出版社，2024.6. --（住房和城乡建设部"十四五"规划教材）（"十二五"普通高等教育本科国家级规划教材）（高等学校给排水科学与工程学科专业指导委员会规划推荐教材）等.
ISBN 978-7-112-30017-4

Ⅰ. TU991.2-33

中国国家版本馆 CIP 数据核字第 2024K066V2 号

本书根据教育部关于加强大学生实践能力、创新精神培养等相关文件对实践教学的基本要求，结合国家对给排水科学与工程专业人才的培养需求，在《水处理实验设计与技术》（第五版）的基础上进行修订，本着简洁、清晰、直观的原则，对全书的文字、插图进行了局部修订，第 1 章增加了教学视频；第 3 章和第 4 章增加了实验项目和教学视频；第 5 章更新了部分仪器设备的使用说明及设备用电安全内容。本次修订突出实验技术特点，定位更加明确、专业结合更加紧密、实用性更强。

本书可作为给排水科学与工程、环境工程相关专业学生的教科书，也可作为相关技术人员的参考书。

为便于教学，作者制作了与教材配套的课件，如有需求可以扫码下载，电话：(010) 58337285，也可到建工书院 http://edu.capblink.com 下载。

教材 PPT

责任编辑：王美玲
责任校对：姜小莲

住房和城乡建设部"十四五"规划教材　"十二五"普通高等教育本科国家级规划教材
高等学校给排水科学与工程学科专业指导委员会规划推荐教材　北京市高等教育精品教材

水处理实验设计与技术（第六版）

冯萃敏　吴俊奇　赵　丽　编著
李伟光　主审

*

中国建筑工业出版社出版、发行（北京海淀三里河路 9 号）
各地新华书店、建筑书店经销
北京科地亚盟排版公司制版
北京云浩印刷有限责任公司印刷

*

开本：787 毫米×1092 毫米　1/16　印张：17　字数：424 千字
2024 年 8 月第六版　　2024 年 8 月第一次印刷
定价：58.00 元（赠教师课件）
ISBN 978-7-112-30017-4
(42947)

版权所有　翻印必究
如有内容及印装质量问题，请与本社读者服务中心联系
电话：(010) 58337283　　QQ：2885381756
（地址：北京海淀三里河路 9 号中国建筑工业出版社 604 室　邮政编码：100037）

出版说明

党和国家高度重视教材建设。2016年，中共中央办公厅、国务院办公厅联合印发了《关于加强和改进新形势下大中小学教材建设的意见》，提出要健全国家教材制度。2019年12月，教育部牵头制定了《普通高等学校教材管理办法》和《职业院校教材管理办法》，旨在全面加强党的领导，切实提高教材建设的科学化水平，打造精品教材。住房和城乡建设部历来重视土建类学科专业教材建设，从"九五"开始组织部级规划教材立项工作，经过近30年的不断建设，规划教材提升了住房和城乡建设行业教材质量和认可度，出版了一系列精品教材，有效促进了行业部门引导专业教育，推动了行业高质量发展。

为进一步加强高等教育、职业教育住房和城乡建设领域学科专业教材建设工作，提高住房和城乡建设行业人才培养质量，2020年12月，住房和城乡建设部办公厅印发《关于申报高等教育职业教育住房和城乡建设领域学科专业"十四五"规划教材的通知》（建办人函〔2020〕656号），开展了住房和城乡建设部"十四五"规划教材选题的申报工作。经过专家评审和部人事司审核，512项选题列入住房和城乡建设领域学科专业"十四五"规划教材（简称规划教材）。2021年9月，住房和城乡建设部印发了《高等教育职业教育住房和城乡建设领域学科专业"十四五"规划教材选题的通知》（建人函〔2021〕36号）（简称《通知》）。为做好规划教材的编写、审核、出版等工作，《通知》要求：（1）规划教材的编著者应依据《住房和城乡建设领域学科专业"十四五"规划教材申请书》（简称《申请书》）中的立项目标、申报依据、工作安排及进度，按时编写出高质量的教材；（2）规划教材编著者所在单位应履行《申请书》中的学校保证计划实施的主要条件，支持编著者按计划完成书稿编写工作；（3）高等学校土建类专业课程教材与教学资源专家委员会、全国住房和城乡建设职业教育教学指导委员会、住房和城乡建设部中等职业教育专业指导委员会应做好规划教材的指导、协调和审稿等工作，保证编写质量；（4）规划教材出版单位应积极配合，做好编辑、出版、发行等工作；（5）规划教材封面和书脊应标注"住房和城乡建设部'十四五'规划教材"字样和统一标识；（6）规划教材应在"十四五"期间完成出版，逾期不能完成的，不再作为《住房和城乡建设领域学科专业"十四五"规划教材》。

住房和城乡建设领域学科专业"十四五"规划教材的特点，一是重点以修订教育部、住房和城乡建设部"十二五""十三五"规划教材为主；二是严格按照专业标准规范要求编写，体现新发展理念；三是系列教材具有明显特点，满足不同层次和类型的学校专业教学要求；四是配备了数字资源，适应现代化教学的要求。规划教材的出版凝聚了作者、主审及编辑的心血，得到了有关院校、出版单位的大力支持，教材建设管理过程有严格保障。希望广大院校及各专业师生在选用、使用过程中，对规划教材的编写、出版质量进行反馈，以促进规划教材建设质量不断提高。

住房和城乡建设部"十四五"规划教材办公室
2021年11月

第六版前言

本教材是在第五版的基础上，根据教育部高等学校给排水科学与工程专业教学指导分委员会编制的《高等学校给排水科学与工程本科专业指南》修订完善而成。

第六版教材以简洁、清晰、直观为编写原则，对全书的文字、插图进行了局部修订。为适应数字化教学和在线学习需求，书中相应位置插有二维码，微信扫描二维码即可观看相关视频和动画。第1章增加了4个教学视频，第3章增加了折点加氯消毒实验项目视频和V型滤池实验项目，第4章增加了生物接触氧化实验项目，第5章更新了部分仪器设备使用说明并增加了仪器设备用电安全等内容。

本教材由冯萃敏、吴俊奇、赵丽主编。编写人员分工为：

绪论，冯萃敏、吴俊奇；

第1章，赵丽、吕亚芹、吴俊奇、冯萃敏；

第2章，赵丽、吕亚芹、冯萃敏、吴俊奇；

第3章，冯萃敏、吴俊奇、孙丽华、李燕城；

第4章，吴俊奇、冯萃敏、晏明全、李燕城；

第5章，黄忠臣、韩芳；

附录1～附录3，李英、赵丽。

本教材由哈尔滨工业大学李伟光教授主审。李伟光教授对全书进行了全面审核，并提出了宝贵意见和建议，在此表示衷心的感谢！

感谢北京建筑大学给排水科学与工程专业师生在教材修订过程中给予的帮助和支持！

本书得到"教育部给排水科学与工程专业建设虚拟教研室"和"教育部给排水科学与工程专业课程群虚拟教研室"的支持，在此表示感谢！

因编者水平有限，书中不足之处敬请批评指正，编者邮箱 feng-cuimin@sohu.com。

冯萃敏

2024年1月

第五版前言

根据教育部关于加强大学生实践能力、创新精神培养等相关文件对实践教学的基本要求，结合国家对给排水科学与工程专业人才的培养需求，全面践行"学生中心、产出导向、持续改进"的质量理念，调查分析全国几十所院校本教材使用情况，对本教材第四版进行修编。第五版教材的定位更加明确、专业结合更紧密、实用性更强，适用于给排水科学与工程、环境工程等专业的水处理实验教学。

本次修订更新了第1章和第2章内容。为突出实验技术特点，对原内容进行了凝练和精简，力求易学性和实用性。增加了常用数理统计软件的介绍、软件的应用，可以极大提高实验数据处理的效率，节省大量时间。对第3章、第4章的文字、符号及图表进行了局部修订。第5章增加5.1实验室安全一节，使学生在进入实验室之前能了解有关规定、要求和注意事项，确保实验过程中人身和仪器设备的安全；更新了原5.6节、5.7节内容，删除原5.10节。新增3个实验项目的动画和录像，总计14个实验项目。为方便学生灵活学习，书中相应位置插有二维码，扫描二维码后即可在手机上观看实验动画和录像。

本书绪论由吴俊奇编写；第1章、第2章由吕亚芹、吴俊奇、秦纪伟编写；第3章由吴俊奇、李燕城、冯萃敏编写；第4章由吴俊奇、李燕城、晏明全编写；第5章5.1由黄忠臣编写，5.2由韩芳编写；附录由李英负责；习题参考答案由吴俊奇、邓易芳负责；全书由吴俊奇统稿。

课件总体设计吴俊奇，新增录像及后期制作者有：吴俊奇、袁京生、黄忠臣、韩芳、王彤；新增动画制作及载体形式转换由王先兵负责。电子课件由李圭白院士审定。

本书由北京工业大学周玉文教授主审。

在修订过程中得到了李圭白院士、汪慧贞教授和张雅君教授的指导和帮助，在此一并表示感谢。感谢马龙友教授，虽因高龄未再参与本次修编工作，但仍对部分文字、图示等提出了书面修改建议。

因编者水平有限，书中不足之处敬请批评指正。

吴俊奇
2020年12月于北京建筑大学

第四版前言

本书在《水处理实验技术》（第三版）的基础上，根据全国高等学校给排水科学与工程学科专业指导委员会的建议进行了修订，并被评为"十二五"普通高等教育本科国家级规划教材。

重新撰写了第1章和第2章。在第1章中增加了近年来获得广泛应用的均匀实验设计。与正交实验设计相比，均匀实验设计可极大地减少实验次数，如要安排四因素五水平的实验，采用正交实验设计需要做25次实验，但若采用均匀实验设计，则只需做5次实验。在第1章正交实验设计及结果分析中，增加了因素间交互作用的影响，同时列举了有关交互作用的例题。在介绍多指标正交实验结果的直观分析中，编入了"指标对应比分"计算方法，用该方法可方便地分析实验各水平组合的优劣。在第2章回归分析中，增加了有实际应用意义的实验值的预报值和预报区间等内容，使书中例题经数学处理后更简明、易懂。对第3章、第4章和第5章原书中的文字、符号及图表进行了局部修订，更新了5.1节内容。

本版增加了习题的解题思路与答案，补充的参考答案利于学生检验对所学知识的掌握情况。本版对有关概念、内容和文字表达进行了精炼，使涉及的公式推导及表达严谨且规范，专业名词符号的使用重视实际应用的方便性，并与国际接轨，不但便于教师教学和学生学习，也有利于使用实验设计与数据处理软件。

对配套光盘中所有连续动画演示实验部分的内容进行了完善和细化，根据实验内容和实验过程归纳出主要实验步骤，将连续动画演示分解成具有多个独立的、分时段的动画演示单元，有利于学生对重点、难点实验过程的观看，从而提高学习效率。

第1章、第2章介绍的实验设计与数据处理内容比较多，若受教学时数限制，教师可根据需要选用部分内容讲授。

本书绪论由吴俊奇、李燕城编写；第1章、第2章、附录由马龙友编写；第3、4章由吴俊奇、李燕城编写；第5章由韩芳编写，全书由吴俊奇统稿。

配套水处理实验光盘总体设计者吴俊奇，动画、录像制作和参与者：吴俊奇、黄忠臣、王先兵、袁京生、张春学、韩芳、吴菁、罗溪婧、刘童佳等。水处理实验光盘由李圭白院士审定。

本书由北京工业大学周玉文教授主审。

本书在修订过程中得到了李圭白院士、汪慧贞教授、张雅君教授的指导和帮助，在此一并表示感谢。感谢李英博士协助完成此次修订工作。同时，特别感谢马龙友教授，在做好第1章和第2章编写工作的同时，对第3章和第4章也提出了很好的建议。

因编者水平有限，书中不足之处敬请批评指正。

吴俊奇

2015年4月于北京建筑大学

第三版前言

本书是在《水处理实验技术》（第二版）的基础上，根据全国高等学校给水排水工程专业指导委员会的建议对本书进行修订。本次修订工作由吴俊奇教授全面负责。

本次修订对第 1 章和第 2 章的有关概念、内容和文字表达进行了精炼，使涉及的公式推导及表达更加严谨和规范，许多记法更符合数学常规。为今后能配合开放实验，既达到锻炼学生动手能力，又提高有限实验时间利用率的目的，增加了常用实验仪器设备使用说明章节，并对第 3 章和第 4 章的实验进行筛选，对其中 11 个基本实验用近两年的时间制作了实验过程的动画演示和录像，对学生将会有很好的实验指导作用。

本书第 1、2 章由吕亚芹编写，第 3、4 章由吴俊奇、李燕城编写，第 5 章由吴俊奇、韩芳、秦纪伟编写。参与实验动画制作和录像的教师有黄忠臣、王先兵、袁京生、韩芳、吴菁、杨海燕、张春学、秦纪伟、李颖娜、罗溪婧等。本书由北京工业大学周玉文教授主审。

本书在修订过程中得到了马龙友教授、贾玲华副教授、汪慧贞教授、张雅君教授的指导和帮助，在此一并表示感谢。

因编者水平有限，书中不足之处敬请批评指正。

吴俊奇
2008 年 4 月于北京建筑工程学院

第二版前言

本书自 1989 年出版以来，一直是高等院校给水排水工程专业本科生的重要参考教材之一。近十几年来本学科发展很快，出现了许多新理论、新工艺和新方法，而且现今提出的素质教育对学生动手能力培养方面有了新的要求和含义，为此，给水排水工程专业指导委员会建议对本书进行修改。受本书主编李燕城教授的委托，吴俊奇副教授负责此次的全面修订工作。

本书是李燕城教授等教师多年教学和科研工作的结晶，书中收集了大量第一手科研资料和成果，对学生科研能力培养很有益处，且也基本符合现今素质教育的要求，故对原书只作了少量的改动，但增加了一些新的实验如给水处理动态模型实验、SBR 法实验、流动电流絮凝控制实验、膜生物反应器实验等。由于有些实验本身包括了生物处理、物理处理、化学处理、物理化学处理等原理，而有些实验又在给水处理、污水处理中都有应用，所以很难用物理处理、化学处理、生物处理或给水处理、污水处理来进行分类。但为了配合相关教材及沿袭过去的分类习惯，在参考了几所兄弟院校编写的水处理实验指导书后，对原书第 3 章按给水处理和污水处理进行分类编写。此外，为配合教学，本次修订尽可能使书中公式的符号与第四版《给水工程》和《排水工程》教材相一致。

本版所增加的给水排水动态模型实验主要是根据哈工大制造的水处理模型实验装置说明资料和孙丽欣主编的《水处理工程应用实验》一书中有关内容编写而成，在此对有关作者表示衷心感谢。

本书在修订过程中得到了汪慧贞教授、张雅君教授、付婉霞副教授和韩芳工程师等多位教师的指导和帮助，在此一并表示感谢。

本书由北京工业大学周玉文教授主审。

因编者水平有限，书中不足之处敬请批评指正。

吴俊奇
2003 年 12 月于北京建筑工程学院

第一版前言

《水处理实验技术》是给水排水工程专业必选课，是水处理教学的重要组成部分，是培养给水排水工程、环境工程技术人员所必需的课程。本课程可以加深学生对水处理技术基本原理的理解；培养学生设计和组织水处理实验方案的初步能力，培养学生进行水处理实验的一般技能及使用实验仪器、设备的基本能力；培养学生分析实验数据与处理数据的基本能力。

本书根据1983年长沙给水排水工程专业教学大纲会议及1984年给水排水工程、环境工程教材编审委员会"水处理实验技术教学大纲"审定稿和1987年给水排水及环境工程教材编审委员会"水处理实验技术教学基本要求"审定稿编写。

本书内容包括：1. 实验方案的优化设计；2. 实验数据的分析处理；3. 给水处理及废水处理必开与选开的19个实验项目，其中：（1）物理处理实验7项；（2）生物处理实验5项；（3）化学处理实验5项；（4）污泥处理实验2项。由于本书主要面向各高等院校教学，同时也面向生产和科研，考虑到本书的完整性、实验性及独立性，故编写了实验方案的优化设计及实验数据的分析处理部分。目前各院校情况不同，又考虑到科研、生产的需要，编写了19项水处理实验，有些实验项目还采用了几种不同的方法；或者选用了不同的实验设备。每个实验开头有简短的提要，主要介绍实验内容及在工程实践中的重要意义；结尾都有思考题以利于学生学习和实验工作的深入；在内容叙述上，力求做到：实验原理叙述清晰，计算公式推导完整，实验步骤简明扼要。

根据1987年给水排水及环境工程教材编审委员会第六次会议决定，本书作为给水排水工程专业本科教材，并决定本课程应开出包括水处理课在内的混凝沉淀、过滤、软化和除盐、自由沉淀（或成层沉淀）、生物处理（包括曝气充氧内容）、酸性废水中和、活性炭吸附、污泥处理9项必开实验，其他选开实验则由各院校根据本校的具体情况自定。

本书由北京建筑工程学院李燕城副教授主编。第一章及第二章由数学教研室马龙友副教授、贾玲华讲师及给水排水教研室李燕城副教授编写，第三章由给水排水教研室编写，其中实验1（2）、4、5（2）、7、13（1）、14、15（1）由柳新根副教授编写，实验5（1）、(3)、13（2）、15（2）由李耀曾副教授编写。此外给水排水教研室李常居助理工程师、邱少强工程师、王茂才实验师等参加了部分工作。

本书由哈尔滨建筑工程学院张自杰教授、重庆建筑工程学院姚雨霖教授主审。

由于编者水平有限，书中错误和不妥之处在所难免，欢迎广大读者给予批评指正。

编者

1988年5月

目 录

绪论 ··· 1
   0.1 水处理实验技术的作用 ··· 1
   0.2 水处理实验过程 ··· 1

第 1 章 实验设计 ··· 3
   1.1 实验设计中常用术语 ·· 4
   1.2 单因素实验设计 ··· 5
   1.3 多因素正交实验设计 ·· 9
      1.3.1 单指标正交实验设计和极差分析 ······················· 9
      1.3.2 多指标正交实验设计和极差分析 ····················· 17
   习题 ·· 22

第 2 章 实验数据处理与分析 ·· 24
   2.1 实验数据误差分析 ·· 24
      2.1.1 测量值及误差 ··· 24
      2.1.2 直接测量值误差分析 ······································ 25
      2.1.3 间接测量值误差分析 ······································ 27
      2.1.4 测量仪器精度的选择 ······································ 30
   2.2 实验数据处理 ··· 31
      2.2.1 有效数字及其运算 ·· 31
      2.2.2 实验数据处理 ··· 31
      2.2.3 实验数据中可疑数据的检验 ···························· 33
      2.2.4 检验可疑数据示例 ··· 35
   2.3 实验数据统计分析 ·· 37
      2.3.1 单因素方差分析 ··· 37
      2.3.2 正交实验方差分析 ··· 42
      2.3.3 回归分析 ·· 50
   2.4 数据分析计算软件简介 ·· 58
      2.4.1 统计软件的选用原则 ······································ 58
      2.4.2 SAS 软件系统 ·· 59
      2.4.3 BMDP 软件 ·· 60

| 2.4.4　SPSS 软件 ………………………………………………………………… 60
| 2.4.5　实验优化软件 ……………………………………………………………… 61
| 习题 ………………………………………………………………………………………… 62
| 第 3 章　给水处理实验 ………………………………………………………………………… 65
| 3.1　混凝搅拌实验 ………………………………………………………………………… 65
| 3.2　过滤实验 ……………………………………………………………………………… 69
| 3.2.1　滤料筛分及孔隙率测定实验 ………………………………………………… 69
| 3.2.2　过滤实验 ……………………………………………………………………… 72
| 3.2.3　滤池反冲洗实验 ……………………………………………………………… 75
| 3.3　流动电流絮凝控制系统运行实验 …………………………………………………… 80
| 3.4　消毒实验 ……………………………………………………………………………… 83
| 3.4.1　折点加氯消毒实验 …………………………………………………………… 83
| 3.4.2　臭氧消毒实验 ………………………………………………………………… 88
| 3.5　离子交换软化实验 …………………………………………………………………… 90
| 3.5.1　强酸性阳离子交换树脂交换容量的测定实验 ……………………………… 90
| 3.5.2　软化实验 ……………………………………………………………………… 92
| 3.6　除盐实验 ……………………………………………………………………………… 95
| 3.6.1　离子交换除盐实验 …………………………………………………………… 95
| 3.6.2　电渗析除盐实验 ……………………………………………………………… 98
| 3.7　给水处理动态模型实验 ……………………………………………………………… 104
| 3.7.1　脉冲澄清池实验 ……………………………………………………………… 104
| 3.7.2　水力循环澄清池实验 ………………………………………………………… 106
| 3.7.3　重力式无阀滤池实验 ………………………………………………………… 107
| 3.7.4　虹吸滤池实验 ………………………………………………………………… 109
| 3.7.5　斜板沉淀池实验 ……………………………………………………………… 110
| 3.7.6　V 型滤池实验 ………………………………………………………………… 112
| 3.8　冷却塔热力性能测试实验 …………………………………………………………… 114
| 第 4 章　污水处理实验 ………………………………………………………………………… 118
| 4.1　颗粒自由沉淀实验 …………………………………………………………………… 118
| 4.1.1　颗粒自由沉淀实验 …………………………………………………………… 118
| 4.1.2　原水颗粒分析实验 …………………………………………………………… 123
| 4.2　絮凝沉淀实验 ………………………………………………………………………… 125
| 4.3　拥挤沉淀实验 ………………………………………………………………………… 129
| 4.4　污水可生化性能测定实验 …………………………………………………………… 134
| 4.4.1　BOD_5/COD_{Cr} 比值法 …………………………………………………………… 135

4.4.2　瓦勃氏呼吸仪测定法 ·· 135
4.5　活性污泥活性测定实验 ··· 141
　　　4.5.1　吸附性能测定实验 ·· 141
　　　4.5.2　生物降解能力测定实验 ·· 143
4.6　好氧生物处理实验 ·· 145
　　　4.6.1　曝气池混合液比耗氧速率测定实验 ······························ 145
　　　4.6.2　完全混合生化反应动力学系数测定实验 ······················· 147
4.7　曝气充氧实验 ·· 155
　　　4.7.1　曝气设备清水充氧性能测定实验 ·································· 155
　　　4.7.2　污水充氧修正系数 α、β 值测定实验 ································ 161
4.8　间歇式活性污泥法（SBR 法）实验 ··· 165
4.9　高负荷生物滤池实验 ··· 167
4.10　污水处理动态模型实验 ·· 171
　　　4.10.1　完全混合型活性污泥法曝气沉淀池实验 ····················· 171
　　　4.10.2　生物转盘实验 ··· 173
　　　4.10.3　塔式生物滤池实验 ··· 175
4.11　膜生物反应器实验 ·· 176
4.12　污水和污泥厌氧消化实验 ·· 178
4.13　污泥脱水性能实验 ·· 185
　　　4.13.1　污泥比阻测定实验 ··· 185
　　　4.13.2　污泥滤叶过滤实验 ··· 188
4.14　气浮实验 ·· 190
　　　4.14.1　气固比实验 ·· 191
　　　4.14.2　释气量实验 ·· 193
4.15　活性炭吸附实验 ··· 195
4.16　酸性污水升流式过滤中和及吹脱实验 ····································· 200
4.17　生物接触氧化实验 ·· 203

第 5 章　实验室安全及仪器设备使用说明 ······································ 206
5.1　实验室安全 ··· 206
　　　5.1.1　实验室一般安全 ·· 206
　　　5.1.2　实验人员安全 ··· 206
　　　5.1.3　仪器设备安全 ··· 207
　　　5.1.4　化学药品安全 ··· 209
5.2　仪器设备使用说明 ·· 209
　　　5.2.1　BX53 摄影显微镜使用说明 ··· 209

5.2.2　BS 224S 电子天平使用说明 ………………………………………………… 211
5.2.3　PB-10 型 pH 计使用说明 …………………………………………………… 212
5.2.4　DDSJ-308F 型电导率仪使用说明 …………………………………………… 215
5.2.5　YSI 550A 溶氧仪 ……………………………………………………………… 219
5.2.6　Turb 550 台式浊度仪使用说明 ……………………………………………… 221
5.2.7　HACH 2100N 台式浊度仪使用说明 ………………………………………… 222
5.2.8　硬度测定仪 HI96735 使用说明 ……………………………………………… 224
5.2.9　ZR4-6 型混凝试验搅拌机使用说明 ………………………………………… 226
5.2.10　ZBSX-92A 标准振筛机使用说明 …………………………………………… 228
5.2.11　711 型便携式悬浮物分析仪使用说明 ……………………………………… 230
5.2.12　TDL-5 型低速大容量离心机使用说明 ……………………………………… 231
5.2.13　DL 电热鼓风干燥箱使用说明 ………………………………………………… 234

附录 1　实验常用数据表 ……………………………………………………………… 237
　附表 1　正交表 ……………………………………………………………………… 237
　附表 2　检验可疑数据临界值表 …………………………………………………… 241
　附表 3　F 分布表 …………………………………………………………………… 243
　附表 4　相关系数 r 检验表 ………………………………………………………… 244
　附表 5　氧在蒸馏水中的溶解度（饱和度） ……………………………………… 245
　附表 6　空气的物理性质（在一个标准大气压下） ……………………………… 245
　附表 7　90°散射光 940mm 波长，不同浊度单位转换系数 ……………………… 245

附录 2　臭氧浓度测定方法 …………………………………………………………… 246

附录 3　习题参考答案 ………………………………………………………………… 247

主要参考文献 …………………………………………………………………………… 257

绪　　论

0.1　水处理实验技术的作用

自然科学除数学而外，几乎都可以说是实验科学，离不开实验技术。实验不仅用来检验理论正确与否，而且大量的客观规律、科学理论的发现与确立又都是从科学实验中总结出来的，因此实验技术是科学研究的重要手段之一。

给排水科学与工程专业是一个应用型学科，因此实验技术更为重要，不仅一些现象、规律、理论，就是工程设计、运行管理中的很多问题，也都离不开实验。因此在学习水质工程学课程的同时，必须有意识地加强水处理实验技术课程的学习，注意培养自己独立解决工程实践中一些实验技术问题的能力。

水处理实验技术课程教学目的：

（1）学会设计实验方案和组织实验的方法；

（2）掌握一般水处理实验技能和仪器设备的使用方法，具有一定的解决实验技术问题的能力；

（3）通过对实验现象的观察、实验结果的分析，加深对水质工程学基本概念、现象、规律与基本原理的理解；

（4）学会对实验数据进行分析与处理，并能得出切合实际的结论。

0.2　水处理实验过程

水处理实验过程包括：实验准备、实验过程、实验数据分析与处理、撰写实验报告等四个环节。

1. 实验准备

实验前的准备工作，不仅关系实验的进度，而且直接影响实验的质量和成果。其准备工作大致如下：

（1）理论准备工作

1）查阅有关文献。了解当前技术发展及研究现状。

2）进行实验方案的设计。利用所学实验设计及专业知识进行实验方案设计，以最小代价迅速圆满地得到正确的实验结论。

3）明确实验原理和实验目的。如在研制生化处理中使用的曝气设备时，可通过清水充氧实验，分析产品的优缺点、存在问题和改进方向，以期得到一个较佳的新产品及适宜的运行条件。

(2) 实验设备、测试仪器的准备

1) 一般设备、仪器的准备。熟悉所用仪器设备的性能、使用条件，并正确地选择仪器的精度；检查设备、仪器的完好度；记录各种必要的数据；某些易损易耗的设备、仪表要有备用品。

2) 专用实验设备的准备。了解专用设备可靠性、使用条件和性能，如需自己设计加工专用设备时，除了从理论上要符合水处理、水力学等要求外，还要考虑实验条件与今后生产运行条件的一致性。在没有运行前，一般要先经清水调试修改至正常运行为止。

(3) 测试步骤与记录表格的准备

1) 步骤。整个实验分几步或几个工况完成，实验人员要做到心中有数。

2) 记录表格。设计记录表格是一项重要的工作，实验前应设计出记录各种参数和测试结果所需的记录表格。

(4) 人员分工

水处理实验一般均需多人同时配合进行，参加测试的人员应合理分工，保证实验有条不紊地进行。

2. 实验过程

(1) 仪器设备的安装与调试

仪器设备安装位置应便于操作、观察、读数和记录。条件允许时，最好通过试做以达到对整个实验的了解并检查全部准备工作。

(2) 实验

1) 取样与分析。正确取出所需的样品并记录有关信息，如时间、地点、位置、高度等；样品分析一般可参照水质分析要求进行。

2) 观察及拍照。实验中某些现象要通过眼睛观察并加以描述记录，有条件时也可以拍照录像。例如做悬浮物絮凝沉淀时，对颗粒絮凝作用及絮凝体形成和凝聚变大，下沉过程的描述；曝气设备清水充氧实验时，各类曝气设备所形成的池内气泡分布，气泡大小变化的观察描述等。

3) 记录。实验记录是整个实验的宝贵资料，是后续实验数据处理、分析的依据。要尽可能详细地记下测试中所需要的各种数据，不得涂改，字迹清楚、工整。

3. 实验数据分析与处理

实验过程中应随时进行数据整理分析，及时发现问题，修改实验方案，指导下一步实验的进行。

整个实验结束后，要对实验数据进行分析处理，包括数据误差分析、数据处理和数据统计分析。以便确定因素主次顺序，最佳生产运行条件，建立经验式。

4. 撰写实验报告

实验报告是对整个实验的全面总结，应文字通顺、字迹端正、图表整齐、结果正确、讨论认真。

一般报告由以下几部分组成：(1) 实验名称；(2) 实验目的；(3) 实验原理；(4) 实验装置仪表；(5) 实验数据及分析处理；(6) 结论；(7) 问题讨论。

第1章 实验设计

实验是解决水处理问题必不可少的一个重要手段,通过实验可以得出三方面结论。

(1) 找出影响实验结果的主要因素及各主要因素的主次顺序,为水处理方法揭示内在规律,建立理论基础。

(2) 寻找各主要因素的较佳值,以达到高效、节能及降低费用的目的。

(3) 建立数学关系式,以解决工程实际中的问题。

如果实验设计得好,实验次数不多,就能获得足够有用信息,通过实验数据的分析,可以掌握内在规律,得到满意结论。因此,如何合理地设计实验,以用较少的实验次数达到我们预期的目的,是值得我们研究的一个问题。

优化实验设计,是一种在实验前,根据实验中的不同问题,利用数学原理,科学地安排实验,迅速找到最佳方案的科学实验方法。优化实验设计打破了传统均分安排实验等方法,其中单因素的 0.618 法、多因素的正交实验设计法在国内外已广泛地应用于科学实验上,取得了很好效果。本章将重点介绍这两种方法。

实验设计(experimental design)以概率统计为基础,整个发展过程可分为三个阶段:

第一阶段:创立实验设计学科

20 世纪 20 年代由英国生物统计学家、数学家费歇尔(R. A. Fisher)提出了早期的方差分析方法,并将其用于田间试验,使农业大幅度增长。他首次提出了方差分析、随机区组、拉丁方等控制、分解和测定试验误差的方法。1935 年,费歇尔完成了《试验设计》一书,提出了实验设计的三个基本原理:随机化、重复性和区组化,从而开创了一门新的应用技术学科。

第二阶段:正交设计方法

1949 年,以田口玄一(G. Taguchi)为首的一批研究人员在日本电讯研究所研究电话通信的系统质量管理过程中,创造了正交试验设计法,即用正交表安排试验的方法。

1953 年,美国数学家基弗(Kiefer)提出"优选法"中的黄金分割法(0.618 法)和菲波那契数列法(分数法)。

第三阶段:信噪比与三阶段等现代试验设计法

1957 年,田口玄一提出了信噪比设计法,把信噪比设计和正交表设计、方差分析相结合,可以进行评价与改善计测仪表的计测方法的误差,解决产品或工序的最佳稳定性和最佳动态特性问题。

1980 年,田口玄一又提出了稳健设计,包括系统设计、参数设计和容差设计三部分内容,是传统的试验设计方法的重要发展和完善。它充分利用专业技术、生产实践提供的信息资料,与正交设计方法相结合,取得了十分显著的技术与经济效果。

我国从 20 世纪 50 年代开始研究这门学科,并逐步应用到工农业生产中,60 年代末,中国科学院系统研究所的研究人员编制了一套适用的正交表,提出了"小表多排因素、分批走着瞧、在有苗头处着重加密、在过稀处适当加密"的正交优化设计原理与方法，简化了试验程序和试验结果的分析方法，创立了简单易懂、行之有效的正交试验设计法。1978年，数学家方开泰和王元提出了均匀实验设计方法，应用该方法其实验次数比正交实验的还少，形成了一套具有中国特色的实验设计方法。

随着计算机技术的发展和普及，出现了各种针对实验设计和实验数据处理的软件，如Excel，SPSS（Statistical Package for the Social Science），SAS（Statistical Analysis System），Matlab和Origin等软件，为实验设计与数据处理提供了方便、快捷的计算工具。

1.1 实验设计中常用术语

1. 实验设计中常用术语

1. 实验方法（experimental method）

根据研究的问题设计实验，通过实验获得大量的自变量与因变量间的对应数据，并对数据处理分析得到客观规律的整个过程，称为实验方法。

例如，比较几种混凝剂对降低水的浑浊度的优劣。实验方法是先把实验划分为若干组水样，把各种混凝剂分别投入各组水样中，再测出各组水样中剩余浊度，作为实验指标，进行比较。

2. 实验设计（experimental design）

根据实验中需要解决的问题，利用数学原理合理制定实验方案、科学分析实验结果，并得到较佳实验条件的方法。

3. 实验指标（experimental index）

根据实验目的而选定用来衡量实验效果的标准称为实验指标（或评价指标），简称指标。

例如，天然水中存在大量胶体颗粒，使水浑浊，为了降低浑浊度需往水中投放混凝剂。当实验目的是降低水中浑浊度时，可用水样中剩余浊度作为实验指标。

实验指标分为可量化的定量指标和不可量化的定性指标两种。

4. 实验因素（experimental factor）

对实验指标有影响的条件称为实验因素，简称因素。

实验因素也分可控因素和不可控因素，一般实验设计只考虑可控因素。

5. 实验水平（experimental level）

实验因素处于不同状态可能引起实验指标变化，因素变化的各种状态称为实验水平，又称因素水平，简称水平。

6. 交互作用（interaction）

在实验中不仅考虑各个因素对实验指标单独起的作用，而且还考虑因素之间组合起来对实验指标的影响作用，后一种作用称为交互作用。

实验设计主要包括四部分内容：

（1）明确实验指标。

（2）寻找影响实验指标的实验因素和因素水平。

（3）选择适用的实验设计方法。

（4）科学地分析实验结果，包括对实验数据的极差分析、方差分析、回归分析等多种统计分析方法，或借助 SPSS 等软件来完成。

1.2 单因素实验设计

只考虑一个对实验指标影响最大的因素，其他因素尽量保持不变的实验，就是单因素实验。单因素实验设计（single-factor experiment design）。主要考虑下面三方面内容。

（1）确定实验范围

假设实验因素取值范围的下限用 a 表示，上限用 b 表示，则实验范围可用由 a 到 b 的线段来表示。若 x 表示实验点，如果考虑端点 a 和 b，实验范围可记成 $[a, b]$ 或 $a \leqslant x \leqslant b$；如果不考虑端点 a 和 b，实验范围就记成 (a, b) 或 $a < x < b$。

2. 实验设计考虑内容

（2）确定评价指标

如果实验结果 y 和因素取值 x 的关系可写成数学表达式：$y=f(x)$，称 $f(x)$ 为指标函数或目标函数。根据具体问题的要求，在因素的最佳点上，指标函数 $f(x)$ 取最大值或最小值或满足某种规定的要求。对于不能写成指标函数甚至实验结果不能定量表示的情况，例如，比较水库中水的气味，就要确定评价实验结果好坏的标准。

（3）确定优选方法

以尽可能少的实验次数尽快找到最优方案。

单因素实验设计方法包括：对分法、均分法、黄金分割法（0.618 法）、分数法等实验法。本书仅介绍常用的黄金分割法（0.618 法）。

如果目标函数只有一个峰值，在峰值的两侧实验效果都差，将这样的目标函数称为单峰函数。单峰函数分为上单峰函数和下单峰函数。图 1-1 所示为一个上单峰函数。

1. 单峰函数的定义

（1）上单峰函数的定义

目标函数 $f(x)$ 在区间 $[a, b]$ 为上单峰函数，是指 $f(x)$ 在 $[a, b]$ 上只有一个最大值点 x^*，在最大值点 x^* 的左侧部分，函数图形严格上升；在最大值点 x^* 的右侧部分，函数图形严格下降，如图 1-1 所示。

（2）下单峰函数的定义

类似可以给出下单峰函数的定义（略）。

2. 黄金分割法的基本步骤

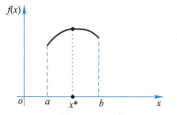

图 1-1 上单峰函数图形

通常把处在线段 0.618 位置上的那一点称为黄金分割点。单因素实验设计的黄金分割法，第一个实验点就选在黄金分割点处，即选在实验范围的 0.618 位置上，所以黄金分割法又称 0.618 法。

黄金分割法适用于目标函数为单峰函数的情形。其基本步骤如下：

3. 黄金分割法

（1）确定两个实验点

设实验范围为 $[a, b]$，第一个实验点 x_1 选在黄金分割点处，即实验范围的 0.618 位置上，其计算公式为：

$$x_1 = a + 0.618(b-a) \tag{1-1}$$

第二个实验点选在第一点 x_1 的对称点 x_2 上，就是实验范围的 0.382 位置上，即：
$$x_2 = a + (b - x_1) = a + 0.382(b - a)$$
故得计算第二个实验点位置的公式为：
$$x_2 = a + 0.382(b - a) \tag{1-2}$$

在安排实验点时，应该使两个实验点 x_1 与 x_2 关于实验范围的中点对称，就是满足 $x_2 - a = b - x_1$，即如图 1-2 所示，这是我们实验过程中应遵循的一个原则——对称原则。实验范围内，0.618 处的点和 0.382 处的点就是对称点。

图 1-2 在 $[a, b]$ 内实验点 x_1，x_2 位置图

(2) 在实验点 x_1，x_2 处，安排实验并确定留下的实验范围

设 $f(x)$ 为上单峰函数，$f(x_1)$ 和 $f(x_2)$ 分别表示 x_1 与 x_2 两点的实验结果，且 $f(x)$ 值越大，效果越好。下面分三种情况进行分析：

1) 如果 $f(x_1)$ 比 $f(x_2)$ 好，实验点 x_1 是好点，根据"留好去坏"的原则，去掉不包含好点 x_1 的实验范围 $[a, x_2)$ 部分，在剩余范围 $[x_2, b]$ 内继续做实验。

2) 如果 $f(x_1)$ 比 $f(x_2)$ 差，实验点 x_2 是好点，同理去掉不包含好点 x_2 的实验范围 $(x_1, b]$ 部分，在剩余范围 $[a, x_1]$ 内继续做实验。

3) 如果实验结果 $f(x_1)$ 和 $f(x_2)$ 一样，去掉两端部分，在剩余范围 $[x_2, x_1]$ 内继续做实验。

根据上单峰函数性质，上述三种情况的任一做法，都不会发生最佳点丢掉的情况。

(3) 在留下的实验范围内安排新的实验点，继续将实验做下去

在第一种情况下，在剩余实验范围 $[x_2, b]$ 内，求出 x_1 点的对称点 x_3，可用式 (1-1) 计算出新的实验点 x_3，即：
$$x_3 = x_2 + 0.618(b - x_2)$$
如图 1-3 所示，在实验点 x_3 安排新的实验。

图 1-3 在 $[x_2, b]$ 内实验点 x_1，x_3 位置图

在第二种情况下，在剩余实验范围 $[a, x_1]$ 内，求出 x_2 点的对称点 x_3，可用式 (1-2) 计算出新的实验点 x_3，即：
$$x_3 = a + 0.382(x_1 - a)$$
如图 1-4 所示，在实验点 x_3 安排新的实验。

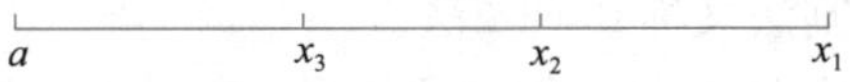

图 1-4 在 $[a, x_1]$ 内实验点 x_2，x_3 位置图

在第三种情况下，在剩余实验范围 $[x_2, x_1]$ 内，求出黄金分割点和它的对称点，用式(1-1) 和式(1-2) 计算出两个新的实验点 x_3 和 x_4，即：
$$x_3 = x_2 + 0.618(x_1 - x_2)$$

$$x_4 = x_2 + 0.382(x_1 - x_2)$$

在实验点 x_3、x_4 安排新的实验。

无论上述 3 种情况出现哪一种，在新的实验范围内都有两个实验点，都有两次实验结果可以进行比较。仍然按照"留好去坏"原则，再去掉实验范围的一段或两段，在留下的实验范围中再找出新的实验点，继续将实验做下去。

这个过程重复进行，直到找出满意的实验点，得到认可的实验结果为止，或留下的实验范围已很小，再做下去，实验结果差别不大，就可停止实验。

【例 1-1】 为降低水的浑浊度，做水处理实验，需要加入一种药剂，已知其最佳加入量在 1000g 到 2000g 之间的某一点，用黄金分割法来安排实验点，试写出实验过程。

【解】

(1) 确定两个实验点

实验范围为 [1000, 2000]，在黄金分割点 x_1 处做第一次实验，右点的加入量 x_1 可由式(1-1) 计算出：

$$x_1 = 1000 + 0.618 \times (2000 - 1000) = 1618 \text{g}$$

在这一点的对称点 x_2，即 0.382 处做第二次实验，这一点的加入量 x_2 可由式(1-2) 计算出：

$$x_2 = 1000 + 0.382 \times (2000 - 1000) = 1382 \text{g}$$

加入量 x_1、x_2 所处位置，就是实验点 x_1、x_2 所处位置，如图 1-5 所示。

```
1000        1382    1618        2000
 a           x_2     x_1         b
```

图 1-5 在 [1000, 2000] 内实验点 x_1，x_2 位置图

(2) 确定保留区间

比较 x_1 点与 x_2 点的实验结果，假设点 x_1 是好点。根据"留好去坏"原则，去掉 1382g 以下一段。在留下部分 [1382, 2000] 内，可由式(1-1) 计算出：

$$x_3 = 1382 + 0.618 \times (2000 - 1382) = 1764 \text{g}$$

在 [1382, 2000] 内实验点 x_1、x_3 所处位置，如图 1-6 所示。

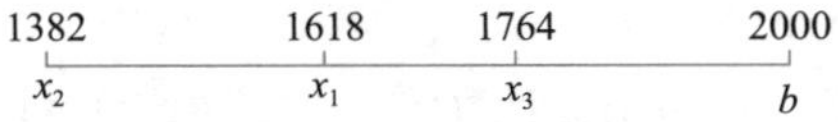

```
1382    1618    1764        2000
 x_2     x_1     x_3         b
```

图 1-6 在 [1382, 2000] 内实验点 x_1，x_3 位置图

(3) 在 x_3 点做第三次实验

比较在剩下实验范围 [1382, 2000] 内 x_1 点与 x_3 点的实验结果，假设点 x_1 是好点。根据"留好去坏"原则，去掉 1764g 以上一段。在留下部分 [1382, 1764] 上，可由式(1-2) 计算出来：

$$x_4 = 1382 + 0.382 \times (1764 - 1382) = 1528 \text{g}$$

在 [1382, 1764] 内实验点 x_1、x_4 所处位置，如图 1-7 所示。

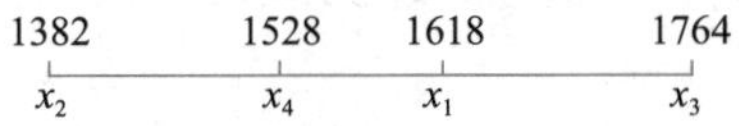

```
1382    1528    1618    1764
 x_2     x_4     x_1     x_3
```

图 1-7 在 [1382, 1764] 内实验点 x_1，x_4 位置图

(4) 在 x_4 点做第四次实验

比较在剩下实验范围 [1382, 1764] 内 x_1 点与 x_4 点的实验结果，假设 x_4 是好点。根据"留好去坏"原则，则去掉 1618g 到 1764g 这一段。在留下部分 [1382, 1618] 上，按同样方法继续做下去，如此重复，直至找到满意的实验点为止。

【例 1-2】 确定某水样的最佳投药量的浓度。根据经验兑水的倍数为 60~100 倍，用黄金分割法安排实验，若做两次实验就找到了合适的加水倍数。试求第一次实验和第二次实验的加水倍数。

【解】

实验范围为 [60, 100]，根据题意可知，在黄金分割点 x_2 处做第二次实验即找到合适加水倍数，由黄金分割法公式(1-1)、式(1-2) 得：

$$x_1 = a + 0.618(b-a) = 60 + 0.618 \times (100-60) = 84.72$$
$$x_2 = a + 0.382(b-a) = 60 + 0.382 \times (100-60) = 75.28$$

稀释倍数一般为整数，取整 75 倍。

【例 1-3】 某水处理实验，需要对氧气的通入量进行优选。根据经验知道氧气的通入量是 20~80kg，用黄金分割法经过 4 次实验就找到合适通氧量。试将各次通氧量计算出来，并填入表 1-1。

氧气通入量优选实验记录表　　　　　　　　　　　　　　　表 1-1

实验序号	通氧量(kg)	比较
①		
②		①比②好
③		①比③好
④		①比④好

【解】

(1) 确定两个实验点

实验范围为 [20, 80]，在黄金分割点 x_1（右点）处做第一次实验，由式(1-1) 计算出：

$$x_1 = a + 0.618(b-a) = 20 + 0.618 \times (80-20) = 57.08 \text{kg} \qquad ①$$

在黄金分割点 x_2（左点）处做第二次实验，由式(1-2) 计算出：

$$x_2 = a + 0.382(b-a) = 20 + 0.382 \times (80-20) = 42.92 \text{kg} \qquad ②$$

(2) 确定保留区间

由表 1-1 知①比②好，保留 x_1 所在区间 [42.92, 80]，去掉 [20, 42.92)，在 [42.92, 80] 范围内继续做实验，点 x_1 为此区间的左点。由式(1-1) 计算出此时的右点 x_3：

$$x_3 = 42.92 + 0.618 \times (80 - 42.92) = 65.84 \text{kg} \qquad ③$$

(3) 在 x_3 点做第三次实验

由表 1-1 知①比③好，保留点 x_1 所在区间 [42.92, 65.84]，去掉 (65.84, 80]，在区间 [42.92, 65.84] 做第四次实验，点 x_1 为此区间的右点，由式(1-2) 计算出此时的左点 x_4：

$$x_4 = 42.92 + 0.382 \times (65.84 - 42.92) = 51.68 \text{kg} \qquad ④$$

由表 1-1 知①比④好，保留 x_1 所在区间 [51.68, 65.84]，此区间范围已经较窄，可停止实验,点 $x_1=57.08$kg 作为最佳氧气通入量,实验结果见表 1-2。

氧气通入量优选实验结果汇总表　　　　表 1-2

实验序号	通氧量(kg)	比较
①	57.08	
②	42.92	①比②好
③	65.84	①比③好
④	51.68	①比④好

总之,黄金分割法简便易行,对每个实验范围都安排两个实验点,比较两点实验结果,好点留下,从坏点处把实验范围切开,去掉短而不包含好点的一段,实验范围就缩小了。在黄金分割法中,实验过程无论到哪一步,相互比较的两个实验点都在所留下实验范围的黄金分割点和它的对称点处,即 0.618 处和 0.382 处。

1.3　多因素正交实验设计

4. 多因素正交实验设计

在科学实验中往往需要考虑多个因素,而每个因素又要考虑多个水平,这样的实验问题称为多因素实验。多因素实验,如果对每个因素的每个水平都相互搭配进行全面实验,实验次数就相当多。如某个实验考察 4 个因素,每个因素 3 个水平,全面实验次数为 $3^4=81$ 次实验。要做这么多实验,既费时又费力,而有时甚至是不可能的。由此可见,多因素的实验存在两个突出的问题:

(1) 全面实验的次数与实际可行的实验次数之间的问题;
(2) 实际所做的少数实验与全面掌握内在规律的要求之间的问题。

为解决第一个问题,就需要我们对实验进行合理的安排,做几个具有"代表性"的实验;为解决第二个问题,需要我们对所做的几个实验的实验结果进行科学的分析。

正交实验设计 (orthogonal experiment design) 是处理多因素实验的方法之一。它利用事先制好的特殊表格——正交表设计实验方案,仅需做少量具有代表性的实验,实验后经过简单的运算,就可分清各因素主次作用并找出较好的实验方案。因此,正交实验在各个领域得到了广泛应用。

1.3.1　单指标正交实验设计和极差分析

只考察一个实验指标的正交实验设计,称为单指标正交实验设计。

1. 正交表 (orthogonal table)

正交表是正交实验设计法中安排实验和分析实验结果的一种特殊表格,表 1-3 为等水平正交表 $L_4(2^3)$。

正交表 $L_4(2^3)$　　　　表 1-3

实验号	列号		
	1	2	3
1	1	1	1
2	1	2	2

续表

实验号	列号		
	1	2	3
3	2	1	2
4	2	2	1

(1) 正交表的含义

等水平正交表 $L_n(b^m)$ 的含意：L 表示正交表；L 下角的数字 n 表示正交表中横行数（以后简称为行），即要做的实验次数；括号内的指数 m 表示表中直列数（以后简称列），即最多允许安排的因素个数；括号内的底数 b，表示表中每列出现不同数字的个数，即因素的水平数。

等水平正交表 $L_4(2^3)$ 表示，表中共有 4 行、3 列，每列出现 2 个不同数字（见表 1-3）。如果用它来安排正交实验，则最多可以安排 3 个因素，每个因素 2 个水平，实验次数为 4。

(2) 正交表的两个特点

1) 表中每一列，不同的数字出现的次数相等。如表 1-3 中，每一列不同的数字只有两个，即 1 和 2，它们各出现 2 次。

2) 表中任意两列，将同一横行的两个数字看成有序数对（即左边的数放在前，右边的数放在后，按这一次序排出的数对）时，每种数对出现的次数相等。表 1-3 中的任两列中，有序数对共有四种：(1, 1)，(1, 2)，(2, 1)，(2, 2)，它们各出现一次。

凡满足上述两个特点的表就称为正交表，几种常用的正交表见附表 1。

除了正常等水平正交表外，还有表中各列的水平数不完全相等的混合水平正交表。如正交表 $L_8(4 \times 2^4)$ 就是混合水平正交表，见表 1-4，表中共有 8 行、5 列，用这个正交表安排正交实验，要做 8 次实验，最多可安排 5 个因素，其中 1 个是 4 水平的因素（第 1 列），4 个是 2 水平的因素（第 2~5 列）。

正交表 $L_8(4 \times 2^4)$　　　　　　　　　　　表 1-4

实验号	列号				
	1	2	3	4	5
1	1	1	1	1	1
2	1	2	2	2	2
3	2	1	1	2	2
4	2	2	2	1	1
5	3	1	2	1	2
6	3	2	1	2	1
7	4	1	2	2	1
8	4	2	1	1	2

2. 正交实验设计

以三个因素、每个因素两个水平的实验为例，各因素分别用大写字母 A、B、C 表示，各因素的水平分别用 A_1、A_2、B_1、B_2、C_1、C_2 表示。这样，实验点就可用因素的水平组合表示，例如 $A_1B_1C_1$ 表示一个实验点。实验的目的是实验结果满意，找出一个较佳的水平组合。下面通过三种实验设计方案的比较，来说明正交实验设计的优点。

（1）全面实验法

全面实验就是对每个因素的每个水平都相互搭配，所有组合都做实验，3因素2水平的实验，共需做 $2^3 = 8$ 次实验，这8次实验分别是 $A_1B_1C_1$，$A_1B_1C_2$，$A_1B_2C_1$，$A_1B_2C_2$，$A_2B_1C_1$，$A_2B_1C_2$，$A_2B_2C_1$，$A_2B_2C_2$。为直观起见，将它们表示在图1-8中，正六面体的8个顶点表示8次实验。该设计方案的优点是实验点分布的均匀性极好，各因素和各水平的搭配十分全面，能够获得全面的实验信息，通过比较可以找出一个好的水平组合，得到的结论也比较准确。缺点是所有的搭配组合都做实验，实验次数较多。

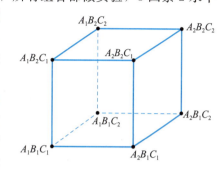

图1-8 全面实验的全部实验点分布示意图

（2）简单比较法

简单比较法是一种传统的实验方法，可减少实验次数。它是一种把多因素的实验问题化为单因素实验的处理方法，即每次变化一个因素的水平，而固定其他因素在某水平上进行实验。

对3因素2水平的实验，简单比较法的做法如下：

第一步：固定因素 B、C 为 B_1 和 C_1，仅变化 A。A 分别取 A_1 与 A_2，组成两次实验：$A_1B_1C_1$ 和 $A_2B_1C_1$。经过比较，假设 $A_1B_1C_1$ 比 $A_2B_1C_1$ 好，因素 A 的较好水平为 A_1，用"*"号表示，后面的实验中因素 A 应取 A_1 水平，如图1-9（a）所示。

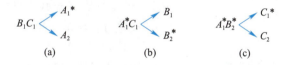

图1-9 3因素2水平简单比较法实验过程示意图

第二步：固定因素 A 为 A_1，C 为 C_1，仅变化 B（B_1，B_2）。又组成两次实验：$A_1B_1C_1$ 和 $A_1B_2C_1$，其中 $A_1B_1C_1$ 实验前面已做过，只做另一个实验。经过比较假设 $A_1B_2C_1$ 比 $A_1B_1C_1$ 好，认为因素 B 宜取 B_2 水平，如图1-9（b）所示。

第三步：固定因素 A 为 A_1，B 为 B_2，仅变化 C（C_1，C_2）。再组成两次实验：$A_1B_2C_1$ 和 $A_1B_2C_2$，其中 $A_1B_2C_1$ 实验前面已做过，只做另一个实验。经过比较假设 $A_1B_2C_1$ 比 $A_1B_2C_2$ 好，最后得到较好的水平组合为 $A_1B_2C_1$，如图1-9（c）所示。

采用简单比较法通过4次实验就可以得到一个相对较好的水平组合为：$A_1B_2C_1$。与全面实验比较实验次数减少一半。

简单比较法得到的4个实验点：$A_1B_1C_1$，$A_2B_1C_1$，$A_1B_2C_1$，$A_1B_2C_2$，它们在正六面体的顶点处所占的位置，如图1-10所示。从图可看出，4个实验点在正六面体上分布很不均匀，有的平面上有3个实验点，有的平面上仅有1个实验点，因而代表性较差，反映出的信息不全面，得到的结论从整体上看不一定准确。

（3）正交实验法

正交实验设计是依照正交表来安排试验，选用正交表 $L_4(2^3)$，见表1-3。因素 A、B、C 分别排在表的1、2、3列上，把列中的数字依次与因素的各水平建立对应关系，利用正

交表 $L_4(2^3)$ 安排 4 次实验：$A_1B_1C_1$、$A_1B_2C_2$、$A_2B_1C_2$、$A_2B_2C_1$，它们在正六面体的顶点处所占的位置，如图 1-11 所示，正六面体的任何一面上都取了两个实验点，这样分布就很均匀，因而代表性较好，能较全面地反映各种信息。由此可见，正交实验兼有第一种和第二种两种实验设计方法的优点，这就是正交实验设计法广泛用于多因素实验设计的原因。

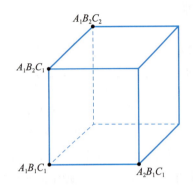
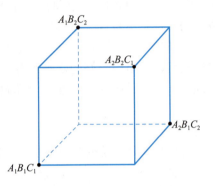

图 1-10　3 因素 2 水平简单比较法实验点分布示意图　　　图 1-11　正交实验法实验点均匀分布示意图

3. 单指标正交实验设计极差分析法

直接利用正交表进行简单的计算和分析，确定出因素的主次顺序和各因素优的水平组合，称为正交实验的极差分析法（又称直观分析法）。极差分析方法示意如图 1-12 所示。

极差分析法的主要步骤为：

（1）确定实验指标

明确水处理实验要解决的问题，结合工程实际选用定量、定性表达的主要实验指标。指标可以是一个，也可以有多个。为便于分析实验结果，凡遇到定性指标总是把它加以量化处理。单指标正交实验仅考察一个实验指标。

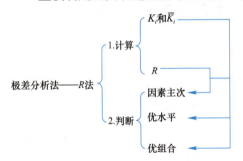

图 1-12　极差分析方法示意

（2）选择因素

影响实验结果的因素很多，不可能全面考察，根据实验目的、实际情况及专业知识，挑选主要因素，略去次要因素。对于可控因素可多选择，对于不可控因素一般不列为研究对象。

（3）合理确定各因素水平

因素水平的确定包括两个含义，即水平个数的确定和各个水平的数量确定。

对于定性水平，要根据实验具体内容，赋予该因素每个水平以具体含义。如药剂种类、操作方式或药剂投加次序等。

对于定量水平，水平的量大多是连续变化的，要根据有关知识，首先确定该水平值的变化范围，再根据实验目的及性质，并结合正交表的选用来确定因素的水平数和各水平的取值，每个因素的水平数可以相等，也可以不等，重要因素或特别希望详细了解的因素，其水平可多一些，其他因素的水平可少一些。

(4) 选择合适的正交表

根据因素及水平的多少、实验工作量的大小及允许条件、有无重点因素需要加以详细考察等要素，选择合适的正交表。

选择正交表时，正交表的列数一定要大于等于因素数，正交表的水平数也要与因素的水平数一致。例如 3 个因素且每个因素水平数都是 2 时，应在 $L_n(2^m)$ 中选取正交表，且 $m \geqslant 3$。两个水平的正交表有 $L_4(2^3)$ 和 $L_8(2^7)$，实验次数小的 $L_4(2^3)$ 是首选，因为只需做 4 次实验。若各因素的水平数不相等时，应选取混合水平正交表，若因素间有交互作用，将交互作用看成一个新因素，再选择列数合适的正交表。

正交表的表头设计也很重要，即如何把因素排在正交表的列上。有时因素可以任意排列在正交表的列上，有时需要遵照一定规则的，尤其是当因素间有交互作用时。以选择正交表 $L_4(2^3)$ 和三因素 A、B、C 为例，把三个因素 A、B、C 分别放在正交表 $L_4(2^3)$ 的任意三列上，注意一列只能排一个因素。例如将 A、B、C 分别排在正交表的 1、2、3 列上，见表 1-5。

正交实验方案及实验结果极差分析计算表　　表 1-5

实验方案＼因素＼实验号	A 1	B 2	C 3	实验结果 y_i（评价指标）
1	1 (A_1)	1 (B_1)	1 (C_1)	y_1
2	1	2 (B_2)	2 (C_2)	y_2
3	2 (A_2)	1	2	y_3
4	2	2	1	y_4
K_1	y_1+y_2	y_1+y_3	y_1+y_4	
K_2	y_3+y_4	y_2+y_4	y_2+y_3	
$\overline{K}_1$	$(y_1+y_2)/2$	$(y_1+y_3)/2$	$(y_1+y_4)/2$	
$\overline{K}_2$	$(y_3+y_4)/2$	$(y_2+y_4)/2$	$(y_2+y_3)/2$	
极差 $R=\|\overline{K}_1-\overline{K}_2\|$	$\dfrac{\|y_1+y_2-y_3-y_4\|}{2}$	$\dfrac{\|y_1+y_3-y_2-y_4\|}{2}$	$\dfrac{\|y_1+y_4-y_2-y_3\|}{2}$	

(5) 进行实验并得到实验结果

正交表中的数字 "1" 和 "2" 分别代表各因素的第 1 个水平和第 2 个水平，这样正交表的每一行就代表一个实验方案，即各因素的水平组合实验。根据正交表规定的实验方案有序进行实验，并将实验结果（评价指标 y_i）填入表 1-5 的实验结果栏内。在表 1-5 中，可以清楚看到每号实验方案及实验结果。例如，第 1 号实验方案为 $A_1B_1C_1$，实验结果为 y_1。

(6) 对实验结果进行极差分析

极差分析，就是找出因素主次顺序和各因素好的水平组合。下面通过表 1-5 来说明如何对正交实验结果进行极差分析。

1) 计算各因素同一水平对应的实验指标（y_i）之和 K_i、K_i 的平均值（$\overline{K}_i$）和极差 R。K_i 为某因素第 i 个水平所对应的实验指标之和。

例如，在表 1-5 中，在因素 A 所在的第 1 列上，A 取 A_1 水平时，K_1 为第 1 和第 2 号实验结果之和，即 $K_1=y_1+y_2$；A 取 A_2 水平时，K_2 为第 3 和第 4 号实验结果之和，即 $K_2=y_3+y_4$。同理可计算出其他列的 K_i 值。

$\overline{K_i}$ 为 K_i 的平均值。

例如，在表1-5中，因素 A 所在的第1列上，由于因素水平数是2，则有：
$$\overline{K_1}=K_1/2=(y_1+y_2)/2$$
$$\overline{K_2}=K_2/2=(y_3+y_4)/2$$

同理可计算出其他列的 $\overline{K_i}$。

R 为某因素的极差，为某因素 $\overline{K_i}$ 最大值与最小值之差，即：
$$R=\max\{\overline{K_i}\}-\min\{\overline{K_i}\} \tag{1-3}$$

对于2水平，则有：$R=|\overline{K_1}-\overline{K_2}|$。

2) 找出实验因素主次顺序

根据各因素的极差值 R，即可排列出因素的主次顺序。

极差值越大的列，其对应因素的水平改变时，对实验指标的影响就越大，这个因素就是主要因素；反之是次要因素。

3) 选取较佳的水平组合

若评价指标值 y_i 越大越好，则应选取均值 $\overline{K_i}$ 中最大的对应的那个水平；

若评价指标值 y_i 越小越好，则应选取均值 $\overline{K_i}$ 中最小的对应的那个水平。

4) 画因素与实验指标的关系图

以各因素的水平为横坐标，各因素水平对应的均值 $\overline{K_i}$ 为纵坐标，就可绘出因素与实验指标的关系图，它可以更直观地反映出诸因素及水平对实验结果的影响。

4. 单指标正交实验设计的应用

【例1-4】 在自吸式射流曝气生物处理实验中，为找出影响曝气充氧性能的主次因素，曝气设备结构尺寸、运行条件与充氧性能之间的关系，试用正交实验设计方法，分析出各因素较佳的水平组合。

【解】

(1) 确定评价指标

评价指标：以动力效率 E_P 为评价指标，它反映自吸式射流曝气设备的充氧能力，指标值越大越好。

(2) 选择因素，确定水平

射流器运行条件考察两个因素：A—曝气水深 H；B—喷嘴工作压力 P。

射流器结构考察两个因素：C—即射流器的面积比 $m=S_1/S_2=d_1^2/d_2^2$；D—长径比 L/d_1。

确定4个因素，每个因素选用3个水平，列出因素水平表，见表1-6。

自吸式射流曝气实验的因素水平表 表1-6

因素 水平	A 水深 H(m)	B 压力 P(MPa)	C 面积比 d_1^2/d_2^2	D 长径比 L/d_1
1	4.5	0.1	9.0	60
2	5.5	0.2	4.0	90
3	6.5	0.25	6.3	120

(3) 选择合适的正交表，进行表头设计

因素是4个，每个因素有3个水平，确定选用正交表 $L_9(3^4)$，见书后附表1中的（5），并将因素、水平分别填入表 1-7。

（4）根据实验方案开展实验

正交表确定的各因素的水平组合即为实验方案，每一行表示一个实验方案，见表 1-7。

由表 1-7 可知，共需做 9 次实验。

例如，第 1 号实验是在水深 $H=4.5\mathrm{m}$，压力 $P=0.1\mathrm{MPa}$，面积比 $m=d_1^2/d_2^2=9.0$，长径比 $L/d_1=60$ 的条件下进行。

根据实验结果计算出评价指标动力效率值 E_P，并填入表 1-7 中。

自吸式射流曝气正交实验方案及实验结果极差分析表 表 1-7

实验号 \ 因素 \ 实验方案	A 水深 H (m)	B 压力 P (MPa)	C 面积比 m d_1^2/d_2^2	D 长径比 L/d_1	实验结果 动力效率 E_P [kg/(kW·h)]
1	1 (4.5)	1 (0.10)	1 (9.0)	1 (60)	1.03
2	1	2 (0.20)	2 (4.0)	2 (90)	0.89
3	1	3 (0.25)	3 (6.3)	3 (120)	0.88
4	**2 (5.5)**	**1**	**2**	**3**	**1.30**
5	2	2	3	1	1.07
6	2	3	1	2	0.77
7	3 (6.5)	1	3	2	0.83
8	3	2	1	3	1.11
9	3	3	2	1	1.01
K_1	2.80	3.16	2.91	3.11	
K_2	3.14	3.07	3.20	2.49	
K_3	2.95	2.66	2.78	3.29	
$\overline{K}_1$	0.93	1.05	0.97	1.04	
$\overline{K}_2$	1.05	1.02	1.07	0.83	
$\overline{K}_3$	0.98	0.89	0.93	1.10	
极差 R	0.12	0.16	0.14	0.27	

（5）实验结果的极差分析

1）计算表 1-7 各因素同一水平所对应的实验指标之和 K_i、均值 $\overline{K}_i$ 和极差 R。

因素 A（水深 H）同一水平的实验指标之和 K_i 分别为：

$$K_1=1.03+0.89+0.88=2.80;\quad K_2=1.30+1.07+0.77=3.14;$$
$$K_3=0.83+1.11+1.01=2.95$$

因素 A（水深 H）各水平的 K_i 及均值 $\overline{K}_i$ 分别为：

$$\overline{K}_1=\frac{2.80}{3}=0.93;\quad \overline{K}_2=\frac{3.14}{3}=1.05;\quad \overline{K}_3=\frac{2.95}{3}=0.98$$

因素 A（水深 H）的极差值 R 为：$R=1.05-0.93=0.12$。

同理可计算出因素 B、C、D 的 K_i、$\overline{K}_i$ 和极差 R，结果填入表 1-7。

2）主次因素

极差越大的那一列所对应的因素越重要，故影响动力效率 E_P 的主次因素顺序为：

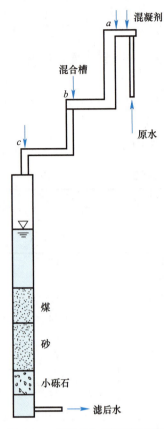

图 1-13 直接过滤工艺流程示意图
a、b、c—助滤剂投加点

$D(长径比 L/d_1) \to B(压力 P) \to C(面积比 m) \to A(水深 H)$

3) 较佳水平组合

评价指标 E_P 越大越好，选每个因素中 $\overline{K_i}$ 值最大的值所对应的水平，故较佳水平组合为：$A_2B_1C_2D_3$。

即：长径比 $L/d_1=120$，压力 $P=0.1\text{MPa}$，面积比 $m=4.0$，水深 $H=5.5\text{m}$。

4) 绘制因素与评价指标关系图（略）

本例中，通过极差分析得到的较佳水平组合 $A_2B_1C_2D_3$，与表 1-6 中最佳的第 4 号实验结果相一致。

【例 1-5】 为了考察混凝剂硫酸铝投量，助滤剂聚丙烯酰胺投量，助滤剂投加点及滤速对出水浊度的影响，采用直接过滤处理方法，实验处理装置示意图如图 1-13 所示。

已知：因素 4 个，每个因素 3 个水平；评价指标为出水浊度，越低越好。

混凝剂投量为：10mg/L，12mg/L，14mg/L；
助滤剂投量为：0.008mg/L，0.015mg/L，0.03mg/L；
助滤剂投加点为：a、b、c；
滤速为：8m/h，10m/h，12m/h。

试进行正交实验设计和实验结果的极差分析。

【解】

选用正交表 $L_9(3^4)$ 安排实验，实验方案和实验结果见表 1-8。

直接过滤实验方案及实验结果极差分析表   表 1-8

实验方案 实验号	A 混凝剂投量 (mg/L)	B 助滤剂投量 (mg/L)	C 助滤剂投加点	D 滤速 (m/h)	实验结果 出水浊度 y_i (NTU)
1	1 (10)	1 (0.008)	1 (a)	1 (8)	0.60
2	1	2 (0.015)	2 (b)	2 (10)	0.55
3	1	3 (0.030)	3 (c)	3 (12)	0.72
4	2 (12)	1	2	3	0.54
5	2	2	3	1	0.50
6	2	3	1	2	0.48
7	3 (14)	1	3	2	0.50
8	3	2	1	3	0.45
9	3	3	2	1	0.37
K_1	1.87	1.64	1.53	1.47	
K_2	1.52	1.50	1.46	1.53	
K_3	1.32	1.57	1.72	1.71	
$\overline{K_1}$	0.62	0.55	0.51	**0.49**	

续表

实验方案 因素 实验号	A 混凝剂投量 (mg/L)	B 助滤剂投量 (mg/L)	C 助滤剂投加点	D 滤速 (m/h)	实验结果 出水浊度 y_i (NTU)
$\overline{K_2}$	0.51	**0.50**	**0.49**	0.51	
$\overline{K_3}$	**0.44**	0.52	0.57	0.57	
极差 R	**0.18**	0.05	0.08	0.08	

由表1-8各因素的各水平实验指标和的均值$\overline{K_i}$和极差R可得出：

（1）主次因素

极差越大的那一列所对应的因素越重要，故影响出水浊度的主次因素顺序为。

A（混凝剂投量）$\rightarrow C$（助滤剂投加点）$\rightarrow D$（滤速）$\rightarrow B$（助滤剂投量）。

（2）较佳水平组合

评价指标出水浊度越小越好，选每个因素均值$\overline{K_i}$最小的所对应的水平，故较佳水平组合为：$A_3B_2C_2D_1$。即：混凝剂投量为14mg/L，助滤剂量为0.015mg/L，助滤剂投加点为B，滤速为8m/h。

本例中，通过极差分析得到的较佳的水平组合$A_3B_2C_2D_1$并没有包含在正交表中已做过的9次实验中，这也正体现出正交实验设计的优越性，但还要通过进一步的验证实验来确定。

1.3.2 多指标正交实验设计和极差分析

当需要考察的评价指标不止一个时，这就是多指标的实验问题。其实验结果分析比单指标要复杂，必须统筹兼顾，但实验结果的计算方法并无区别，关键是如何将多指标化成单指标然后进行极差分析。

下面介绍两种多指标正交实验的分析方法：综合平衡法和综合评分法。

1. 综合平衡法

综合平衡法的基本思想是：先对多个指标分别进行单指标的极差分析，得到每个单项指标影响因素的主次顺序和较佳的水平组合，再根据专业知识和实践经验，把各单项指标的分析结果进行综合，找出兼顾各项指标的较佳实验方案。

下面通过一个例子来说明这种方法。

【例1-6】 研究自吸式射流曝气器的充氧性能，采用正交实验方法进行清水充氧实验。设置两个单项实验指标：充氧动力效率E_P[kg/(kW·h)]、氧总转移系数K_{La}(1/h) 两个指标均是越大越好。

试用综合平衡法，找出整个实验的较佳水平组合。

【解】

本例选择4个相关因素，各有3个水平，同【例1-4】。

选用正交表$L_9(3^4)$安排实验，实验结果列于表1-9后两列。分别计算出的两个指标充氧动力效率E_P和氧总转移系数K_{La}的各因素同一水平所对应的实验指标之和K_i、均值$\overline{K_i}$和极差R，结果见表1-9。

两个单项指标实验结果及极差分析表　　　　　　　　表1-9

实验方案 实验号	因素	A 水深 H (m)	B 压力 P (MPa)	C 面积比 m d_1^2/d_2^2	D 长径比 L/d_1	实验结果 E_P [kg/(kW·h)]	K_{La} (1/h)
1		1 (4.5)	1 (0.10)	1 (9.0)	1 (60)	1.03	3.42
2		1	2 (0.20)	2 (4.0)	2 (90)	0.89	8.82
3		1	3 (0.25)	3 (6.3)	3 (120)	0.88	**14.88**
4		2 (5.5)	1	2	3	**1.30**	4.74
5		2	2	3	1	1.07	7.86
6		2	3	1	2	0.77	9.78
7		3 (6.5)	1	3	2	0.83	2.34
8		3	2	1	3	1.11	8.10
9		3	3	2	1	1.01	11.28
动力效率 E_P	K_1	2.80	3.16	2.91	3.11		
	K_2	3.14	3.07	3.20	2.49		
	K_3	2.95	2.66	2.78	3.29		
	$\overline{K}_1$	0.93	**1.05**	0.97	1.04		
	$\overline{K}_2$	**1.05**	1.02	**1.07**	0.83		
	$\overline{K}_3$	0.98	0.89	0.93	**1.10**		
	极差 R	0.12	0.16	0.14	**0.27**		
氧总转移系数 K_{La}	K_1	27.12	10.50	21.30	22.56		
	K_2	22.38	24.78	24.84	20.94		
	K_3	21.72	35.94	25.08	27.72		
	$\overline{K}_1$	**9.04**	3.50	7.10	7.52		
	$\overline{K}_2$	7.46	8.26	8.28	6.98		
	$\overline{K}_3$	7.24	**11.98**	**8.36**	**9.24**		
	极差 R	1.80	**8.48**	1.26	2.26		

(1) 主次因素

根据表1-9计算结果，按极差的大小，对两单项指标分别找出主次因素：

动力效率 E_P 指标：$D(L/d_1) \to B(P) \to C(m) \to A(H)$

氧总转移系数 K_{La} 指标：$B(P) \to D(L/d_1) \to A(H) \to C(m)$

由于动力效率指标 E_P，不仅反映了充氧能力，而且也反映了能耗，是一个比 K_{La} 更有价值的指标，而由两指标的各因素主次关系可见，L/d_1、P 均是主要的，m、H 相对是次要的，故影响因素主次可以定为：

$$D \to B \to C \to A$$

即：长径比$(L/d_1) \to$ 压力$(P) \to$ 面积比$(m) \to$ 水深(H)

(2) 较佳水平组合

由表1-9可知，两个评价指标各自的较佳组合分别为：

指标动力效率 E_P：$A_2B_1C_2D_3$；

指标氧总转移系数 K_{La}：$A_1B_3C_3D_3$。

综合分析：

1) 因素 A（水深 H）：由指标 E_p 判断，$H=5.5\text{m}$；由指标 K_{La} 判断，$H=4.5\text{m}$。由于 E_p 指标比 K_{La} 重要，并考虑实际生产中水深太浅，曝气池占地面积大，故选用 $H=5.5\text{m}$，即 A_2。

2) 因素 B（压力 P）：由于指标 E_p 比 K_{La} 重要，当生产上主要考虑能耗时，以选 $P=0.10\text{MPa}$ 为宜；若生产中不计动力消耗而追求的是高速率的充氧时，以选 $P=0.25\text{MPa}$ 为宜。综合考虑选 $P=0.1\text{MPa}$ 较佳，即 B_1。

3) 因素 C（面积比 m）：由指标 E_p 判断，$m=4.0$；由指标 K_{La} 判断，$m=6.3$。由于 E_p 指标比 K_{La} 重要，故选用 $m=4.0$ 为佳，即 C_2。

4) 因素 D（长径比 L/d_1）：从 E_P 和 K_{La} 看，均为 $L/d_1=120$，即 D_3。

综上分析可得出较佳水平组合为：$A_2B_1C_2D_3$

即：水深 $H=5.5\text{m}$，压力 $P=0.1\text{MPa}$，面积比 $m=4.0$，长径比 $L/d_1=120$

由上述分析可见，多指标正交实验在数据分析时要复杂些，需要紧密结合专业知识才能确定。由上述分析也可看出，此法有时较难兼顾各指标的较佳水平组合。

2. 综合评分法

综合评分的基本思想是把多指标转化为一个总指标（总分）进行极差分析，从而确定出整个实验的因素主次顺序和较佳水平组合。常用的有两种评分方法。

(1) 加权评分法

就是将多指标的各个指标按其重要程度赋予相应的系数（权重），计算每次实验结果的得分。将多个指标化为一个总指标，然后对总指标进行正交实验极差分析，计算式如下：

$$y = c_1 y_1 + c_2 y_2 + \cdots + c_m y_m \tag{1-4}$$

式中　　y——多指标综合后的总指标；

$y_1, y_2, \cdots, y_m$——各个单项指标；

$c_1, c_2, \cdots, c_m$——权重系数，其大小正负要视指标性质和重要程度而定。

【例 1-7】 为了回用某种污水，采用正交实验来安排混凝搅拌实验筛选工艺条件，因素有 3 个：药剂种类、加药量、反应时间，每个因素 3 个水平。评价指标：出水 COD、出水 SS，且指标越低越好。

试选出较佳的工艺条件。

【解】

选用正交表 $L_9(3^4)$ 安排实验，实验方案和实验结果见表 1-10。

方法 1：假设回用水对 COD、SS 两个指标具有同等重要的要求，式(1-4) 中的权重系数 c_1 和 c_2 均取 1.0。按此计算所得综合指标见表 1-10 的最后一列，再对其作极差分析。

混凝搅拌实验结果及综合评分法（1）　　表 1-10

实验号 \ 因素	药剂种类	投加量 (mg/L)	反应时间 (min)	各评价指标		综合评分 COD+SS
				出水 COD (mg/L)	出水 SS (mg/L)	
1	1 ($FeCl_3$)	1 (15)	1 (3)	37.8	24.3	62.1
2	1	2 (5)	2 (5)	43.1	25.6	68.7
3	1	3 (20)	3 (1)	36.4	21.1	57.5

续表

因素\实验号	药剂种类	投加量（mg/L）	反应时间（min）	各评价指标 出水COD（mg/L）	各评价指标 出水SS（mg/L）	综合评分 COD+SS
4	2（$Al_2(SO_4)_3$）	1	2	17.4	9.7	27.1
5	2	2	3	21.6	12.3	33.9
6	2	3	1	**15.3**	**8.2**	**23.5**
7	3（$FeSO_4$）	1	3	31.6	14.2	45.8
8	3	2	1	35.7	16.7	52.4
9	3	3	2	28.4	12.3	40.7
K_1	188.3	135.0	138.0			
K_2	84.5	155.0	136.5			
K_3	138.9	121.7	137.2			
$\overline{K}_1$	62.8	45.0	46.0			
$\overline{K}_2$	**28.2**	51.7	**45.5**			
$\overline{K}_3$	46.3	**40.6**	45.7			
R	34.6	11.1	0.5			

从表 1-10 可知：

1）第 6 组实验综合评分值最小是较佳水平组合为：

混凝药剂 $Al_2(SO_4)_3$，加药量 20mg/L，反应时间 3min。

2）按极差大小确定主次因素为：药剂种类→投加量→反应时间。

3）按 $\overline{K}_i$（越小越好）得较佳水平组合为：

  药剂种类（2）→$Al_2(SO_4)_3$；

  药剂投加量（3）→20mg/L；

  反应时间（2）→5min。

方法 2：假设回用水对 COD 指标要求比 SS 指标要重要得多，因为 COD、SS 均是越小越好，因此权重系数取 $c_1=0.7$，$c_2=0.3$，综合指标 $y=0.7COD+0.3SS$。

计算结果见表 1-11。

混凝搅拌实验结果及综合评分法（2） 表 1-11

因素\实验号	药剂种类	投加量（mg/L）	反应时间（min）	各评价指标 出水COD（mg/L）	各评价指标 出水SS（mg/L）	综合评分 0.7COD+0.3SS
1	1（$FeCl_3$）	1 (15)	1 (3)	37.8	24.3	33.8
2	1	2 (5)	2 (5)	43.1	25.6	37.8
3	1	3 (20)	3 (1)	36.4	21.1	31.8
4	2（$Al_2(SO_4)_3$）	1	2	17.4	9.7	15.1
5	2	2	3	21.6	12.3	18.8
6	2	3	1	15.3	8.2	**13.2**
7	3（$FeSO_4$）	1	3	31.6	14.2	26.4
8	3	2	1	35.7	16.7	30.0
9	3	3	2	28.4	12.3	23.6

第1章 实验设计

续表

因素 实验号	药剂种类	投加量 (mg/L)	反应时间 (min)	各评价指标		综合评分 0.7COD+0.3SS
				出水COD (mg/L)	出水SS (mg/L)	
K_1	103.4	75.3	77.0			
K_2	47.1	86.6	76.5			
K_3	80.0	68.6	77.0			
$\overline{K}_1$	34.5	25.1	25.7			
$\overline{K}_2$	**15.7**	28.9	**25.5**			
$\overline{K}_3$	26.7	**22.9**	25.7			
R	**18.8**	6.0	0.2			

分析方法同上，计算结果因素主次顺序及较佳水平也与前面一致。

(2) 直接评分法

直接评分法是将综合指标按照从优到劣进行排队然后评分，最好的给100分，依次逐个减少，减少多少分大体上与它们效果的差距相对应。当评价指标包含很难量化的定性指标时，它的赋值将取决于专家的理论知识和实践经验。

以表1-10实验结果为例，在9组实验中第6组COD、SS指标均最小，故得分为100分，而第2组COD、SS指标均最高，若以40分计，则按比例可计算出其他各组的分数，结果见表1-12。由综合评分的极差R值及均值$\overline{K}_i$可得出因素主次关系及较佳水平。

混凝搅拌试验结果及直接评分计算法 表1-12

因素 实验号	药剂种类	投加量 (mg/L)	反应时间 (min)	COD+SS (mg/L)	综合评分
1	1（FeCl$_3$）	1（15）	1（3）	62.1	49
2	1	2（5）	2（5）	**68.7**	**40**
3	1	3（20）	3（1）	57.5	55
4	2（Al$_2$（SO$_4$）$_3$）	1	2	27.1	95
5	2	2	3	33.9	86
6	2	3	1	**23.5**	**100**
7	3（FeSO$_4$）	1	3	45.8	70
8	3	2	1	52.4	62
9	3	3	2	40.7	77
K_1	144	214	211		
K_2	281	188	212		
K_3	209	232	211		
$\overline{K}_1$	48.0	71.3	70.3		
$\overline{K}_2$	**93.7**	62.7	**70.7**		
$\overline{K}_3$	69.7	**77.3**	70.3		
R	45.7	14.6	0.4		

根据极差大小因素主次顺序为：药剂种类→投加量→反应时间。

较佳水平组合（$\overline{K}_i$指标越大越好）：Al$_2$(SO$_4$)$_3$，20mg/L，5min。

在实际应用中，如果遇到多指标的问题要视具体情况而定，选择综合平衡法或综合评分法有时可以将两者结合起来，以便比较和参考。

习 题

1. 某给水处理实验对三氯化铁和硫酸铝用量进行优选。

药剂种类及投药范围：三氯化铁 10～30mg/L；硫酸铝 2～10mg/L

第一步：先固定硫酸铝为 5mg/L，对三氯化铁用量用黄金分割法进行 5 次优选实验。实验结果：②比①好，③比②好，③比④好，⑤比③好，⑤作为三氯化铁用量最佳点。

第二步：将三氯化铁用量固定在⑤上，对硫酸铝用量连续用黄金分割法进行 4 次实验。实验结果：①比②、③、④均好，①作为硫酸铝用量好点。

求三氯化铁和硫酸铝的用量各是多少？

2. 为了提高污水中某种物质的转化率，选择了 3 个有关的因素：反应温度 A，加碱量 B 和加酸量 C，每个因素选 3 个水平，见表 1-13。

污水中某种物质的转化率　　　　　　　　表 1-13

水平 \ 因素	A 反应温度(℃)	B 加碱量(kg)	C 加酸量(kg)
1	80	35	25
2	85	48	30
3	90	55	35

(1) 试按正交表 $L_9(3^4)$ 安排实验。

(2) 按实验方案进行 9 次实验，转化率（%）依次是 51，71，58，82，69，59，77，85，84。试分析实验结果，选出最佳生产条件。

3. 为了解制革消化污泥化学调节的控制条件，对影响比阻 R 的因素进行实验。选择 3 因素、3 水平，见表 1-14。

优选控制条件实验的因素水平表　　　　　　　　表 1-14

水平 \ 因素	A 加药体积(mL)	B 加药量(mg/L)	C 反应时间(min)
1	1	5	20
2	5	10	40
3	9	15	60

(1) 选用哪张正交表来安排实验？

(2) 如果将三个因素依次放在正交表 $L_9(3^4)$ 的第 1、2、3 列上，所得比阻值 R ($10^8 S^2/g$) 依次为 1.122，1.119，1.154，1.091，0.979，1.206，0.938，0.990，0.702。试用极差分析法分析实验结果，并选出控制条件好的水平组合。

4. 某原水进行直接过滤正交实验，考察的因素、水平见表 1-15。选用正交表 $L_9(3^4)$ 安排实验，以出水浊度为评价指标，共进行 9 次实验。出水浊度（NTU）分别为：0.75，0.80，0.85，0.90，0.45，0.65，0.65，0.85，0.35。

试通过正交实验设计结果的极差分析，确定因素的主次顺序和各因素较佳的水平组合。

过滤实验的因素水平表　　　　　　　　　　　表1-15

水平＼因素	混合速度梯度 (s^{-1})	滤速 (m/h)	混合时间 (s)	投药量 (mg/L)
1	400	10	10	9
2	500	8	20	7
3	600	6	30	5

5. 为了考察进水负荷、池型对活性污泥法二沉池的影响，每个因素选择2个水平，见表1-16。考察指标为污泥浓缩倍数（x_R/x）和出水悬浮物浓度（SS）（mg/L），选用正交表$L_4(2^3)$，实验方案与实验结果见表1-16。

试采用综合评分法中的第二种评分方法，进行正交实验设计结果的极差分析，并选出整个实验的较佳水平组合。

实验方案与实验结果表　　　　　　　　　　　表1-16

实验号＼因素	进水负荷 [$m^3/(m^2·h)$]	池型	空列	实验结果 x_R/x	SS(mg/L)
1	1 (0.45)	1（斜）		2.06	60
2	1	2（矩）		2.20	48
3	2 (0.60)	1		1.49	77
4	2	2		2.04	63

第 2 章 实验数据处理与分析

通过实验可以得到带有一定客观信息的大量实验数据,但还需要运用数学的方法找出事物的客观规律。实验数据处理包括以下三方面内容。

误差分析(error analysis):确定实验直接测量值和间接测量值误差的大小,判断数据的可靠性,判断数据准确度是否符合工程实践要求。

数据处理(data processing):根据误差分析理论对原始数据进行甄别,剔除不合理的数据,保证原始数据的可靠性。

数据分析(data analysis):利用数理统计方法,对处理后的数据进行分析,找出各变量的主次及变量间的关系,并用图形、表格或经验公式加以表达。

本章仅简单介绍常用的一些数理统计方法在实验数据处理中的应用,统计原理及理论推导可参阅书后有关的参考书目。

2.1 实验数据误差分析

对实验过程中获取的直接测量值和间接测量值存在的误差进行分析,就是实验数据的误差分析。

2.1.1 测量值及误差

1. 直接测量值与间接测量值

实验就是要对一些物理量进行测量,并通过对这些实测值或根据它们经过公式计算后所得到的另外一些测得值进行分析处理,得出结论。前者称直接测量值,后者称间接测量值。如曝气设备清水充氧实验中,充氧时间 t、水中溶解氧值 DO(仪表测定)均为直接测量值,而设备氧总转移系数 $K_{La(20)}$ 则是计算后的间接测量值。

2. 误差来源及性质

在实验中要想获得物理量的真值,必须借助于一定的实验理论、方法及测试仪器在一定条件下由人工去完成。由于种种条件限制,如实验理论的近似性、仪器灵敏度、环境因素、测试条件、人的因素等而使得测量值与真值有所偏差,这种偏差即称为误差。

根据对测量值影响的性质,误差通常可分为三类。

(1) 系统误差:是在同一条件下多次测量同一量时,误差的数值保持不变或按某一规律变化的误差。系统误差与仪器、环境、装置、测试方法等因素有关,需要对它进行校正或设法消除。

(2) 随机误差:又称为偶然误差,其性质与系统误差不同,测量值总是有稍许变化且变化不定。随机误差与人的感官分辨能力、环境干扰等有关,无法严格控制。它服从统计规律,可通过增加实验次数、取平均值表示测定结果等方法来减少随机误差。

(3) 过失误差。过失误差是一种明显与事实不符的误差，没有一定规律，往往是由于实验时使用仪器不合理或粗心大意、记错数据等而引起。这种误差只要实验时严肃认真，一般是可以避免的。

3. 绝对误差（absolute error）与相对误差（relative error）

(1) 绝对误差和绝对误差限

绝对误差 e 是测量值 x（也称为近似值）与真值 x_t 之差，简称误差。

绝对误差表达式为：
$$e = x - x_t \tag{2-1}$$

由于真值 x_t 往往未知或无法知道，所以 e 也就无法准确求出。

若存在一个正数 Δ，使下式成立：
$$|e| = |x - x_t| \leqslant \Delta \tag{2-2}$$

则称 Δ 是近似值 x 的绝对误差限（简称误差限）。

$$x_t = x \pm \Delta \tag{2-3}$$

或 $x - \Delta \leqslant x_t \leqslant x + \Delta$

式(2-3)表示近似值 x 的精度或真值所在的范围。

(2) 相对误差和相对误差限

相对误差 e_r 是绝对误差 e 与真值 x_t 之比，即：
$$e_r = \frac{e}{x_t} = \frac{x - x_t}{x_t} \tag{2-4}$$

由于真值 x_t 不能准确得到，所以相对误差也不可能准确求出，与绝对误差类似，也可以采用估计出相对误差的大小范围，即最大相对误差。

可以找到一个适当小的正数 δ，使下面不等式成立：
$$|e_r| = \left|\frac{x - x_t}{x_t}\right| \leqslant \delta \tag{2-5}$$

则称 δ 为近似值 x 的最大相对误差，或相对误差限。

相对误差限 δ 越小，对应的近似值 x 准确度越高。相对误差和相对误差限均是无量纲的数，常用百分数（%）表示，多用在不同测量结果的可靠性对比中。

2.1.2 直接测量值误差分析

1. 单次测量值误差分析

水处理实验不仅影响因素多而且测试量大，有时是条件限制，或对测量准确度要求不高，但更多是由于在动态实验下进行，不允许对被测量值作重复测量，所以实验中往往对某些测量只进行一次测定。例如曝气设备清水充氧实验，取样时间、水中溶解氧值测定（仪器测定）、压力计量等均为一次测定值。这些测定值的误差，应根据具体情况进行具体分析。

例如，对于偶然误差较小的测定值，可按仪器上注明的误差范围分析计算；无注明时，可按仪器最小刻度的 1/2 作为单次测量的误差。如某分析仪器厂的溶解氧测量仪，仪器精度为 0.5 级，当测得 $DO = 3.2\text{mg/L}$ 时，其绝对误差值为 $3.2 \times 0.005 = 0.016\text{mg/L}$；若仪器未给出精度，由于仪器最小刻度为 0.2mg/L，故每次测量的误差可按 0.1mg/L 考虑。

2. 重复多次测量值误差分析——算术平均误差及均方差

为了能得到比较准确可靠的测量值，在条件允许的情况下，尽可能进行多次测量，并以测量结果的算术平均值近似代替该物理量的真值。

该值误差大小，在工程中常用算术平均误差和均方差来表示。

(1) 算术平均误差（average discrepancy）

算术平均误差 $\bar{d}$ 是测量值 x_i 与算术平均值 $\bar{x}$ 之差的绝对值的算术平均值。它反映一组实验数据平均误差的大小。

算术平均误差 $\bar{d}$：
$$\bar{d}=\Delta x=\frac{\sum_{i=1}^{n}|d_i|}{n}=\frac{\sum_{i=1}^{n}|x_i-\bar{x}|}{n} \tag{2-6}$$

偏差 d：
$$d_i=x_i-\bar{x} \tag{2-7}$$

算术平均值 $\bar{x}$：
$$\bar{x}=\frac{1}{n}\sum_{i=1}^{n}x_i \tag{2-8}$$

则真值可表示为：$x_t=\bar{x}\pm\bar{d}$

(2) 标准误差（standard error）

标准误差 σ（又称均方差），是指各测量值与算术平均值差值的平方和均值的平方根，它常用来表示一组实验数据的精密程度，标准误差越小，则这组实验数据精密程度越高，其计算式为：

$$\sigma=\sqrt{\frac{1}{n}\sum_{i=1}^{n}(x_i-\bar{x})^2}=\sqrt{\frac{\sum_{i=1}^{n}d_i^2}{n}} \tag{2-9}$$

在有限次测量中，工程上常用下式计算标准差 S：

$$S=\sqrt{\frac{\sum_{i=1}^{n}d_i^2}{n-1}}=\sqrt{\frac{\sum_{i=1}^{n}(x_i-\bar{x})^2}{n-1}} \tag{2-10}$$

真值可表示为：$x_t=\bar{x}\pm\sigma$ 或 $x_t=\bar{x}\pm S$

3. 误差计算示例

【例 2-1】 自吸式射流曝气器在水深 $H=5.5m$，工作压力 $P=0.10MPa$，面积比 $m=4.0$，长径比 $L/d_1=120$ 倍的条件下，共进行了 12 组清水充氧实验，动力效率 E_p 值见表 2-1。

自吸式射流曝气器清水充氧实验结果　　　　表 2-1

实验组号	动力效率 E_p [kg/(kW·h)]	实验组号	动力效率 E_p [kg/(kW·h)]	实验组号	动力效率 E_p [kg/(kW·h)]
1	1.00	5	1.35	9	1.45
2	1.08	6	1.21	10	1.14
3	1.20	7	1.33	11	1.63
4	1.32	8	1.62	12	1.31

试求：(1) 均值并计算第 5 组结果的绝对误差与相对误差。

(2) 算术平均误差和标准差。

【解】

(1) 均值及误差

$$均值\overline{E}_p = \frac{1}{12}\sum_{i=1}^{12}E_{pi} = 1.30 \text{kg/(kW·h)}$$

$$绝对误差 = E_{p5} - \overline{E}_p = 1.35 - 1.30 = 0.05 \text{kg/(kW·h)}$$

$$相对误差 = \frac{0.05}{1.30} \times 100\% = 3.8\%$$

(2) 算术平均误差和标准差

1) 充氧动力效率的算术平均误差计算

利用式(2-6)，
$$\overline{d} = \frac{\sum_{i=1}^{n}|x_i - \overline{x}|}{n}$$
$$= \frac{|1.00-1.30|+|1.08-1.30|+\cdots+|1.31-1.30|}{12}$$
$$= 0.15 \text{kg/(kW·h)}$$

所以 $E_p = 1.30 \pm 0.15 \text{kg/(kW·h)}$

2) 标准差计算

利用式(2-10)
$$S = \sqrt{\frac{\sum_{i=1}^{n}(x_i - \overline{x})^2}{n-1}}$$

则 $S = \sqrt{\dfrac{(1.00-1.30)^2+(1.08-1.30)^2+\cdots+(1.31-1.30)^2}{12-1}} = 0.195 \text{kg/(kW·h)}$

所以 $E_p = 1.30 \pm 0.195 \text{kg/(kW·h)}$

2.1.3 间接测量值误差分析

间接测量值是通过一定的公式由直接测量值计算而得。由于直接测量值都有误差，所以间接测量值也一定有误差。该值大小不仅取决于各直接测量值误差大小，还取决于公式的形式。表达各直接测量值误差与间接测量值误差间的关系式，称之为误差传递公式。

1. 间接测量值和差的误差

设 x 和 y 分别是 x_t 和 y_t 的测量值（近似值），由绝对误差公式(2-1)可知：

(1) $e_{(x_t+y_t)} = (x+y) - (x_t+y_t) = (x-x_t) + (y-y_t) = e_{(x_t)} + e_{(y_t)}$

(2) $e_{(x_t-y_t)} = (x-y) - (x_t-y_t) = (x-x_t) - (y-y_t) = e_{(x_t)} - e_{(y_t)}$

(3) $|e_{(x_t \pm y_t)}| = |e_{(x_t)} \pm e_{(y_t)}| \leqslant |e_{(x_t)}| + |e_{(y_t)}|$ (2-11)

即：近似值和差的绝对误差等于绝对误差的和差；

近似值和差的绝对误差限等于绝对误差限之和。

2. 间接测量值积商的误差

测量值（近似值）的绝对误差 $e = x - x_t$ 可以看作是 x_t 的微分。

$$e_{(x_t)} = x - x_t = \mathrm{d}x_t$$

$$e_r = \frac{e}{x_t} = \frac{x - x_t}{x_t}$$

x_t 的相对误差是：$e_r(x_t) = \dfrac{x - x_t}{x_t} = \dfrac{dx_t}{x_t} = d\ln x_t$，它是对数函数的微分。

则 (1) $e_r(x_t y_t) \approx d\ln(x_t y_t) = d\ln x_t + d\ln y_t = e_r(x_t) + e_r(y_t)$

(2) $e_r\left(\dfrac{x_t}{y_t}\right) \approx d\ln\left(\dfrac{x_t}{y_t}\right) = d\ln x_t - d\ln y_t = e_r(x_t) - e_r(y_t)$

(3) $|e_r(x_t y_t)| \leqslant |e_r(x_t)| + |e_r(y_t)|$

(4) $\left|e_r\left(\dfrac{x_t}{y_t}\right)\right| \leqslant |e_r(x_t)| + |e_r(y_t)|$

(2-12)

即：积商的相对误差是各项相对误差的和差；

积商的相对误差限是各项的相对误差限之和。

3. 测量值的乘方及开方的误差

$$e_r(x_t^p) \approx p e_r(x_t)$$

即：乘方运算使相对误差增大为原值（x_t）相对误差的 p（p 为乘方次数）倍；

开方运算使相对误差缩小为原值（x_t）相对误差的 $\dfrac{1}{q}$（q 为开方次数）。

由上述结论可知：

当间接测量值的计算式只含加减运算时，先计算绝对误差，后计算相对误差为宜；

当式中只含乘、除、乘方、开方时，先计算相对误差，后计算绝对误差为宜。

4. 测量值函数的误差

(1) 设 $y = f(x_1, x_2, \cdots, x_n)$，$x_1^*, x_2^*, \cdots, x_n^*$ 是 $x_1, x_2, \cdots, x_n$ 的测量值（近似值），则近似值 $y^* = f(x_1^*, x_2^*, \cdots, x_n^*)$ 的绝对误差可由函数的泰勒展式得到：

$$e_{(y)} = y^* - y = f(x_1^*, x_2^*, \cdots, x_n^*) - f(x_1, x_2, \cdots, x_n)$$

$$\approx \sum_{i=1}^n \left(\dfrac{\partial f}{\partial x_i}\right)^* (x_i^* - x_i) = \sum_{i=1}^n \left(\dfrac{\partial f}{\partial x_i}\right)^* e_{(x_i)}$$

其中 $\left(\dfrac{\partial f}{\partial x_i}\right)^*$ 表示 $\dfrac{\partial f}{\partial x_i}$ 在点 $(x_1^*, x_2^*, \cdots, x_n^*)$ 处的取值，相对误差 $e_r(y) \approx \dfrac{e_{(y)}}{y^*}$。

(2) 当 $y = f(x_1, x_2, \cdots, x_n)$ 中的 $x_1, x_2, \cdots, x_n$ 均是多次测量时，$x_1, x_2, \cdots, x_n$ 的标准差分别为 $\sigma_{x_1}, \sigma_{x_2}, \cdots, \sigma_{x_n}$ 时，则近似值 $y^* = f(\bar{x}_1, \bar{x}_2, \cdots, \bar{x}_n)$ 的标准差 σ_y 为：

$$\sigma_y \approx \sqrt{\left(\dfrac{\partial f}{\partial x_1}\right)^2 \sigma_{x_1}^2 + \left(\dfrac{\partial f}{\partial x_2}\right)^2 \sigma_{x_2}^2 + \cdots + \left(\dfrac{\partial f}{\partial x_n}\right)^2 \sigma_{x_n}^2}$$

(2-13)

其中 $\dfrac{\partial f}{\partial x_i}$（$i = 1, 2, \cdots, n$）指 $\dfrac{\partial f}{\partial x_i}$ 在点 $(\bar{x}_1, \bar{x}_2, \cdots, \bar{x}_n)$ 处的取值。

(3) 间接测量值或函数的标准差 S_y

用 $S_{x_1}, S_{x_2}, \cdots, S_{x_n}$ 表示直接测量值的标准差，则间接测量值或函数 y 的标准差 S_y 为：

$$S_y \approx \sqrt{\sum_{i=1}^n \left(\dfrac{\partial f}{\partial x_i}\right)^2 S_{x_i}^2}$$

(2-14)

式(2-14)更真实地反映了各直接测量值误差与间接测量值误差间的关系，因此在误差分析计算中都用此式。但实际实验中，并非所有直接测量值都进行多次测量，此时所得间接测量值误差，比用各直接测量值的误差均为标准差算得的误差要大一些。

5. 间接测量值的标准误差分析示例

【例 2-2】 已知 $y=x_1+x_2+x_3$，实验测量值 x_1、x_2、x_3 的标准差分别为 $S_{x_1}=0.2$、$S_{x_2}=0.3$、$S_{x_3}=0.2$，确定函数 y 的标准差。

【解】

根据误差传递理论公式(2-14)，有：

$$S_y = \sqrt{\left(\frac{\partial y}{\partial x_1}\right)^2 S_{x_1}^2 + \left(\frac{\partial y}{\partial x_2}\right)^2 S_{x_2}^2 + \left(\frac{\partial y}{\partial x_3}\right)^2 S_{x_3}^2}$$

$$= \sqrt{S_{x_1}^2 + S_{x_2}^2 + S_{x_3}^2}$$

$$= \sqrt{0.04+0.09+0.04} \approx 0.4$$

【例 2-3】 仍以【例 2-1】为例，曝气液体积 $V=14.08\text{m}^3$，误差 $=0.0001$；转子流量计精度 2.5 级，读数值 $Q=15.3\text{m}^3/\text{h}$；水泵扬程 $H=10\text{m}$ 水柱，压力表精度 1.5 级。其中第 5 组工况实验共重复测试了 11 次，$K_{La(20)}$ 分别为：0.065，0.063，0.070，0.074，0.070，0.068，0.065，0.067，0.071，0.072，0.069。试确定动力效率的标准差。

【解】

(1) 曝气充氧动力效率 E_p 的计算公式：

$$E_p = \frac{E_L}{N} = \frac{60}{1000}\frac{K_{La(20)}C_S V}{N} = \frac{60}{1000}\frac{K_{La(20)}C_S V}{\dfrac{QH}{367.2}}$$

式中　$K_{La(20)}$ ——氧总转移系数，1/min；

　　　E_L ——充氧能力，mg/(L·min)；

　　　C_S ——氧饱和浓度值，1atm、20℃水中氧饱和浓度值为 9.17mg/L；

　　　V ——曝气液体积，m^3；

　　　N ——水泵理论功率，kW·h，$N=\dfrac{QH}{367.2}$；

　　　Q ——水流量，m^3/h；

　　　H ——水泵扬程，mH_2O；

　　　$\dfrac{60}{1000}$ ——单位换算系数。

(2) 各因素及误差

1) $K_{La(20)}$

均值 $\overline{K}_{La(20)}=0.0681/\text{min}$；由式(2-10)得标准差 $S_{K_{La(20)}}=0.003$。

2) 流量 Q

转子流量计精度 2.5 级，$Q=15.3\text{m}^3/\text{h}$，标准差 $S_Q=15.3\times 2.5\%=0.38\text{m}^3/\text{h}$。

3) 扬程 H

水泵扬程 $H=10\text{mH}_2\text{O}$，压力表精度 1.5 级，标准差 $S_H=10\times 1.5\%=0.15\text{mH}_2\text{O}$。

4) 水泵理论功率 N

$$N=\frac{QH}{367.2}=\frac{15.3\times 10}{367.2}=0.417\text{kW}\cdot\text{h}$$

根据误差传递理论公式(2-14)，则：

$$S_N = \sqrt{\left(\frac{\partial N}{\partial Q}\right)^2 S_Q^2 + \left(\frac{\partial N}{\partial H}\right)^2 S_H^2}$$

$$= \frac{1}{367.2}\sqrt{(HS_Q)^2 + (QS_H)^2}$$

$$= \frac{1}{367.2}\sqrt{(10 \times 0.38)^2 \times (15.3 \times 0.15)^2} = 0.012$$

5）充氧动力效率 E_p

按式(2-14)计算充氧动力效率 E_p 的标准差：

$$S_{E_p} = \sqrt{\left(\frac{\partial E_p}{\partial K_{La(20)}}\right)^2 S_{K_{La(20)}}^2 + \left(\frac{\partial E_p}{\partial V}\right)^2 S_V^2 + \left(\frac{\partial E_p}{\partial N}\right)^2 S_N^2}$$

$$= \frac{60 \times 9.17}{1000}\sqrt{\left(\frac{V}{N}\right)^2 S_{K_{La(20)}}^2 + \left(\frac{K_{La(20)}}{N}\right)^2 S_V^2 + \left(\frac{-K_{La(20)}V}{N^2}\right) S_N^2}$$

$$= 0.55\sqrt{\left(\frac{14.08}{0.417}\right)^2 \times 0.003^2 + \left(\frac{0.069}{0.417}\right)^2 \times 0.0001^2 + \left(\frac{-0.069 \times 14.08}{0.417^2}\right)^2 \times 0.012^2}$$

$$= 0.55 \times 0.122 = 0.067$$

2.1.4 测量仪器精度的选择

（1）精密度（trueness）

精密度是指多次测量结果中，各测量值之间的离散程度。它表示的是测量值的再现性，主要与随机误差有关。

（2）准确度（precision）

准确度指测量值与真值接近的程度，它与系统误差和偶然误差有关。

测量仪器的准确度指仪器给出接近于真值相符合的程度。由于真值一般得不到，所以准确度只是一个定性概念，常用相对误差表示，相对误差越小测量值的准确度越高。

（3）仪器精度的选择

工程中，当要求间接测量值 y 的相对误差为 $\frac{e_y}{y} = \delta_y \leqslant A$ 时，其中 A 为相对误差限，即为相对误差的"上界"，通常采用等分配方案将其误差分配给各直接测量值 x_i，即：

$$\frac{e_{(x_i)}}{x_i} \leqslant \frac{1}{n}A \tag{2-15}$$

式中　x_i——直接测量值；

　　　$e_{(x_i)}$——直接测量值 x_i 的绝对误差值；

　　　e_y——间接测量值 y 的绝对误差；

　　　n——待测量值的数目。

根据 $\frac{1}{n}A$ 的大小就可以选定测量 x_i 时所用仪器的精度。

由于精度高的仪器对周围环境、操作等要求也较高，因此在仪器精度能满足测试要求的前提下，尽量使用精度低的仪器。

2.2 实验数据处理

对得到的实验数据进行合理取舍是实验数据进行深入分析的前提。

2.2.1 有效数字及其运算

在实验中得到的大量原始数据还需要进行分析计算,由于这些直接测量数据都是近似数,存在一定误差,因此需要考虑原始数据位数和运算后要保留位数的问题。

(1) 有效数字 (significant figure)

有效数字是:当近似值 x_i 的误差限是某一位上的半个单位时,我们就称其准确到这一位,且从该位起直到前面的第一个非零数字为止共有 n 位,就说 x_i 有 n 位有效数字。即准确测定的数字加上最后一位估读数字(又称存疑数字)所得的数字称为有效数字。

如用 20mL 刻度为 0.1mL 的滴管测定水中溶解氧含量,其消耗硫代硫酸钠为 3.63mL 时,有效数字为 3 位,其中 3.6 为确切读数,而 0.03 为估读数字。因此实验中直接测量值的有效数字与仪器刻度有关,一般应尽可能估计到最小分度的 1/5 或 1/2。

(2) 有效数字的运算规则

由于间接测量值是由直接测量值计算出来的,因而也存在有效数字的问题,通常的运算规则:

1) 有效数字的加、减。运算后和、差小数点后有效数字的位数,与参加运算各数中小数点后位数最少的相同。

2) 有效数字的乘除。运算后积、商的有效数字的位数与各参加运算有效数中位数最少的相同。

3) 乘方、开方的有效数字。乘方、开方运算后的有效数字的位数与其底的有效数字位数相同。

有效数字运算时,公式中某些系数不是由实验测得,计算中不考虑其位数。对数运算中,所取对数的有效数字的位数应与真数有效数字的位数相同。

2.2.2 实验数据处理

(1) 实验数据的基本特点

实验数据一般具有以下一些特点:

1) 实验数据个数有限且数据具有一定波动性。

2) 实验数据总是有实验误差,且是综合性的,即随机误差、系统误差、过失误差同时存在于实验数据中。后面我们所研究的实验数据,认为是没有系统误差的数据。

3) 实验数据大多具有一定的统计规律性。

(2) 几个重要的数字特征 (characteristic number)

用几个有代表性的数,来描述随机变量 X 的基本统计特征,一般把这几个数称为随机变量 X 的数字特征。

实验数据的数字特征计算,是由实验数据计算一些有代表性的统计量的值,即统计值,用以浓缩、简化实验数据中的信息,使问题变得更加清晰、简单、易于理解和处理。

下面分别给出用来描述实验数据取值的大致位置、分散程度和相关特征等几个数字特征参数。

1) 位置特征参数

实验数据的位置特征参数，是用来描述实验数据取值的平均位置和特定位置的，常用的有均值、最大值、最小值、中值、众数等。

① 均值（average）$\bar{x}$ 又称算术平均值，由实验得到一批数据 x_1，x_2，…，x_n，n 为测试次数，则算术平均值为：

$$\bar{x} = \frac{1}{n}\sum_{i=1}^{n}x_i$$

算术平均值 $\bar{x}$ 具有计算简便，对于符合正态分布的数据与真值接近的优点，它是表示实验数据取值平均位置的特征参数。

② 最大值 $M = \max\{x_1, x_2, …, x_n\}$，最小值 $m = \min\{x_1, x_2, …, x_n\}$

M、m 分别表示一组测试数据中 x_1，x_2，…，x_n 的最大值与最小值。

③ 中值（median）M_d（也称中位数）是一组实验数据依递增或递减次序排列，位于正中间的那个实验数值。若测试次数为偶数，则中值为正中两个值的平均值。该值可反映全部实验数据的平均水平。

④ 众数（mode）M_o 是一组实验数据中出现次数最多的实验数值。

2) 分散特征参数

分散特征参数用来描述实验数据的波动程度，数据波动的大小也是一个重要指标。常用的有极差、标准差、方差、变异系数等。

① 极差（range）R

$$R = \max\{x_1, x_2, …, x_n\} - \min\{x_1, x_2, …, x_n\} \tag{2-16}$$

极差 R 是一个最简单的分散特征参数，是一组实验数据中最大值与最小值之差，可以度量数据波动的大小，它具有计算简便的优点，但由于它没有充分利用全部数据提供的信息，而是过于依赖个别的实验数据，故代表性较差，反映实验情况的精度较差。实际应用时，多采用以均值 $\bar{x}$ 为中心的分散特征参数，如方差、标准差、变异系数等。

② 方差（variance）S^2

$$方差 \; S^2 = \frac{1}{n-1}\sum_{i=1}^{n}(x_i - \bar{x})^2 \tag{2-17}$$

③ 标准差（standard deviation）S（又称均方差）

$$标准差 \; S = \sqrt{\frac{1}{n-1}\sum_{i=1}^{n}(x_i - \bar{x})^2}$$

方差 S^2 和标准差 S 两者都是表示实验数据分散程度的特征数，反映实验数据与均值之间的平均差距。差距越大，表明实验所取数据波动性越大，反之表明实验数值波动越小。

④ 变异系数（coefficient of variation）CV

变异系数 CV，又称差异系数或离散系数，是标准差与均值的百分比。

$$CV = \frac{S}{\bar{x}}100\% \tag{2-18}$$

变异系数 CV 反映的是数据相对波动的大小，尤其是对标准差 S 相等的两组数据，$\bar{x}$

大的一组数据相对波动小，$\bar{x}$ 小的一组数据相对波动大。而极差 R、标准差 S 只反映数据的绝对波动大小，此时变异系数的应用就显得更为重要。

3）相关特征参数

为表示变量间可能存在的关系，常用相关特征参数表示。例如用相关系数 r 反映变量间存在的线性关系的强弱，其计算将在回归分析中介绍。

2.2.3 实验数据中可疑数据的检验

在整理实验数据时，常会发现有个别测量值与其他值偏差很大，这些值有可能是由于偶然误差造成，也可能是由于过失误差或条件的改变而造成。对于这些特殊值的取舍需要慎重，因为任何一个测量值都是测试结果的一个信息。

通常将个别偏差大的、不是来自同一分布总体的、对实验结果有明显影响的测量数据称为离群数据；而将可能影响实验结果，但尚未证明是离群数据的测量数据称为可疑数据。

舍弃掉可疑数据虽然可以提高实验结果精度，但可疑数据并非全都是离群数据。可疑数据的取舍必须遵循一定的原则，一般应根据不同的检验目的选择不同的检验方法。

下面介绍 4 个常用检验可疑数据的统计方法。

1. 拉依达（PauTa）检验法

拉依达检验法又称 $3S$ 准则，实验数据的总体是正态分布时，计算出实验数据的标准差 S，求其极限误差 $K_S=3S$，此时测量数据落于 $\bar{x}\pm 3S$ 范围内的可能性为 99.7%，即落于此区间之外的数据只有 0.3% 的可能性。当数据落在 $\bar{x}\pm 3S$ 之外时，可视为离群数据舍掉。

拉依达检验法无须查表，简单方便，但实验数据个数 n 宜大于 10，最好大于 50，尤其当数据总体为任意分布时。

2. 肖维涅（Chauvenet）准则检验法

实验工程中常根据肖维涅准则利用表 2-2 决定可疑数据的取舍。表中 n 为测量次数，Z_c 为系数。Z_cS 为极限误差，当可疑数据的偏差绝对值大于 Z_cS 极限误差时，即可舍弃。

肖维涅准则系数 Z_c 表　　　　　　　　　　　　　　　　　表 2-2

n	Z_c	n	Z_c	n	Z_c	n	Z_c
3	1.38	13	2.07	23	2.30	50	2.58
4	1.53	14	2.10	24	2.32	60	2.64
5	1.65	15	2.13	25	2.33	70	2.69
6	1.73	16	2.16	26	2.34	80	2.74
7	1.79	17	2.18	27	2.35	90	2.78
8	1.86	18	2.20	28	2.37	100	2.81
9	1.92	19	2.22	29	2.38	150	2.93
10	1.96	20	2.24	30	2.39	200	3.02
11	2.00	21	2.26	35	2.45	500	3.20
12	2.04	22	2.28	40	2.50		

肖维涅准则检验法的基本步骤：

（1）计算均值 $\bar{x}$ 及标准差 S；

(2) 计算可疑数据的偏差绝对值 $|d_s|$，$|d_s|=|x_s-\bar{x}|$；

(3) 根据实验数据个数 n 查肖维涅准则系数（表2-2），得到对应的系数 Z_c，并计算出 Z_cS 值；

(4) 比较 $|d_s|$ 与 Z_cS 值，当 $|d_s|>Z_cS$ 时，应将可疑数据 x_s 从该组实验值中去掉。

3. 格拉布斯（Grubbs）检验法

(1) 计算统计量 G

此方法用于检验多组测量值的离群数据。将 m 个组的测定均值按大小顺序排列成 $\bar{x}_1$、$\bar{x}_2$、…、$\bar{x}_{m-1}$、$\bar{x}_m$，其中最大、最小的均值记为 $\bar{x}_{\max}$、$\bar{x}_{\min}$，求此数列的均值（总均值 $\bar{\bar{x}}$）及标准差 $S_{\bar{x}}$。

$$\bar{\bar{x}}=\frac{1}{m}\sum_{i=1}^{m}\bar{x}_i$$

$$S_{\bar{x}}=\sqrt{\frac{1}{m-1}\sum_{i=1}^{m}(\bar{x}_i-\bar{\bar{x}})^2}$$

计算可疑数据为最大均值、最小均值的统计量 $G_{\max}$、$G_{\min}$：

$$G_{\max}=\frac{\bar{x}_{\max}-\bar{\bar{x}}}{S_{\bar{x}}} \tag{2-19}$$

$$G_{\min}=\frac{\bar{\bar{x}}-\bar{x}_{\min}}{S_{\bar{x}}} \tag{2-20}$$

2) 查临界值 $G_{(\alpha,m)}$

根据给定的显著性水平 α 和测定的组数 m，由附表2（1）查格拉布斯检验临界值 $G_{(\alpha,m)}$。

3) 判断

若计算统计量 $G_{\max}$、$G_{\min}$ 均大于 $G_{(0.01,m)}$，则可疑均值 $\bar{x}_{\max}$ 和 $\bar{x}_{\min}$ 均为离群数值，可舍掉，即可舍去与均值相应的一组数据。

若 $G_{(0.05,m)}<G_{\max}$，$G_{\min}\leqslant G_{(0.01,m)}$，则可疑均值 $\bar{x}_{\max}$ 和 $\bar{x}_{\min}$ 为偏离数值，相应的数据组为偏离数据。

若 $G_{\max}$、$G_{\min}$ 均小于等于 $G_{(0.05,m)}$，则所有数据均为正常数值。

4. 柯克兰（Cochran）最大方差检验法

该法既可用于剔除多组测定中精密度较差的一组数据，也可用于多组测定值的方差一致性检验（即等精度检验）。

基本步骤如下：

(1) 计算统计量 C

设有 m 组实验数据，每组测定数据有 n 个。m 组实验数据的方差分别为：S_1^2，S_2^2，…，S_m^2，柯克兰检验法的统计量 C 计算公式为：

$$C=\frac{S_{\max}^2}{\sum_{i=1}^{m}S_i^2} \tag{2-21}$$

式中 $S_{\max}^2$——m 组方差 S_i^2 中的最大值。

下面判别 $S_{\max}^2$ 这个可疑方差。

当每组测试数 n 仅为 2 次时，只有数据 x_{i1} 和 x_{i2}，各组差值的平方分别记为：R_1^2，R_2^2，…，R_i^2，…，R_m^2，其中 $R_i^2=(x_{i1}-x_{i2})^2$，可用 R_i^2 代替式（2-21）中 S_i^2，即有：

$$C=\frac{R_{\max}^2}{\sum_{i=1}^m R_i^2} \tag{2-22}$$

式中 $R_{\max}^2$——m 组 R_i^2 中的最大值。

（2）查出临界值 $C_{(\alpha,m,n)}$

根据给定的显著性水平 α、实验组数 m 及每组测定个数 n，在柯克兰最大方差检验临界值表，见书后附表 2（2）所示，查出 α，m，n 对应的临界值 $C_{(\alpha,m,n)}$。

（3）给出判断

若 $C>C_{0.01}$，则可疑方差 $S_{\max}^2$ 为离群方差，说明该方差对应的这组数据精密度过低，应予剔除。

若 $C_{0.05}<C<C_{0.01}$，则可疑方差 $S_{\max}^2$ 为偏离方差。

若 $C\leqslant C_{0.05}$，则可疑方差 $S_{\max}^2$ 为正常方差，其对应的该组数据正常。

然后继续检查，直到没有离群方差为止。

多组测量值的方差的异常值检验，也可使用格拉布斯检验法等检验方法。

2.2.4 检验可疑数据示例

【例 2-4】 在自吸式射流曝气清水充氧实验中，进行了 $m=12$ 组实验。每一组实验中同时可得几个氧转移系数 $K_{La(20)}$ 值，现将 12 个组 $K_{La(20)}$ 的均值和标准差及第 5 组的 11 次测定结果 $K_{La(20)}$ 值列于表 2-3。

自吸式射流曝气清水充氧实验测试结果　　　表 2-3

组号 m	$K_{La(20)}$ 均值	$K_{La(20)}$ 标准差	第 5 组测试次数	第 5 组 $K_{La(20)}$ 值
1	**0.053**	0.0027	1	0.065
2	0.082	**0.0035**	2	**0.063**
3	0.090	0.0026	3	0.070
4	0.067	0.0030	4	0.074
5	0.069	0.0033	5	0.070
6	0.060	0.0028	6	0.068
7	0.066	0.0029	7	0.065
8	0.085	0.0031	8	0.067
9	0.077	0.0032	9	0.071
10	0.061	0.0033	10	0.072
11	**0.090**	0.0028	11	0.069
12	0.072	0.0029		

试分析第 5 组的实验数据及 12 个组的均值和标准差有无离群数据。给定显著性水平 $\alpha=0.05$。

【解】

1. 首先判断第 5 组的 $K_{La(20)}$ 值有无离群数据

（1）利用拉依达检验法（$3S$ 法则）

1) 计算第 5 组 $K_{La(20)}$ 的均值 $\bar{x}$、标准差 S 和极限误差。
$$\bar{x}=0.069;\quad S=0.003;\quad 极限误差\ 3S=3\times0.003=0.009。$$
2) 确定有效范围。
$$\bar{x}\pm3S=0.069\pm0.009,即有效数据范围:0.060\sim0.078。$$
3) 比较判断。
按拉依达检验法,所有数据均在 $0.060\sim0.078$ 范围内,故第 5 组的数据无离群数据。
(2) 利用肖维涅准则检验法
1) 计算第 5 组 $K_{La(20)}$ 的均值和标准差 S
$$\bar{x}=0.069;\quad S=0.003$$
2) 计算第 5 组的数据中,最小值 0.063 的偏差最大,应首先检验
$$|d_s|=|x_s-\bar{x}|=|0.063-0.069|=0.006$$
3) 查临界值 Z_c 计算极限误差

对于给定的 $n=11$,$\alpha=0.05$ 查肖维涅临界值表 2-2,得临界值 $Z_c=2.00$,极限误差 Z_cS:
$$Z_cS=2.00\times0.003=0.006$$
4) 比较判断
$$|d_s|=0.006\ 未大于\ Z_cS$$

按肖维涅准则检验法,0.063 应保留。其他剩余数据的偏差都比 0.063 小,故第 5 组 $K_{La(20)}$ 的值无离群数据。

2. 分析 12 组测量值的均值有无离群数据

利用格拉布斯检验法分析。

1) 计算出 12 组 $K_{La(20)}$ 均值的平均值 $\bar{x}$ 及标准差 $S_{\bar{x}}$
$$\bar{x}=0.073;\quad S_{\bar{x}}=0.012$$
2) 计算最大均值、最小均值的统计量 G_{max}、G_{min}

$K_{La(20)}$ 均值中最大值 0.090,最小值 0.053,G_{max}、G_{min} 统计量分别为:
$$G_{max}=1.417,\quad G_{min}=1.667$$
3) 查临界值 $G_{(0.05,12)}$

对于给定的显著性水平 $\alpha=0.05$,数据个数 $m=12$,查格拉布斯检验临界值表[见书后附表 2(1)],得临界值 $G_{(0.05,12)}=2.285$。

4) 比较判断

由于 $G_{max}=1.417$,$G_{min}=1.667$ 均小于 $G_{(0.05,12)}=2.285$

按格拉布斯检验法,0.090、0.053 应保留。其他剩余数据的统计量均小于临界值 $G_{(0.05,12)}=2.285$,故 12 个均值无离群数据。

3. 分析 12 组测量值的标准差有无离群数据

用柯克兰最大方差检验法分析。

(1) 计算统计量 C

将 12 个标准差按从小到大的顺序排列,得到:0.0026,0.0027,0.0028,0.0028,0.0029,0.0029,0.0030,0.0031,0.0032,0.0033,0.0033,0.0035。

数据中最大标准差 $S_{max}=0.0035$,其统计量 C:

$$C = \frac{S_{\max}^2}{\sum_{i=1}^{m} S_i^2} = \frac{0.0035^2}{0.0026^2 + 0.0027^2 + \cdots + 0.0035^2} = 0.11$$

(2) 查临界值 $C_{(\alpha, m, n)}$

根据显著性水平 $\alpha = 0.05$，组数 $m = 12$，假定每组测定次数 $n = 6$，查柯克兰最大方差检验临界值表，见书后附表 2（2），查出临界值 $C_{(0.05, 12, 6)} = 0.262$。

(3) 比较判断

$$C = 0.112 < 0.262 = C_{(0.05, 12, 6)}$$

按柯克兰最大方差检验法，0.0035 应保留。其他数据组中的标准差都比最大标准差 0.0035 小，所以都应保留，故 12 组标准差无离群数据。

2.3 实验数据统计分析

对实验数据进行预处理剔除离群数据之后，我们还要利用数理统计知识，分析各个因素（即变量）对实验结果的影响及影响的主次；寻找各个变量间的相互影响的规律。在实验数据的处理过程中，方差分析（analysis of variance）和回归分析是非常实用、有效的分析方法。本节仅介绍较简单的单因素方差分析，正交实验方差分析和一元回归分析。

2.3.1 单因素方差分析

1. 方差分析

方差分析是通过对实验数据的分析，搞清与实验研究有关的各个因素（可定量或定性表示的因素）对实验结果的影响、影响程度及性质，因素常用 A，B 等表示。

方差分析的基本思想是通过数据的分析，将因素变化所引起的实验结果间的差异与实验误差的波动所引起的实验结果的差异区分开来，从而弄清因素对实验结果的影响。其关键是寻找误差范围，利用数理统计中的 F 检验法可以解决这个问题。

下面简要介绍应用 F 检验法进行方差分析的方法。

2. 单因素方差分析

这是研究一个因素对实验结果是否有影响及影响程度的问题。

为研究某因素 A 不同水平对实验结果有无显著的影响，设 A 有 A_1、A_2、$\cdots$、A_b 个水平，在每一水平下进行 a 次实验，实验结果是 x_{ij}，x_{ij} 表示在 A_i 水平下进行的第 j 个实验。现在要通过对实验数据的分析，研究水平的变化对实验结果有无显著影响。

(1) 常用统计名词

1) 水平平均值：该因素某个水平下实验结果的算术平均值。

$$\bar{x}_i = \frac{1}{a} \sum_{j=1}^{a} x_{ij} \quad i = 1, 2, \cdots, b \tag{2-23}$$

2) 因素总平均值：该因素各水平下实验结果的算术平均值。

$$\bar{x} = \frac{1}{n} \sum_{i=1}^{b} \sum_{j=1}^{a} x_{ij} \tag{2-24}$$

其中 $n = ab$。

3) 总离差平方和、组内离差平方和、组间离差平方和：总离差平方和是各个实验数据与它们总平均值之差的平方和,简称总平方和。

$$S_T = \sum_{i=1}^{b} \sum_{j=1}^{a} (x_{ij} - \bar{x})^2 \tag{2-25}$$

总离差平方和反映了 n 个数据与总平均值 $\bar{x}$ 的差异大小,S_T 越大说明这组数据越分散,S_T 越小说明这组数据越集中。

产生总离差平方和的原因有两个方面:一方面是由于试验中随机误差的影响所造成,表现为同一水平内实验数据的差异,以组内离差平方和 S_E 表示,简称组内差。

$$S_E = \sum_{i=1}^{b} \sum_{j=1}^{a} (x_{ij} - \bar{x}_i)^2 \tag{2-26}$$

另一方面是由于实验过程中,同一因素所处的不同水平的影响,表现为不同水平所引起实验数据均值 $\bar{x}_1, \cdots, \bar{x}_b$ 之间的差异,以组间离差平方和 S_A 表示,简称组间差。

$$S_A = \sum_{i=1}^{b} \sum_{j=1}^{a} (\bar{x}_i - \bar{x})^2 \tag{2-27}$$

可以证明总离差平方和 S_T 与组间离差平方和 S_A 及组内离差平方和 S_E 的关系为:

$$S_T = S_A + S_E \tag{2-28}$$

工程技术上为了便于应用和计算,常将总离差平方和分解成组间离差平方和与组内离差平方和,利用 S_A 和 S_E 构造 F 统计量,再通过比较 F 值的大小来判断因素影响的显著性。

为了方便计算,记

$$P = \frac{1}{ab} \Big(\sum_{i=1}^{b} \sum_{j=1}^{a} x_{ij} \Big)^2 \tag{2-29}$$

$$Q = \frac{1}{a} \sum_{i=1}^{b} \Big(\sum_{j=1}^{a} x_{ij} \Big)^2 \tag{2-30}$$

$$R = \sum_{i=1}^{b} \sum_{j=1}^{a} x_{ij}^2 \tag{2-31}$$

则组间离差平方和 S_A:

$$S_A = Q - P \tag{2-32}$$

组内离差平方和 S_E:

$$S_E = R - Q \tag{2-33}$$

4)自由度:方差分析中,由于 S_A、S_E 的计算是若干项的平方和,其大小与参加求和项数有关,为了在分析中去掉项数的影响,故引入了自由度的概念。自由度是数理统计中的一个概念,主要反映一组数据中真正独立数据的个数。

S_T 的自由度为实验总次数减1:

$$f_T = ab - 1 \tag{2-34}$$

S_A 的自由度为水平数减1:

$$f_A = b - 1 \tag{2-35}$$

S_E 的自由度为水平数与实验次数减1之积:

$$f_E = b(a - 1) \tag{2-36}$$

5)F 值

$$F_A = \frac{\bar{S}_A}{\bar{S}_E} = \frac{S_A / f_A}{S_E / f_E} \tag{2-37}$$

F 值是因素不同水平所造成的对实验结果的影响与由于误差所造成的影响的比值。

F 值越大,说明因素水平变化对实验结果影响越显著;F 值越小,说明因素水平变化对实验结果影响越小。

(2) 单因素方差分析步骤

对于具有 b 个水平的单因素，每个水平下进行 a 次重复实验，所得到一组实验结果为 x_{ij}（$i=1$, 2, $\cdots$, a；$j=1$, 2, $\cdots$, b），实验总次数 $n=ab$，全部实验结果及计算见表 2-4。

方差分析的步骤和计算如下：

1）将实验结果列于表 2-4（1 区），列和、列和的平方、列平方和列于表 2-4（2 区）；

单因素 A 方差分析计算表　　　　　　　　　　　　表 2-4

	水平 实验值 实验号	A_1	A_2	$\cdots$	A_i	$\cdots$	A_b	合计
1 区	1	x_{11}	x_{21}	$\cdots$	x_{i1}	$\cdots$	x_{b1}	
	2	x_{12}	x_{22}	$\cdots$	x_{i2}	$\cdots$	x_{b2}	
	$\vdots$	$\vdots$	$\vdots$	$\vdots$	$\vdots$	$\vdots$	$\vdots$	
	j	x_{1j}	x_{2j}	$\cdots$	x_{ij}	$\cdots$	x_{bj}	
	$\vdots$	$\vdots$	$\vdots$	$\vdots$	$\vdots$	$\vdots$	$\vdots$	
	a	x_{1a}	x_{2a}	$\cdots$	x_{ia}	$\cdots$	x_{ba}	
2 区	列和 (Σ)	$\sum_{j=1}^{a} x_{1j}$	$\sum_{j=1}^{a} x_{2j}$	$\cdots$	$\sum_{j=1}^{a} x_{ij}$	$\cdots$	$\sum_{j=1}^{a} x_{bj}$	$\sum_{i=1}^{b}\sum_{j=1}^{a} x_{ij}$
	列和的平方 $(\Sigma)^2$	$\left(\sum_{j=1}^{a} x_{1j}\right)^2$	$\left(\sum_{j=1}^{a} x_{2j}\right)^2$	$\cdots$	$\left(\sum_{j=1}^{a} x_{ij}\right)^2$	$\cdots$	$\left(\sum_{j=1}^{a} x_{bj}\right)^2$	$\sum_{i=1}^{b}\left(\sum_{j=1}^{a} x_{ij}\right)^2$
	列平方和 $\left(\sum x_{ij}^2\right)$	$\sum_{j=1}^{a} x_{1j}^2$	$\sum_{j=1}^{a} x_{2j}^2$	$\cdots$	$\sum_{j=1}^{a} x_{ij}^2$	$\cdots$	$\sum_{j=1}^{a} x_{bj}^2$	$\sum_{i=1}^{b}\sum_{j=1}^{a} x_{ij}^2$

2）利用式(2-28)～式(2-36)计算有关的统计量 S_T、S_A、S_E 及相应的自由度；

3）计算的统计量列入表 2-5，并利用式(2-37)计算 F 值。

单因素 A 方差分析表　　　　　　　　　　　　表 2-5

方差来源	离差平方和	自由度	均方	F
组间差（因素 A）	S_A	$b-1$	$\overline{S}_A = \dfrac{S_A}{b-1}$	$F = \dfrac{\overline{S}_A}{\overline{S}_E}$
组内差	S_E	$b(a-1)$	$\overline{S}_E = \dfrac{S_E}{b(a-1)}$	
总和	$S_T = S_A + S_E$	$ab-1$		

4）根据组间差自由度 $n_1 = f_A = b-1$，组内差自由度 $n_2 = f_E = b(a-1)$ 与显著性水平 α，由书后附表 3 的 F 分布表，可查出 F 临界值 $F_\alpha(n_1, n_2)$。

5）进行 F 检验

若 $F \geqslant F_\alpha(n_1, n_2)$，则反映因素对实验结果（在显著性水平 α 下）有显著的影响，是个重要因素。反之若 $F < F_\alpha(n_1, n_2)$，则因素对实验结果无显著影响，是次要因素。

在各种显著性检验中，常用 $\alpha = 0.05$，$\alpha = 0.01$ 两个显著水平，选取哪一种水平，取决于问题的要求。通常称在水平 $\alpha = 0.05$ 下，当 $F < F_{0.05}(n_1, n_2)$ 时，认为因素对实验结果影响不显著；当 $F_{0.05}(n_1, n_2) < F < F_{0.01}(n_1, n_2)$ 时，认为因素对实验结果影响显著，记为 *；当 $F > F_{0.01}(n_1, n_2)$ 时，认为因素对实验结果影响特别显著，记为 * *。

对于单因素各水平不等重复实验或虽然是等重复实验，但由于数据整理中剔除了离群数据或其他原因造成各水平的实验数据不等时，此时单因素方差分析，只要对公式做适当修改即可，其他步骤不变。如某因素水平为 A_1，A_2，…，A_i，…，A_b 相应的实验次数为 a_1，a_2，…，a_i，…，a_b，则：

$$P = \frac{1}{n}\left(\sum_{i=1}^{b}\sum_{j=1}^{a_i} x_{ij}\right)^2 \tag{2-38}$$

$$Q = \sum_{i=1}^{b} \frac{1}{a_i}\left(\sum_{j=1}^{a_i} x_{ij}\right)^2 \tag{2-39}$$

$$R = \sum_{i=1}^{b}\sum_{j=1}^{a_i} x_{ij}^2 \tag{2-40}$$

其中 $n = \sum_{i=1}^{b} a_i$ 是总实验次数；

S_A 的自由度为 f_A　$n_1 = f_A = b-1$；

S_E 的自由度为 f_E　$n_2 = f_E = n-b$；

S_T 的自由度 $n-1$。

3. 单因素方差分析示例

【**例 2-5**】 同一曝气设备在清水与污水中充氧性能不同，为了能根据污水生化需氧量正确地算出曝气设备在清水中所应供出的氧量，引入了曝气设备充氧修正系数 α、β 值。

$$\alpha = \frac{K_{La(20)w}}{K_{La(20)}}$$

$$\beta = \frac{C_{sw}}{C_s}$$

式中　$K_{La(20)w}$，$K_{La(20)}$——同条件下，20℃同一曝气设备分别在污水与清水中氧总转移系数，1/min；

C_{sw}，C_s——分别在污水、清水中同温度、同压力下氧饱和溶解浓度，mg/L。

影响充氧修正系数 α 值的因素很多，如水质、水中有机物含量、风量、搅拌强度、曝气池内混合液污泥浓度等。现仅考察混合液污泥浓度这一因素对系数 α 值的影响。实验在其他因素固定，只改变混合液污泥浓度的条件下进行，实验结果见表 2-6。

污泥浓度与 $K_{La(20)w}$ 的实验结果　　　　表 2-6

污泥浓度 x（g/L）	$K_{La(20)w}$（20℃）（1/min）		
1.45	0.2199	0.2377	0.2208
2.52	0.2165	0.2325	0.2153
3.80	0.2259	0.2097	0.2165
4.50	0.2100	0.2134	0.2164

试进行方差分析，判断因素的显著性（显著性水平 $\alpha = 0.05$）。

【**解**】 此题中，污泥浓度为因素 A，它有 4 个水平，充氧修正系数 α 是实验指标，它的实验结果需要计算一下。

(1) 按照单因素 A 方差分析计算表 2-4 的形式，系数 α 值的统计计算结果列于表 2-7。

污泥浓度对充氧修正系数 α 值影响数据计算表　　　　表 2-7

水平 系数 α 值 实验号	1.45	2.52	3.80	4.50	合计
1	0.932	0.917	0.957	0.890	
2	1.007	0.985	0.889	0.904	
3	0.936	0.912	0.917	0.917	
$\sum$	2.875	2.814	2.763	2.711	11.163
$(\sum)^2$	8.266	7.919	7.634	7.350	31.169
$\sum x_{ij}^2$	2.759	2.643	2.547	2.450	10.399

注：清水中 $K_{La(20)} = 0.2360$ (1/min)。

(2) 计算统计量与自由度。

$b = 4$，$a = 3$。

$$P = \frac{1}{a \cdot b}\left(\sum_{i=1}^{b}\sum_{j=1}^{a}x_{ij}\right)^2$$

$$= \frac{1}{3 \times 4}(11.163)^2 = 10.384$$

$$Q = \frac{1}{a}\sum_{i=1}^{b}\left(\sum_{j=1}^{a}x_{ij}\right)^2$$

$$= \frac{1}{3} \times 31.169 = 10.390$$

$$R = \sum_{i=1}^{b}\sum_{j=1}^{a}x_{ij}^2 = 10.399$$

$$S_A = Q - P = 10.390 - 10.384 = 0.006$$

$$S_E = R - Q = 10.399 - 10.390 = 0.009$$

$$S_T = S_A + S_E = 0.006 + 0.009 = 0.015$$

$$f_T = ab - 1 = 3 \times 4 - 1 = 11$$

$$f_A = b - 1 = 4 - 1 = 3$$

$$f_E = b(a - 1) = 4 \times (3 - 1) = 8$$

(3) 计算 F 值。

$$\overline{S}_A = \frac{S_A}{b-1} = \frac{0.006}{3} = 0.002$$

$$\overline{S}_E = \frac{S_E}{b(a-1)} = \frac{0.009}{4 \times (3-1)} = 0.001$$

$$F = \frac{\overline{S}_A}{\overline{S}_E} = \frac{0.002}{0.001} = 2.00$$

(4) 查临界值 $F_\alpha(n_1, n_2)$。

根据给出的显著性水平 $\alpha = 0.05$，组间差自由度 $n_1 = f_A = b - 1 = 3$，组内差自由度 $n_2 = f_E = b(a - 1) = 8$，查附表 4 的 F 分布表，得 $F_{0.05}(3, 8) = 4.07$。

(5) 显著性检验

由于 $F=2.00<4.07=F_{0.05}(3,8)$，故污泥浓度对充氧修正系数 α 值影响不显著，以 95% 的置信度说明它不是一个显著影响因素。

2.3.2 正交实验方差分析

正交实验结果分析除第 1 章介绍的直观分析法外，也有方差分析法。直观分析法的优点是简单、直观，计算量小，容易理解，但缺乏对实验数据的统计分析，无法准确分析各实验因素对实验结果影响的重要程度。而正交实验结果使用方差分析法，虽然计算量大一些，但却可以克服上述缺点。

1. 概述

(1) 正交实验方差分析基本思想

与单因素方差分析一样，正交实验方差分析关键问题也是把实验数据总的差异即总离差平方和，分解成两大部分。一部分反映各因素因水平变化引起的差异，即各因素的组间离差平方和；另一部分反映实验随机误差引起的差异，叫误差离差平方和，即组内离差平方和。计算它们的平均离差平方和（均方和），进行各因素组间均方和与误差均方和的比较，应用 F 检验法，判断各因素影响的显著性。

由于正交实验是利用正交表所进行的实验，所以正交实验方差分析与单因素方差分析也有所不同。

(2) 正交实验方差分析类型

利用正交实验法进行多因素实验，由于实验因素、正交表的选择、实验条件、精度要求等不同，正交实验结果的方差分析也有所不同，一般常遇到以下两类：

1) 无重复正交实验的方差分析；

2) 有重复实验的正交实验方差分析。

两种正交实验方差分析的基本思想、计算步骤等均一样，不同之处在于误差平方和 S_E 的计算，下面分别通过实例说明多因素正交实验的因素显著性判断。

2. 无重复正交实验的方差分析

(1) 正交表各列未饱和情况下方差分析

多因素正交实验设计中，当选择正交表的列数大于实验因素数目时，此时正交实验结果的方差分析，即属这类问题。

由于进行正交表的方差分析时，误差平方和 S_E（组内离差平方和）的处理十分重要，而且又有很大的灵活性，因而在安排实验、进行显著性检验时，正交实验的表头设计，应尽可能不把正交表的列占满，留有空白列，此时各空白列的离差平方和及自由度，就分别代表了误差平方和 S_E 与误差项自由度 f_E。

正交表各列未饱和情况下方差分析示例。

【例 2-6】 在相同底坡、回流比、水平投影面积条件下，研究表面负荷及池型（斜板与矩形沉淀池）两个因素对回流污泥浓缩性能的影响。指标以回流比（回流污泥浓度 x_R 与曝气池混合液污泥浓度 x 之比）表示。

【解】

实验中每个因素取 2 个水平，故属于 2 因素 2 水平的多因素实验，实验设计选择正交表

$L_4(2^3)$ 正交表，留有一空白列，以计算 S_E。

1) 计算各因素不同水平的评价指标之和 K_i 及评价指标 y 之和。

实验数据及计算结果见表 2-8。

斜板、矩形池回流污泥性能实验结果（$R=100\%$） 表 2-8

实验号	因素			评价指标
	水力负荷 [m³/(m²·h)]	池型	空白	$y=x_R/x$
1	1 (0.45)	1（斜）	1	2.06
2	1 (0.45)	2（矩）	2	2.20
3	2 (0.60)	1（斜）	2	1.49
4	2 (0.60)	2（矩）	1	2.04
K_1	4.26	3.55	4.10	$\Sigma=7.79$
K_2	3.53	4.24	3.69	

2) 根据表 2-9 中计算公式，求组间、组内离差平方和。

正交实验统计量与离差平方和计算公式 表 2-9

	内容	计算式	
统计量	P	$P=\dfrac{1}{n}\left(\sum\limits_{i=1}^{n}y_i\right)^2$	(2-41)
	Q_i	$Q_i=\dfrac{1}{a}\sum\limits_{j=1}^{b}K_{ji}^2$ $i=1, 2, \cdots, m$ 或 $i=A, B, C, \cdots\cdots$	(2-42)
	W	$W=\sum\limits_{i=1}^{n}y_i^2$	(2-43)
离差平方和	组间差（某因素 i 的）S_i	$S_i=Q_i-P$ $i=1, 2, \cdots, m$；或 $i=A, B, C, \cdots\cdots$	(2-44)
	组内差 S_E	$S_E=\sum S_0=\sum(Q_0-P)$	(2-45)
	或	$S_E=S_T-\sum\limits_{i=1}^{m}S_i$	(2-46)
	总离差 S_T	$S_T=W-P$	(2-47)
	或	$S_T=\sum\limits_{i=1}^{m}S_i+S_E$	(2-48)

表中　n——实验次数，即正交表中排列的总实验次数；
　　　b——某因素下的水平数；
　　　a——某因素下同水平的实验次数；
　　　m——因素个数；
　　　i——因素代号，1，2，3，…，或 A，B，C，…；
　　　S_0——空列项离差平方和；
　　　K_{ji}——因素 i 的第 j 个水平的评价指标之和，即因素 i 的 K_1，K_2 等。

由表 2-9 可知，误差平方和 S_E 有两种计算方法。一种是由总离差平方和减去各因素的离差平方和；另一种是由正交表中空余列的离差平方和作为误差平方和。两种计算方法实质是一样的，因为根据方差分析理论，$S_T = \sum_{j=1}^{m} S_j + S_E$，自由度间 $f_T = \sum_{j=1}^{m} f_j + f_E$ 总是成立的。正交实验中，安排有因素列的离差平方和，就是该因素的离差平方和，而所有没有安排上因素（或交互作用）列的离差平方和（即空白列的离差平方和）之和，就是随机误差引起的离差平方和，即：$S_E = \sum S_0$，而 $f_E = \sum f_0$，故：

$$S_E = S_T - \sum_{i=1}^{m} S_i = \sum S_0$$

本题中，$n=4$，$a=2$，$b=2$，$m=2$，各统计量计算结果如下：

$$P = \frac{1}{n}\Big(\sum_{i=1}^{n} y_i\Big)^2 = \frac{1}{4}(7.79)^2 = 15.17$$

$$Q_A = \frac{1}{a}\sum_{j=1}^{b} K_{jA}^2 = \frac{1}{2}(4.26^2 + 3.53^2) = 15.30$$

$$Q_B = \frac{1}{a}\sum_{j=1}^{b} K_{jB}^2 = \frac{1}{2}(3.55^2 + 4.24^2) = 15.29$$

$$Q_0 = \frac{1}{a}\sum_{j=1}^{b} K_{j0}^2 = \frac{1}{2}(4.10^2 + 3.69^2) = 15.22$$

$$W = \sum_{i=1}^{n} y_i^2 = 2.06^2 + 2.2^2 + 1.49^2 + 2.04^2 = 15.47$$

则
$$S_A = Q_A - P = 15.30 - 15.17 = 0.13$$
$$S_B = Q_B - P = 15.29 - 15.17 = 0.12$$
$$S_E = S_0 = Q_0 - P = 15.22 - 15.17 = 0.05$$

或 $$S_T = W - P = 15.47 - 15.17 = 0.30$$

则 $$S_E = S_T - \sum S_i = 0.30 - 0.13 - 0.12 = 0.05$$

3）计算自由度

总和自由度为实验总次数减 1，$f_T = n - 1 = 4 - 1 = 3$

各因素自由度为水平数减 1，$f_j = b - 1$，$j = 1, 2, \cdots, m$

$$f_A = 2 - 1 = 1$$
$$f_B = 2 - 1 = 1$$

误差自由度 $f_E = f_T - \sum_{j=1}^{m} f_j = f_T - f_A - f_B = 3 - 1 - 1 = 1$

4）计算 F 值

$$F_A = \frac{\overline{S}_A}{\overline{S}_E}, \ F_j = \frac{\overline{S}_j}{\overline{S}_E}, \ j = 1, 2, \cdots, m$$

计算均方值：
$$\overline{S}_A = \frac{S_A}{f_A} = \frac{0.13}{1} = 0.13$$

$$\overline{S}_B = \frac{S_B}{f_B} = \frac{0.12}{1} = 0.12$$

$$\overline{S}_E = \frac{S_E}{f_E} = 0.05$$

$$F_A = \frac{\overline{S}_A}{\overline{S}_E} = \frac{0.13}{0.05} = 2.6$$

$$F_B = \frac{\overline{S}_B}{\overline{S}_E} = \frac{0.12}{0.05} = 2.4$$

5) 显著性检验

对于给定的显著水平 α，查出 F 分布的临界值 $F_\alpha(f_j, f_E)$，若 $F_j \geq F_\alpha(f_j, f_E)$，则说明该因素对试验结果的影响是显著的；若 $F_j < F_\alpha(f_j, f_E)$，则说明该因素对试验结果的影响不显著。

根据因素自由度计算：$f_A = f_B = 1$，$f_E = 1$；显著性水平 α 取 0.05。

查附表 3 的 F 分布表，得 $F_{0.05}(f_A, f_E) = F_{0.05}(f_B, f_E) = F_{0.05}(1,1) = 161.4$，由于 $F_A = 2.6 < 161.4 = F_{0.05}(f_A, f_E)$，$F_B = 2.4 < 161.4 = F_{0.05}(f_B, f_E)$，故该二因素均为非显著性因素，对回流比指标无显著影响（这一结论可能与实验中负荷选择偏小，变化范围过窄有关）。

(2) 正交表各列饱和情况下方差分析

当正交表各列全被实验因素及要考虑的交互作用占满没有空白列时，此时方差分析中 $S_E = S_T - \sum S_i$，$f = f_T - \sum f_i$。由于无空白列 $S_T = \sum S_i$，$f_T = \sum f_i$，而出现 $S_E = 0$，$f_E = 0$，此时，若要对实验数据进行方差分析，则在已计算的各因素的离差平方和中，选取几个最小的离差平方和近似代替误差离差平方和，这几个因素也不再作进一步的分析。或者是进行重复实验后，按重复实验的方差分析法进行分析。

各列饱和时正交实验的方差分析示例。

【例 2-7】 为探讨制革消化污泥真空过滤脱水性能，确定设备过滤负荷为评价指标，选用 $L_9(3^4)$ 正交表进行叶片吸滤实验。实验安排及实验结果见表 2-10。

试用方差分析判断各影响因素的显著性。

叶片吸滤实验安排及结果 表 2-10

实验号 \ 因素	吸滤时间 t_i (min)	吸干时间 t_d (min)	滤布种类	真空压力 (Pa)	实验结果 过滤负荷 y [kg/(m²·h)]
1	1 (0.5)	1 (1.0)	1 (a)	39990	15.03
2	1	2 (1.5)	2 (b)	53320	12.31
3	1	3 (2.0)	3 (c)	66650	10.87
4	2 (1.0)	1	2	66650	18.13
5	2	2	3	39990	12.86
6	2	3	1	53320	11.79
7	3 (1.5)	1	3	53320	17.28
8	3	2	1	66650	14.04
9	3	3	2	39990	11.34
K_1	38.21	50.44	40.86	39.23	$\sum y = 123.65$
K_2	42.78	39.21	41.78	41.38	
K_3	42.66	34.00	41.01	43.04	

注：1. 1mmHg=133.322Pa；39990Pa=300mmHg；53320Pa=400mmHg；66650Pa=500mmHg；
2. a—尼龙 6501～5226；b—涤纶小帆布；c—尼龙 6501～5236。

【解】
(1) 计算各因素不同水平的评价指标之和 K_i 值及指标 y 之和，见表 2-10。
(2) 根据表 2-9 中的计算公式，计算统计量与各项离差平方和。

1) 统计量

$$P = \frac{1}{n}\left(\sum_{i=1}^{n} y_i\right)^2 = \frac{1}{9}(123.65)^2 = 1698.81$$

$$Q_A = \frac{1}{a}\sum_{j=1}^{b} K_{jA}^2 = \frac{1}{3}(38.21^2 + 42.78^2 + 42.66^2) = 1703.34$$

$$Q_B = \frac{1}{a}\sum_{j=1}^{b} K_{jB}^2 = \frac{1}{3}(50.44^2 + 39.21^2 + 34.00^2) = 1745.87$$

$$Q_C = \frac{1}{a}\sum_{j=1}^{b} K_{jC}^2 = \frac{1}{3}(40.86^2 + 41.78^2 + 41.01^2) = 1698.98$$

$$Q_D = \frac{1}{a}\sum_{j=1}^{b} K_{iD}^2 = \frac{1}{3}(39.23^2 + 41.38^2 + 43.04^2) = 1701.25$$

$$W = \sum_{i=1}^{n} y_i^2 = 15.03^2 + 12.31^2 + 10.87^2 + 18.13^2 + 12.86^2 + 11.79^2$$
$$+ 17.28^2 + 14.04^2 + 11.34^2 = 1752.99$$

2) 离差平方和

$$S_A = Q_A - P = 1703.34 - 1698.81 = 4.53$$

$$S_B = Q_B - P = 1745.87 - 1698.81 = 47.06$$

$$S_C = Q_C - P = 1698.98 - 1698.81 = 0.17$$

$$S_D = Q_D - P = 1701.25 - 1698.81 = 2.44$$

总离差

$$S_T = W - P = 1752.99 - 1698.81 = 54.18$$

$$S_T = S_A + S_B + S_C + S_D = 4.53 + 47.06 + 0.17 + 2.44 = 54.2$$

由此可见，正交实验各列均排满因素，其误差平方和不能用式 $S_E = S_T - \Sigma S_i$ 求得，此时只能将因素离差平方和中选取几个小的离差平方和代替误差平方和，本例中 S_E：

$$S_E = S_C + S_D = 0.17 + 2.44 = 2.61$$

3) 计算自由度及 F 值

$$f_T = 9 - 1 = 8, \quad f_A = f_B = 3 - 1 = 2, \quad f_E = f_C + f_D = 2 + 2 = 4$$

$$\overline{S}_A = \frac{S_A}{f_A} = \frac{4.53}{2} = 2.27$$

$$\overline{S}_B = \frac{S_B}{f_B} = \frac{47.06}{2} = 23.53$$

$$\overline{S}_E = \frac{S_E}{f_E} = \frac{2.61}{4} = 0.65$$

$$F_A = \frac{\overline{S}_A}{\overline{S}_E} = \frac{2.27}{0.65} = 3.49$$

$$F_B = \frac{\overline{S}_B}{\overline{S}_E} = \frac{23.53}{0.65} = 36.20$$

4) 显著性检验

根据因素的自由度 $f_A=f_B=2$ 和误差的自由度 $f_E=4$，对于 $\alpha=0.05$，查附表 3 的 F 分布表，$F_{0.05}(2,4)=6.94$。

由于 $F_A=3.49<6.94=F_{0.05}(f_A,f_E)$，故因素 A 为非显著性因素，即因素 A 对设备过滤负荷无显著影响；

$F_B=36.20>6.94=F_{0.05}(f_B,f_E)$，故因素 B 为显著性因素，即因素 B 对设备过滤负荷有显著影响。

3. 有重复实验的正交实验方差分析

重复实验更多的是为了提高实验的精度，减少实验误差的干扰。所谓重复实验，是真正的将每工况实验内容重复做几次，而不是重复测量，也不是重复取样。

下面介绍一下工程中常用的分析方法。

重复正交实验方差分析的基本思想、计算步骤与前述方法基本一致，由于它与无重复实验的区别就在于实验结果的数据多少不同，因此，二者在方差分析上也有不同，其区别为：

(1) 在列正交实验结果表与计算各因素不同水平的评价指标之和 K_i 及实验结果 y 之和时：

1) 将重复实验的结果（指标值）均列入成果栏内；

2) 计算各因素不同水平的评价指标之和 K_i 值时，是将相应的实验结果之和代入，个数为该水平重复数 a 与实验重复数 c 之积；

3) 实验结果 y 之和为全部实验结果 y_{ij}（$i=1, 2, \cdots, n$；$j=1, 2, \cdots, c$）之和，个数为实验次数 n 与重复次数 c 之积。

(2) 求统计量与离差平方和时：

1) 实验总次数 n^* 为正交实验次数 n 与重复实验次数 c 之积；

2) 某因素下同水平实验次数 a^* 为正交表中该水平出现次数 a 与重复实验次数 c 之积。

统计量 P、Q、W 按下列公式求解：

$$P = \frac{1}{nc}\left(\sum_{i=1}^{n}\sum_{j=1}^{c} y_{ij}\right)^2 \tag{2-49}$$

$$Q_i = \frac{1}{ac}\sum_{j=1}^{b} K_{ji}^2 \tag{2-50}$$

其中 K_{ji} 是第 i 个因素所算出的 K_1，K_2，$\cdots$，K_b，b 是该因素的水平数。

$$W = \sum_{i=1}^{n}\sum_{j=1}^{c} y_{ij}^2 \tag{2-51}$$

(3) 重复实验时，实验误差 S_E 包括两部分，S_{E1} 和 S_{E2}，$S_E=S_{E1}+S_{E2}$。

S_{E1} 为空列离差平方和，本身包含实验误差和模型误差两部分。由于无重复实验中误差项是指此类误差，故又叫第一类误差平方和，记为 S_{E1}。

S_{E2} 是反映重复实验造成的整个实验组内的变动平方和，是仅反映实验误差大小的，故又叫第二类误差平方和，记为 S_{E2}，其计算式为：

$$S_{E2} = 各结果数据平方和 - \frac{同一实验条件下结果数据和的平方之和}{重复实验次数}$$

$$= \sum_{i=1}^{n}\sum_{j=1}^{c} y_{ij}^2 - \frac{\sum_{i=1}^{n}\left(\sum_{j=1}^{c} y_{ij}\right)^2}{c}$$

式中，n 表示正交表所示的实验次数；c 表示每次实验重复数；y_{ij} 表示在第 i 个实验中第 j 次重复实验的结果，且 $f_{E2}=n(c-1)$。

重复实验的正交实验的方差分析示例。

【例 2-8】

为确定有机物（COD）、曝气设备型式、风量和水温这四个因素对充氧修正系数 α 值的影响程度，进行重复实验，每个实验重复进行一次。如何安排实验方案，并作方差分析，检验各因素对实验结果影响的显著性。取 $\alpha=0.05$ 及 $\alpha=0.01$。

【解】

（1）选用 $L_9(3^4)$ 正交表安排实验，实验结果见表 2-11。

$L_9(3^4)$ 实验结果表　　　　　　表 2-11

水平\因素\实验号	COD (mg/L)	风量 (m³/h)	温度 (℃)	曝气设备型式	二次实验结果 α_1	二次实验结果 α_2	合计 $\alpha_1+\alpha_2$
1	1 (293.5)	1 (0.1)	1 (15)	1 (微孔)	0.712	0.785	1.497
2	1	2 (0.3)	2 (25)	2 (大孔)	0.617	0.553	1.170
3	1	3 (0.2)	3 (35)	3 (中孔)	0.576	0.557	1.133
4	2 (66)	1	2	3	0.879	0.690	1.569
5	2	2	3	1	1.016	1.028	2.044
6	2	3	1	2	0.769	0.872	1.641
7	3 (136.5)	1	3	2	0.870	0.891	1.761
8	3	2	1	3	0.832	0.683	1.515
9	3	3	2	1	0.738	0.964	1.702
K_1	3.800	4.827	4.653	5.243			
K_2	5.254	4.729	4.441	4.572	\multicolumn{2}{c}{$\Sigma=14.032$}	
K_3	4.978	4.476	4.938	4.217			

表中因素有机物 COD 的 $K_1=0.712+0.785+0.617+0.553+0.576+0.557=3.800$

（2）计算统计量与各离差平方和。

1）统计量

$$P=\frac{1}{nc}\left(\sum_{i=1}^{n}\sum_{j=1}^{c}y_{ij}\right)^2=\frac{1}{9\times 2}\times(14.032)^2=10.939$$

$$Q_A=\frac{1}{ac}\sum_{j=1}^{b}K_{jA}^2=\frac{1}{3\times 2}\times(3.8^2+5.254^2+4.978^2)=11.138$$

$$Q_B=\frac{1}{ac}\sum_{j=1}^{b}K_{jB}^2=\frac{1}{3\times 2}\times(4.827^2+4.729^2+4.476^2)=10.950$$

$$Q_C=\frac{1}{ac}\sum_{j=1}^{b}K_{jC}^2=\frac{1}{3\times 2}\times(4.653^2+4.441^2+4.938^2)=10.959$$

$$Q_D=\frac{1}{ac}\sum_{j=1}^{b}K_{jD}^2=\frac{1}{3\times 2}\times(5.243^2+4.572^2+4.217^2)=11.029$$

2）离差平方和

$$S_A=Q_A-P=11.138-10.939=0.199$$

$$S_B=Q_B-P=10.950-10.939=0.011$$

$$S_C = Q_C - P = 10.959 - 10.939 = 0.020$$
$$S_D = Q_D - P = 11.029 - 10.939 = 0.090$$

取 $S_{E1} = S_B = 0.011$

$$S_{E2} = \sum_{i=1}^{n}\sum_{j=1}^{c} y_{ij}^2 - \frac{\sum_{i=1}^{n}\left(\sum_{j=1}^{c} y_{ij}\right)^2}{c}$$

$$= 0.712^2 + 0.785^2 + \cdots + 0.738^2 + 0.964^2$$
$$- \frac{1.497^2 + 1.17^2 + \cdots + 1.515^2 + 1.702^2}{2}$$
$$= 11.325 - \frac{22.519}{2} = 0.065$$

则 $S_E = S_{E1} + S_{E2} = 0.011 + 0.065 = 0.076$

(3) 计算自由度

重复实验的自由度分别为：

各因素的自由度为水平数减1，故 $f_A = f_B = f_C = b - 1 = 3 - 1 = 2$

总和的自由度： $f_T = nc - 1 = 9 \times 2 - 1 = 17$

误差 S_{E2} 的自由度： $f_{E2} = n(c-1) = 9 \times (2-1) = 9$

误差 S_{E1} 的自由度： $f_{E1} = f_B = b - 1 = 3 - 1 = 2$

误差 S_E 的自由度： $f_E = f_{E1} + f_{E2} = 2 + 9 = 11$

(4) 计算 F 值

计算方法同【例2-7】，现仅将计算结果列入方差分析表，见表2-12。

方差分析检验表 (1)　　表2-12

方差来源	平方和	自由度	均方	F	$F_{0.05}(2, 11)$	$F_{0.01}(2, 11)$	显著性
S_A 有机物	0.199	2	0.0995	14.40			特别显著 **
S_C 水温	0.020	2	0.010	1.45			不显著
S_D 设备	0.090	2	0.045	6.51	3.98	7.21	显著 *
S_E	0.076	11	0.0069				
S_T	0.365	17					

(5) 显著性检验

根据因素与误差的自由度，查 F 分布表 $F_{0.05}(2, 11) = 3.98$，$F_{0.01}(2, 11) = 7.21$，与 F 值相比，有机物量、不同曝气设备型式都是显著性的影响因素，水温不是显著影响因素，风量也不是显著影响因素。

本题在计算 S_E 及列方差分析检验表时，也可按如下方法计算：

因为正交表各列已排满无空列，所以 $S_{E1} = 0$；$S_E = S_{E1} + S_{E2} = 0.065$

$$f_E = f_{E2} = 9 \times (2-1) = 9$$

各统计量计算结果见表2-13。

显然结论同上。

方差分析表（2）　　　　　　　　　　　　　　表 2-13

方差来源	平方和	自由度	均方	F	$F_{0.05}(2, 9)$	$F_{0.01}(2, 9)$	显著性
S_A 有机物	0.199	2	0.0995	13.78			特别显著＊＊
S_B 风量	0.011	2	0.0055	0.76			不显著
S_C 水温	0.020	2	0.010	1.38	4.26	8.02	不显著
S_D 设备	0.090	2	0.045	6.23			显著＊
S_E	0.065	9	0.007222				
S_T	0.365	17					

2.3.3　回归分析

回归分析是研究变量间相关关系的一种数理统计方法，是用途最广泛的统计方法之一。我们先了解什么是相关关系。

变量之间的关系是现实世界普遍存在的关系。变量间的关系可分为两类：一类是确定性关系，如正方形面积 S 与边长 x 的关系为 $S=x^2$，自由落体下落的高度 h 与下落时间 t 之间的关系为 $h=\frac{1}{2}gt^2$，这是高等数学中研究得很透彻的函数关系，其特点是当自变量给定时，因变量随之唯一确定。另一类关系是非确定关系，如人的身高和体重之间的关系，血压与年龄之间的关系，农作物的施肥量与产量之间的关系。一般来说，身高者体也重，年龄越大，血压越高，施肥量大亩产量也大，但不能从一个变量的值确定另一个变量的值。变量间的这种关系叫相关关系。又例如，在水处理实验中，曝气设备池污水中充氧修正系数 α 与有机物 COD 值间的关系也是相关关系。回归分析就可以研究水处理实验中的相关关系变量。

回归分析中因变量是随机变量，经常用 y 表示，自变量是在一定范围可以控制的普通变量，经常用 x 表示。只有一个自变量的回归分析叫一元回归分析，多个自变量的回归分析叫多元回归分析。本节仅介绍一元线性回归分析和可线性化的一元非线性回归分析。

1. 一元线性回归分析

我们讨论随机变量 y 和普通变量 x 之间的相关关系。

对于 x 的每一个确定值，y 的取值具有不确定性，但其数学期望 Ey 存在，它是 x 的函数，记为 $\mu(x)$，$\mu(x)$ 叫作 y 对于 x 的回归函数，简称为 y 对 x 的回归。

对于 x 的一组不全相同的值 $x_1, x_2, \cdots, x_n$ 做独立试验，得到 y 的 n 个观察结果 $y_1, y_2, \cdots, y_n$，就得到 n 对观察结果：$(x_1, y_1), (x_2, y_2), \cdots, (x_n, y_n)$，称为样本容量为 n 的样本。一元回归分析的任务就是利用样本数据来估计 $\mu(x)$。

(1) 一元线性回归模型

为了估计 $\mu(x)$ 的形式，通常将 (x_i, y_i)，$i=1, 2, \cdots, n$ 描在直角坐标系中，得到散点图。散点图可以帮助我们粗略地了解之间 y 与 x 的相关关系。若 n 个点大致落在一条直线附近，可考虑 $\mu(x)=a+bx$，这就是一元线性回归模型，b 叫回归系数。

一元线性回归模型有以下几种形式：

$$Ey=a+bx \tag{2-52}$$

若记 $Ey=\hat{y}$，则式(2-52)变为：$\hat{y}=a+bx$ (2-53)

若记 $y-\hat{y}=\varepsilon$，则 $y=\hat{y}+\varepsilon$，即 $y=a+bx+\varepsilon$ (2-54)

为了统计推断方便，通常假定 $\varepsilon \sim N(0, \sigma^2)$，$\varepsilon$ 叫随机误差项，σ^2 叫误差方差。
一元线性回归分析主要解决以下三个问题：

1) 利用样本数据估计未知参数 a，b，σ^2，得到回归方程 $\hat{y} = \hat{a} + \hat{b}x$。
2) 对回归系数 b 作假设检验，从而判断 x 与 y 之间是否存在线性相关关系。
3) 当 $x = x_0$ 时，对因变量 y_0 进行预测，包括点预测和区间预测。

(2) 参数 a，b 的最小二乘估计

样本 (x_i, y_i)，$i = 1, 2, \cdots, n$ 满足：$y_i = a + bx_i + \varepsilon_i$，$\varepsilon_i \sim N(0, \sigma^2)$ 且各 ε_i 相互独立。$\varepsilon_i = y_i - a - bx_i = y_i - \hat{y}_i$ 可度量点 (x_i, y_i) 与回归直线 $\hat{y} = a + bx$ 的远近程度，ε_i 叫离差，作离差平方和：$Q(a, b) = \sum_{i=1}^{n} \varepsilon_i^2 = \sum_{i=1}^{n}(y_i - \hat{y}_i)^2 = \sum_{i=1}^{n}(y_i - a - bx_i)^2$

选取 a，b 的估计值 $\hat{a}$，$\hat{b}$，使得离差平方和 $Q(a, b)$ 达到最小，

即 $Q(\hat{a}, \hat{b}) = \min_{a,b} Q(a, b) = \min_{a,b} \sum_{i=1}^{n}(y_i - a - bx_i)^2$

这时 $\hat{a}$，$\hat{b}$ 叫作 a，b 的最小二乘估计，此方法叫最小二乘法。

通过最小化离差平方和可解得 a，b 的估计值 $\hat{a}$，$\hat{b}$，即

$$\begin{cases} \hat{a} = \bar{y} - \hat{b}\bar{x} \\ \hat{b} = \dfrac{\sum_{i=1}^{n}(x_i - \bar{x})(y_i - \bar{y})}{\sum_{i=1}^{n}(x_i - \bar{x})^2} \end{cases} \quad \text{其中 } \bar{x} = \frac{1}{n}\sum_{i=1}^{n} x_i, \; \bar{y} = \frac{1}{n}\sum_{i=1}^{n} y_i.$$

记 $l_{xx} = \sum_{i=1}^{n}(x_i - \bar{x})^2 = \sum_{i=1}^{n} x_i^2 - \frac{1}{n}\left(\sum_{i=1}^{n} x_i\right)^2$

$l_{yy} = \sum_{i=1}^{n}(y_i - \bar{y})^2 = \sum_{i=1}^{n} y_i^2 - \frac{1}{n}\left(\sum_{i=1}^{n} y_i\right)^2$

$l_{xy} = \sum_{i=1}^{n}(x_i - \bar{x})(y_i - \bar{y}) = \sum_{i=1}^{n} x_i y_i - \frac{1}{n}\left(\sum_{i=1}^{n} x_i\right)\left(\sum_{i=1}^{n} y_i\right)$

这时有公式：$\begin{cases} \hat{b} = \dfrac{l_{xy}}{l_{xx}} \\ \hat{a} = \bar{y} - \hat{b}\bar{x} \end{cases}$

得到了 y 关于 x 的线性回归方程 $\hat{y} = \hat{a} + \hat{b}x$

(3) 一元线性回归的假设检验

对于任意一组数据 $(x_i, y_i)(i = 1, 2, \cdots, n)$，根据参数的最小二乘法都可以确定一个回归方程 $\hat{y} = \hat{a} + \hat{b}x$，这个方程有没有实际价值，还需要检验 y 与 x 之间是否真的满足 $\hat{y} = a + bx$ 关系。下面介绍两种检验方法。

1) 相关系数检验法

先作离差平方和分解 $l_{yy} = Q + U$

其中 $U = \sum(\hat{y}_i - \bar{y})^2$，$Q = \sum_{i=1}^{n}(y_i - \hat{y}_i)^2$

它反映了在总的离差平方和 l_{yy} 中，l_{yy} 由剩余离差平方和 Q 和回归离差平方和 U 组成，而 Q 表示除了 x 对 y 的影响以外的其他随机因素引起数据 y 的波动，而 U 表示 x 与 y 之间线性关系所引起 y 的波动。因此 U 越大，说明 y 与 x 的线性关系越显著。

$$\frac{U}{l_{yy}} = \frac{\sum_{i=1}^{n}(\hat{y}_i - \bar{y})^2}{l_{yy}} = \frac{\sum_{i=1}^{n}[\hat{b}(x_i - \bar{x})]^2}{l_{yy}} = \frac{\hat{b}^2 l_{xx}}{l_{yy}} = \left(\frac{l_{xy}}{\sqrt{l_{xx}l_{yy}}}\right)^2$$

定义相关系数 r 为： $r = \dfrac{l_{xy}}{\sqrt{l_{xx}l_{yy}}}$

显然 $|r| \leqslant 1$，相关系数 r 表示 y 与 x 的线性关系的密切程度，$|r|$ 越大，线性回归的效果越好。

对于显著水平 α，可以查附表 4 相关系数 r 检验表，查出临界值 $r_\alpha(1, n-2)$，若 $|r| \geqslant r_\alpha(1, n-2)$，则认为回归方程显著成立，即 y 与 x 之间线性关系显著；若 $|r| < r_\alpha(1, n-2)$，则认为回归方程不显著成立，即 y 与 x 之间线性关系不显著。

2) F 检验法

在离差平方和分解 $l_{yy} = Q + U$ 中，l_{yy} 的自由度为 $n-1$，Q 的自由度为 $n-2$，所以，U 的自由度为 1，可以证明

$$F = \frac{U/1}{Q/(n-1)} \sim F(1, n-2)$$

F 的计算可列下面的方差分析表 2-14。

方差分析表　　　　　　　　　　表 2-14

方差来源	平方和	自由度	均方	F 值
回归	U	1	U	$F = \dfrac{U}{Q/(n-2)}$
残差	Q	$n-2$	$Q/(n-2)$	
总和	l_{yy}	$n-1$		

对于显著水平 α，若 $F \geqslant F_\alpha(1, n-2)$，则认为回归方程显著成立，即 y 与 x 之间线性关系显著；若 $F < F_\alpha(1, n-2)$，则认为回归方程不显著成立，即 y 与 x 之间线性关系不显著。

(4) 回归方程精度的估计

为计算方便，将 Q 作如下变形：

$$Q = \sum_{i=1}^{n}(y_i - \hat{a} - \hat{b}x_i)^2 = l_{yy} - \hat{b}^2 l_{xx}$$

$\hat{S}^2 = \dfrac{Q}{n-2} = \dfrac{l_{yy} - \hat{b}^2 l_{xx}}{n-2}$， $\hat{S} = \sqrt{\dfrac{Q}{n-2}} = \sqrt{\dfrac{l_{yy} - \hat{b}^2 l_{xx}}{n-2}} = \dfrac{\sqrt{(1-r^2)l_{yy}}}{n-2}$ 称为估计标准差，也叫剩余标准误差，它可以用来衡量一元线性回归方程的精度，显然 $\hat{S}$ 越小越好。

当回归方程检验通过后，当 $x = x_0$ 时，y_0 的预测值就是：$\hat{y}_0 = \hat{a} + \hat{b}x_0$

由正态分布的性质可知，y_0 落在 $\hat{y}_0 \pm \hat{S}$ 范围内的概率为 68.3%；y_0 落在 $\hat{y}_0 \pm 2\hat{S}$ 范

围内的概率为 95.4%；y_0 落在 $\hat{y}_0 \pm 3\hat{S}$ 范围内的概率为 99.7%。

2. 一元非线性回归分析

两变量间关系有时虽为非线性关系，但经过变量替换，可化为线性关系，称为可转化为一元线性回归的非线性回归。

当两个变量 x 与 y 间关系并不是线性相关，而是某种曲线关系，这就需要用曲线作为回归线。根据散点图提供的信息，选择既简单而计算结果与实测值又比较相近的曲线，用这些已知曲线的函数近似地作为变量间的回归方程式。

常见的可化为线性方程的曲线方程、图形及变换方法见表 2-15。

3. 回归分析计算示例

(1) 一元线性回归分析示例

【例 2-9】 完全混合式生物处理曝气池，每天产生的剩余污泥量 ΔX 与污泥负荷 N_S 间存在如下关系式：

$$\frac{\Delta X}{VX} = bN_S - a$$

式中 ΔX——每天产生剩余污泥量，kg/d；

V——曝气池容积，m^3；

X——曝气池内混合液污泥浓度，kg/m^3；

N_S——污泥有机负荷，kg/(kg·d)；

a——产率系数，降解每千克 BOD_5 转换成污泥的千克数，kg/kg；

b——污泥自身氧化率，kg/(kg·d)；

a、b 均是待定数值。

曝气池容积 $V=10m^3$，池内污泥浓度 $X=3g/L$，实验数据见表 2-16，试进行一元线性回归分析。

【解】

1) 根据给出的实验数据，求出 $\frac{\Delta X}{VX}$，见表 2-17。这里将 $\frac{\Delta X}{VX}$ 作为因变量 y，污泥负荷 N_S 作为自变量 x。

2) 用 Excel 软件进行回归。

选中数据表，插入曲线，选散点图，添加趋势线，趋势线显示公式和 r^2。

$$\hat{a} = -0.1046, \quad \hat{b} = 0.6028, \quad 相关系数\ r^2 = 0.9966 (r = 0.998)$$

回归方程为：$\frac{\Delta \hat{X}}{VX} = -0.1046 + 0.6028 N_S$

根据 $n-2=7-2=5$ 和 $\alpha=0.01$ 查附表 4 相关系数 r 检验表得 $r_{0.01}(1, 5)=0.874$

因为 $r=0.998 > 0.874 = r_{0.01}(1, 5)$，故上述线性关系成立。

3) 回归方程的精度估计。

$$l_{yy} = \sum_{i=1}^{n} y_i^2 - \frac{1}{n}\left(\sum_{i=1}^{n} y_i\right)^2 = 0.07745 - \frac{1}{7} \times 0.6^2 = 0.0260$$

$$\hat{S} = \sqrt{\frac{(1-r^2)l_{yy}}{n-2}} = \sqrt{\frac{(1-0.996^2) \times 0.026}{5}} = 0.0064$$

表 2-15 可化为线性方程的曲线方程、图形及化为线性关系的变换

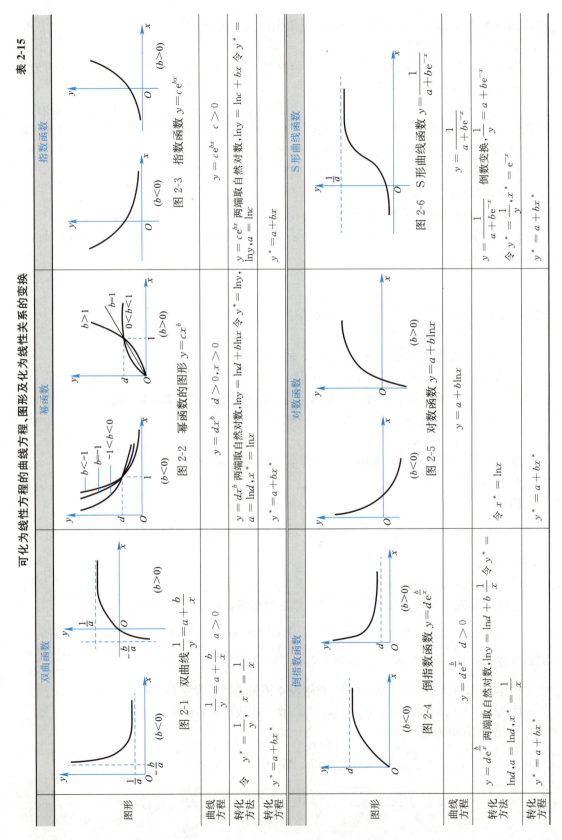

剩余污泥量与污泥负荷实验结果　　　　　　　　表 2-16

N_S	0.20	0.21	0.25	0.30	0.35	0.40	0.50
ΔX	0.45	0.61	1.50	2.40	3.15	3.90	6.00

$\dfrac{\Delta X}{VX}$ 与污泥负荷对应关系　　　　　　　　表 2-17

N_S	0.20	0.21	0.25	0.30	0.35	0.40	0.50
$\dfrac{\Delta X}{VX}$	0.015	0.020	0.050	0.080	0.105	0.130	0.200

$\hat{S}$ 的值很小，表明回归方程精度较高。

(2) 一元非线性回归分析示例

【**例 2-10**】 实验研究表明影响曝气设备污水中充氧修正系数 α 值的主要因素为污水中有机物含量及曝气设备的类型。现用穿孔管曝气设备，测得城市污水不同的有机物 COD 与 α 值的 11 组相应数值见表 2-18。

试求 α 与 COD 之间的回归方程。

污水 COD、α 实验数据　　　　　　　　表 2-18

序号	COD(mg/L)	α
1	208.0	0.698
2	58.4	1.178
3	288.3	0.667
4	249.5	0.593
5	90.4	1.003
6	288.0	0.565
7	68.0	0.752
8	136.0	0.847
9	293.5	0.593
10	66.0	0.791
11	136.5	0.865

【**解**】

(1) 作散点图

以有机物（COD）浓度为横坐标，α 值为纵坐标，将相应的（COD，α）值点绘于直角坐标系中，得出 α 与 COD 分布的散点图（图 2-7）。

(2) 选择函数类型

根据得到的散点图可知，COD 与 α 间有非线性关系。由图 2-7 中可见，α 值随 COD 的增加急剧减小，而后逐渐减小，曲线类型与双曲线、幂函数、指数函数类似。故分别用这三种函数回归，比较它们的精度，最后确定回归方程。

1) 假定 α 与 COD 的关系符合幂函数 $y=dx^b$
x 表示 COD，y 表示 α 值。

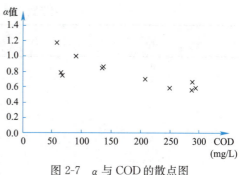

图 2-7　α 与 COD 的散点图

式两边取常用对数（或自然对数），令 $y^* = \lg y$；$x^* = \lg x$；$a = \lg d$

则有：$y^* = a + bx^*$

a. 计算出 y^*、x^* 的对应数值，见表2-19。

幂函数 y^* 与 x^* 的对应计算表　　　表2-19

序号	$x_i^* = \lg x_i$	$y_i^* = \lg y_i$
1	2.318	−0.156
2	1.766	0.071
3	2.460	−0.176
4	2.397	−0.227
5	1.956	0.001
6	2.459	−0.248
7	1.833	−0.124
8	2.134	−0.072
9	2.468	−0.227
10	1.820	−0.102
11	2.135	−0.063

b. 用 Excel 软件进行回归

选中数据表，插入曲线，选散点图，添加趋势线，趋势线显示公式和 r^2。

$\hat{a} = 0.5098$，　$\hat{b} = -0.2919$，　相关系数 $r^2 = 0.6563(r = 0.8101)$

c. 回归方程

$$\hat{y}^* = \hat{a} + \hat{b}x^* = 0.5098 - 0.2919 x^*$$

$$\hat{y} = 3.23 x^{-0.292}$$

2）假定 a 与 COD 的关系符合倒指数函数 $y = d e^{\frac{b}{x}}$

式两边取自然对数 $y = d e^{\frac{b}{x}}$，有：$\ln y = \ln d + b \frac{1}{x}$

令 $y^* = \ln y$；$x^* = \dfrac{1}{x}$；$a = \ln d$

则有：$y^* = a + bx^*$

a. 计算 y^*、x^* 的对应数值，见表2-20。

倒指数函数 y^* 与 x^* 的对应计算表　　　表2-20

序号	$x_i^* = \dfrac{1}{x}$	$y_i^* = \ln y$
1	0.0048	−0.360
2	0.0171	0.164
3	0.0035	−0.405
4	0.0040	−0.523
5	0.0111	0.003
6	0.0035	−0.571
7	0.0147	−0.285

续表

序号	$x_i^* = \dfrac{1}{x}$	$y_i^* = \ln y$
8	0.0074	−0.166
9	0.0034	−0.523
10	0.0152	−0.234
11	0.0073	−0.145

b. 用 Excel 软件进行回归

选中数据表，插入曲线，选散点图，添加趋势线，趋势线显示公式和 r^2。

$$\hat{a} = -0.5569, \quad \hat{b} = 33.488, \quad 相关系数\ r^2 = 0.5792(r = 0.7610)$$

c. 回归方程

$$\hat{y}^* = \hat{a} + \hat{b}x^* = -0.5569 + 33.48x^*$$

$$\hat{y} = 0.573 e^{\frac{33.5}{x}}$$

3) 假定 α 与 COD 的关系，符合双曲线函数 $\dfrac{1}{y} = a + \dfrac{b}{x}$

令 $y^* = \dfrac{1}{y}$，$x^* = \dfrac{1}{x}$ 则有：$y^* = a + bx^*$

a. 计算 y^*、x^* 的对应数值，见表 2-21。

双曲线函数 y^* 与 x^* 的对应计算表　　　　　　表 2-21

序号	$x_i^* = \dfrac{1}{x}$	$y_i^* = \dfrac{1}{y}$
1	0.0048	1.433
2	0.0171	0.849
3	0.0035	1.499
4	0.0040	1.686
5	0.0111	0.997
6	0.0035	1.770
7	0.0147	1.330
8	0.0074	1.181
9	0.0034	1.686
10	0.0152	1.264
11	0.0073	1.156

b. 用 Excel 软件进行回归

选中数据表，插入曲线，选散点图，添加趋势线，趋势线显示公式和 r^2。

$$\hat{a} = 1.7097, \quad \hat{b} = -42.994, \quad 相关系数\ r^2 = 0.5801(r = 0.7616)$$

c. 回归方程

$$\hat{y}^* = \hat{a} + \hat{b}x^* = 1.7097 - 42.994x^*$$

$$\hat{y} = \dfrac{1}{1.71 - 43.0 \dfrac{1}{x}}$$

（3）比较

三种函数回归相关系数 r 见表 2-22，由于幂函数的相关系数 r 最大，故选用中气泡曝气设备，城市污水 α 与 COD 关系式为 $\hat{y}=3.23x^{-0.292}$。

相关系数 r 比较　　　　　　　表 2-22

函数 相关系数	幂函数	指数函数	双曲线函数
r	0.8101	0.7610	0.7616

2.4　数据分析计算软件简介

大量实验数据的处理往往需要借助统计分析软件才能高效便捷地完成，本节简要介绍统计软件的选用原则以及几种常用的统计软件。

2.4.1　统计软件的选用原则

（1）可用性：统计软件的可用性强表现为给用户提供良好的用户界面，语法规则简明、灵活，学用方便。

（2）数据管理：包括数据的录入、核查、修改、转换和选择。好的统计软件的数据管理功能已近似大众化的数据库软件。统计软件与数据库软件之间建立接口，使数据管理不断深入，用起来非常方便。

（3）文件管理：包括数据文件、程序文件、结果文件等一些文件的建立、存取、修改合并等。文件管理的功能越强，操作就越简单、越方便。好的统计软件可直接调用操作系统的命令，借助操作系统本身较强的文件管理功能，以增强其自身的文件管理功能。

（4）统计分析：是统计软件的核心。好的统计分析软件能够为用户提供多样的统计分析方法，以提高统计分析的灵活性和深度。

（5）容量。统计软件应至少能同时进行不小于 10 个变量的上千个数据点的分析、综合、对比与预测。

目前常用统计软件有 SAS、BMDP、SPSS、GLIM、Genstat、epilog、Minitab 等。经过开发者的持续更新和维护，它们的功能越来越强大，性能越来越完善，使用越来越方便，这些统计软件已建立了众多客户群，经过对众多用户的体验统计分析得出各统计软件包的总体印象分，见表 2-23。

常用统计软件包总体印象分汇总表　　　　　　　表 2-23

功能	SAS	BMDP	SPSS	GLIM	Genstat	epilog	Minitab
数据管理	3	3	3	2	2	2	2
单变量描述分析	3	3	3	1	2	2	2
统计表、图	3	2	3	1	2	2	2
列联表分析	3	3	3	0	2	2	2
非参数统计方法	3	3	3	0	1	2	1
一般性显著检验	3	3	3	1	1	2	2
相关系数与线性回归	3	3	3	0	1	2	2

续表

功能	SAS	BMDP	SPSS	GLIM	Genstat	epilog	Minitab
非线性回归	3	3	1	0	1	0	0
方差、协方差分析	3	3	3	1	2	1	1
一般线性模型	2	2	2	3	1	1	1
生存分析	3	3	2	0	0	2	0
Logit 模型、probit 分析	2	2	1	2	2	3	0
对数线性模型	3	3	2	3	2	2	0
主成分分析	3	3	3	0	2	0	1
因子分析	3	3	3	0	2	0	0
线性判别分析	3	3	3	0	2	0	1
典型相关分析	3	3	1	0	2	0	0
多元方差分析	3	3	2	0	2	0	0
聚类分析	3	3	3	0	0	0	0
可靠性分析	0	0	3	0	0	0	0

SAS（Statistical Analysis System）是综合的信息处理系统，除统计分析外，还具有绘图、计量经济分析和预测、矩阵运算、线性规划、决策与新药临床试验等功能，得到经济管理、社会科学、生物医学、质量控制、试验设计等众多领域用户的认可和广泛使用。

BMDP（Bio Medical Data Processing）统计分析功能非常强，广泛应用在科学研究部门和生物医学界。它的程序模块是相互独立的，增加新的模块也比较容易。

SPSS（Statistical Package for the Social Science）与 SAS、BMDP 齐名，其数据管理和描述性统计分析功能很强，在行政管理和社会科学领域广泛使用。

相比较 SAS、BMDP 和 SPSS 而言，GLIM（Generalised Linear Interactive Modelling），Genstat（General statistical program），Epilog 和 Minitab 的应用面较窄。GLIM 和 Genstat 适合数理统计基础较好的人员使用，GLIM 主要用于一般线性模型的分析与拟合；Genstat 实质上是统计计算的编程语言。Epilog 是处理流行病学调查资料的专门软件，绝大多数流行病学统计方法均可在其中找到。Minitab 是个统计分析方法较完全的"小软件"，它适合于教学，不宜用于规模较大的研究项目。

在遵循上述原则的基础上，要根据软件的功能和特点，并结合自己的条件和需要进行统计软件的选择。

2.4.2 SAS 软件系统

SAS 软件系统（图 2-8）是由北卡罗来纳州立大学领导的八所大学联合开发。

SAS 由数十个专用模块构成，功能包括数据访问、数据储存及管理、应用开发、图形处理、数据分析、报告编制、运筹学方法、计量经济学与预测等。其中 Base SAS（基本模块）是 SAS 系统的核心，负责数据管理，交互应用环境管理，进行用户语言处理，调用其他 SAS 模块。用户可选择需要的模块与 Base SAS 一起构成一个用户化

图 2-8　SAS 软件系统

的 SAS 系统。比如选 Base SAS（基本模块），用于数据管理、制表和描述性统计；若再加上 SAS/STAT（统计模块）和 SAS/GRAPH（图形模块），可组成一套具有数据管理、统计分析和图形表达功能的软件系统；若再选 SAS/QC（质控模块）和 SAS/OR（运筹模块），可增强软件系统在质量管理、计划运筹、规划、决策等方面的功能。

SAS 提供了从基本统计数的计算到各种试验设计的方差分析，相关回归分析以及多变数分析的多种统计分析过程，几乎囊括了所有最新分析方法，其分析技术先进、可靠。分析方法的实现通过调用过程完成。许多过程同时提供了多种算法和选项，例如方差分析中的多重比较，提供了 10 余种方法；回归分析提供了 9 种自变量选择的方法。回归模型中可以选择是否包括截距，还可以事先指定一些包括在模型中的自变量字组。对于中间计算结果，可以全部输出，不输出或选择输出，也可存储到文件中供后续分析过程调用。

2.4.3 BMDP 软件

BMDP 诞生于 1961 年，由加州大学洛杉矶分校研发，由 BIMED 的生物医学应用软件经逐步改进、增补和精选而成。最初应用于生化、医药、农业等领域的统计分析。1968 年 BMDP 发行，是最早的综合专业统计分析软件，它方法全面、灵活，有很多独具特色的分析方法。

BMDP 为常规的统计分析提供了大量的完备的函数系统，如方差分析、回归分析、非参数分析、时间序列等，还特别擅于进行出色的生存分析（Survival Analysis）。

BMDP 由一系列可以单独执行的程序组成，每个程序的功能均已固定，用户一旦确定使用某个程序，只要按照那个程序的要求提供为数不多的几张控制参数卡片，程序即可调用执行，从而得到一份令人满意的结果。BMDP 程序的参数和 BMDP 程序控制语言易于理解，而且每个程序都用规格化了的相同方法加以使用，因此灵活、方便。每个作业可以对同一批数据使用不同的方法进行处理，对原始变量可以进行合理的分组或根据要求进行各种数学变换，输出结果有多种形式可供用户选择（包括各种图表）。许多输出结果带有简要的说明，原始数据和中间结果还可以输出，以便 BMDP 程序再次使用，节省计算时间。

2.4.4 SPSS 软件

SPSS（图 2-9）由美国斯坦福大学 1968 年研究开发成功，最初软件全称为"社会科学统计软件包"（Solutions Statistical Package for the Social Sciences），但是随着 SPSS 产品服务领域的扩大和服务深度的增加，SPSS 公司于 2000 年正式将英文全称更改为"统计产品与服务解决方案"（Statistical Product and Service Solutions）。

SPSS for Windows 是一个组合式软件包，集数据录入、整理、分析功能于一身。SPSS 的基本功能包括数据管理、统计分析、图表分析、输出管理等。SPSS 统计分析过程包括描述性统计、均值比较、一般线性模型、相关分析、回归分析、对数线性模型、聚类分析、数据简化、生存分析、时间序列分析、多重响应等几大类。每类中又分几个统计过程，比如回归分析中又分线性回归分析、曲线估计、Logistic 回归、Probit 回归、加权估计、两阶段最小二乘法、非线性回归等多个统计过程，而且每个过程中又允许用户选择不同的方法及参数。SPSS 也有专门的绘图系统，可以根据数据绘制各种图形。

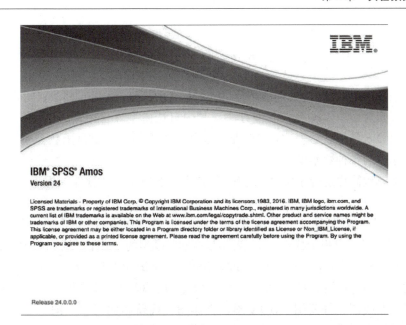

图 2-9　SPSS for Windows

SPSS for Windows 具有 Windows 软件的共同特点，操作简便，易于学习，易于使用。除数据输入工作需要使用键盘完成外，大多数操作是通过"菜单""图标备单""对话框"来完成的。SPSS 命令语句，子命令及选择项的绝大部分选择是由"对话框"的操作完成的，用户无须花大量时间记忆大量命令、过程、选择项等。对于常见的统计分析方法完全可以通过对"菜单""对话框"的操作完成，因此，也无须编写程序。SPSS 软件系统的组合结构，使用户有可能根据自己的统计分析工作的需要，根据计算机设备的实际情况选择、装配模块。SPSS 与其他软件有数据转换接口，其他软件生成的数据文件，例如，关于数据库生成的文件，或用编辑软件生成的 ASCII 码数据文件，均可方便地转换成可供分析的 SPSS 的数据文件。

2.4.5　实验优化软件

在实验设计领域，专业工作者和应用人员根据实际需要编制了各种专业软件，有的还将实验设计与国际流行的专业软件结合，改制成实验优化专用软件。

1. 实验设计软件

东北大学创造性地将"组合搜索"的 CAD 方法应用到最优设计的构造中，首次将计算机技术应用到这一领域，并给出在对偶设计空间中寻求最优设计的新方法——对称对偶法，形成了一系列具有独创性的新设计方法，并开发出一整套最优设计软件，解决了许多重要的理论和应用问题。该软件可以自动生成各种正交表，进行方差分析、极值判别、区间估计、最佳设计工艺条件的优化。

2. 均匀设计软件

均匀设计软件由中国数学学会均匀设计学会编制。该软件包括均匀设计和数据分析两个部分。

均匀设计部分：提供均匀试验设计、拟水平设计、无约束配方、有约束配方和含定性因素均匀设计五种类型的均匀设计表。这些均匀设计表是根据中心化偏差的定义和计算公式计算产生的。一部分表可直接提取使用，而大量的表可进行现时计算，并逐步优化。

数据分析部分：提供三类建立数学模型的方法，即回归模型、神经网络模型和 Kriging 法模型。

回归模型分别提供前进法、自选变量法、最优子集法、逐步回归法、后退法、MAXR 法、自选模型（自由输入模型）七种方法。其中自选模型（自由输入模型），允许用户根据需要自由地输入各种数学表达式，包括含有线性、非线性、复合函数等模型，最大可能地满足所要建立的各种数学模型。

神经网络模型同样适合于定量因素和含定性因素的情况。软件根据理论和实践经验，自动产生一批参数，供用户使用，不熟悉神经网络法的用户，也可放心使用。

Kriging 法模型有两种，一种是 Kriging model（克里金模型），另一种是 Empirical Kriging model（经验克里金模型）。两者均是在回归模型的基础上，对回归模型在试验点误差的函数修正。区别在于 Kriging model 过试验点，Empirical Kriging model 模型不过试验点。

对于建立的回归模型、神经网络模型和 Kriging 法模型，都可提供单因变量和多因变量的拟合图、曲线图、等值图、BOX 图、立体图、残差和偏回归点图、综合预报、变量间相关矩阵及综合求最优解。特别是综合求最优解，可依次给出各种状态组合情况的最优解及优先级别。不同类型的模型得到的综合最优解，可以相互比较、通过验证，用户可挑选采用更理想的综合最优解。

3. Statistica 软件

Statistica 由美国统计软件公司 Statsoft 开发，是一个整合数据分析、图表绘制、数据库管理与自订应用发展系统环境的专业软件，具有图形库种类非常丰富、有同步报告输出功能、软件兼容性很好、导入导出数据时支持多种格式、软件操作简便、内置 Visual Basic 程序、定制化的报表功能等特点。Statistica 不仅提供使用者统计、绘图与数据管理程序等一般目的的需求，更提供特定需求所需的数据分析方法（例如，数据挖掘、商业、社会科学、生物研究或工业工程等）。它除了具有常规的统计分析功能外，还包括有因素分析、质量控制、过程分析、试验设计等模块。利用其试验设计模块可以进行正交试验设计、混合正交表设计、各种拉丁方表设计、容差设计等。该软件包还可以进行对试验结果的统计检验、误差分析、试验水平估计和各类统计图表、曲线、曲面的分析计算工作。

习　题

1. 为了摸索某种污水生物处理规律，在容积 $V=10\text{m}^3$ 的曝气池内进行完全混合式生物处理，运行稳定后，测定每天进水流量、进出水水质、曝气池内污泥浓度。连续测定10天左右，而后改进时水流量，待运行稳定后，重复上述测定，实验数据见表 2-24。

某天测定数据　　表 2-24

项目＼序号	1	2	3	4	5	6	7	8	9	10	11	12
进水流量 $Q(\text{m}^3/\text{h})$	0.32	0.33	0.31	0.32	0.33	0.34	0.31	0.32	0.33	0.32	0.31	0.32
污泥浓度 $x(\text{mg/L})$		2988		3105		2765		2826		3060		3128

续表

项目\序号	1	2	3	4	5	6	7	8	9	10	11	12
进水水质 S_0(mg/L)		598		620		525		632		610		580
出水水质 S_e(mg/L)		14		13		14		16		10		11

(1) 第一工况实验数据

1) 某天测定数据

2) 连续 10 天测定数据的均值（见表 2-25）

第一工况每天测定的均值　　表 2-25

项目\序号	1	2	3	4	5	6	7	8	9	10
进水流量 Q(m³/h)	0.32	0.33	0.30	0.34	0.31	0.33	0.33	0.29	0.33	0.32
污泥浓度 x(mg/L)	2979	3308	2765	3506	2748	2639	3108	2672	2960	3215
进水水质 S_0(mg/L)	594	618	627	640	570	565	604	582	590	615
出水水质 S_e(mg/L)	13	16	15	20	17	21	17	14	21	18

(2) 整个实验共七个工况的均值（表 2-26）

七个工况均值　　表 2-26

项目\序号	1	2	3	4	5	6	7
污泥负荷 N_S(kg/(kg·d))	0.15	0.20	0.25	0.30	0.35	0.40	0.50
出水水质 S_e(mg/L)	17.2	24.8	30.5	35.4	42.1	48.0	62.0

注：进、出水水质均以 BOD_5 计，出水 BOD_5 为溶解性有机物。

试利用上述数据：

a. 判断第一工况测试数据中有否离群数据，用格拉布斯和肖维涅检验法判断第一工况某天测定数据中是否有离群数据。

b. 求第一工况污泥去除负荷 N_S 的误差值，并用拉依达法判断有误离散数据（将第一工况的测得值 Q、x、S_0 及 S_e 均看成多次直接测量值，利用表 2-26 数据计算）。

c. 利用整个实验结果（表 2-26），进行回归分析，建立 N_S 与 S_e 的关系式。

2. 某生物处理数据见表 2-27，利用方差分析法，判断污泥负荷对出水水质有无显著影响（$\alpha=0.01$，$\alpha=0.05$）。

实验测试数据　　表 2-27

污泥负荷\出水水质 序号	1	2	3	4	5	6	7
0.15	11.9	12.0	12.3	12.1	11.8	11.9	12.3
0.25	16.3	16.2	15.7	15.8	16.4	16.3	16.0
0.35	21.5	21.2	21.7	22.0	21.0	21.9	22.0

3. 利用第 1 章习题中的第 2 题数据，进行正交实验方差分析，判断影响因素的显著性

($\alpha=0.01$，$\alpha=0.05$）。

4. 利用第 1 章习题中的第 4 题数据，若重复一次后出水浊度依次为：

1.25，0.50，0.37，1.36，0.28，0.27，0.84，0.43，0.40

试利用两组测定结果进行有重复实验的正交方差分析，判断影响因素的显著性（$\alpha=0.01$，$\alpha=0.05$）。

5. 为了探索生物脱氮的规律，进行了普通曝气、A/O、A^2/O 三种流程实验。实验结果，污泥负荷与出水中硝酸氮 NO_3^--N 数据，经分析整理后填入下表（表 2-28～表 2-30）。

普通曝气法流程　　　　　　　　　　表 2-28

N_s(kg/(kg·d))	0.17	0.25	0.37	0.45	0.55	0.65	0.75	0.85	1.05	1.30	1.48
NO_3^--N(mg/L)	9.68	22.9	12.7	13.72	9.22	16.24	5.77	15.19	4.53	0.99	1.33

缺氧、好氧流程 A/O　　　　　　　　表 2-29

N_s(kg/(kg·d))	0.17	0.22	0.27	0.32	0.37	0.42	0.47	0.52	0.57	0.72	0.82	0.95	1.20
NO_3^--N(mg/L)	12.43	7.62	6.89	9.66	11.21	8.67	3.68	2.47	4.82	3.20	1.70	1.28	1.62

厌氧、缺氧、好氧流程（32 个数据整理后）A^2/O　　　表 2-30

污泥负荷 N_s[kg/(kg·d)]	0.18	0.22	0.28	0.32	0.38	0.58	0.58
出水中硝酸氮浓度 NO_3^--N(mg/L)	9.48	5.35	5.06	6.19	6.61	3.75	2.80

试用上述数据，进行回归分析，求出污泥负荷与出水硝酸盐氮的关系式。

第 3 章　给水处理实验

本章实验项目按照常规水处理和工业水处理的顺序编排。

3.1　混凝搅拌实验

混凝搅拌实验是给水处理的基础实验之一,被广泛地用于科研、教学和生产中。通过混凝搅拌实验,不仅可以选择投加药剂种类、用量,还可确定其他混凝最佳条件。

1. 目的

(1) 通过本实验,确定某水样的最佳投药量。

(2) 观察絮凝体的形成过程及混凝搅拌效果。

2. 原理

天然水中存在大量胶体颗粒,是使水产生浑浊的一个重要原因,胶体颗粒靠自然沉淀是不能除去的。

水中的胶体颗粒,主要是带负电的黏土颗粒。胶粒间的静电斥力、胶粒的布朗运动及胶粒表面的水化作用,使得胶粒具有分散稳定性,三者中静电斥力影响最大。向水中投加混凝剂能提供大量的正离子,压缩胶团的扩散层,使 ζ 电位降低,静电斥力减小。此时,布朗运动由稳定因素转变为不稳定因素,也有利于胶粒的吸附凝聚。水化膜中的水分子与胶粒有固定联系,具有弹性和较高的黏度,把这些水分子排挤出去需要克服特殊的阻力,该阻力阻碍胶粒直接接触。有些水化膜的存在决定于双电层状态,投加混凝剂降低 ζ 电位,有可能使水化作用减弱。混凝剂水解后形成的高分子物质或直接加入水中的高分子物质一般具有链状结构,在胶粒与胶粒间起吸附架桥作用,即使 ζ 电位没有降低或降低不多,胶粒不能相互接触,通过高分子链状物吸附胶粒,也能形成絮凝体。

消除或降低胶体颗粒稳定因素的过程叫作脱稳。脱稳后的胶粒,在一定的水力条件下,才能形成较大的絮凝体。直径较大且较密实的絮凝体容易下沉。

自投加混凝剂直至形成较大絮凝体的过程叫作混凝。混凝离不开投加混凝剂。混凝过程见表 3-1。

混 凝 过 程　　　　　　　　　　　　　　　　　表 3-1

阶段	凝聚			絮凝
过程	混合	脱稳	异向絮凝为主	同向絮凝为主
作用	药剂扩散	混凝剂水解	杂质胶体脱稳	脱稳胶体聚集	微絮凝体的进一步碰撞聚集
动力	质量迁移	溶解平衡	各种脱稳机理	分子热运动(布朗扩散)	液体流动的能量消耗
处理构筑物	混合设备			反应设备
胶体状态	原始胶体	脱稳胶体	微絮凝体	絮凝体
胶体粒径	0.1~0.001μm	5~10μm		0.5~2mm

由于布朗运动造成的颗粒碰撞絮凝，叫"异向絮凝"；由机械运动或液体流动造成的颗粒碰撞絮凝，叫"同向絮凝"。异向絮凝只对微小颗粒起作用，当粒径大于 1~5μm 时，布朗运动基本消失。

从胶体颗粒到变成较大的絮凝体是一个连续的过程，为了研究的方便可划分为混合和反应两个阶段。混合阶段要求浑水和混凝剂快速均匀混合，一般来说，该阶段只能产生用眼睛难以看见的微絮凝体；反应阶段则要求将微絮凝体形成较密实的大粒径絮凝体。

混合和反应均需消耗能量，而速度梯度 G 值能反映单位时间单位体积水耗能值的大小，混合的 G 值应在 700~1000s^{-1}，时间一般不超过 30s，G 值大时混合时间宜短。水泵混合是一种较好的混合方式，本实验水量小可采用机械搅拌混合。由于粒径大的絮凝体抗剪强度低，易破碎，而 G 值与水流剪力成正比，故反应开始至反应结束，随着絮凝体逐渐增大，G 值宜逐渐减小。从理论上讲反应开始时的 G 值宜接近混合设备出口的 G 值，反应终止时的 G 值宜接近沉淀设备进口的 G 值，但这样会带来一些问题，例如反应设备构造较复杂，在沉淀设备前产生沉淀。实际设计中，G 值在反应开始时可采用 100s^{-1} 左右，反应结束时可采用 10s^{-1} 左右。整个反应设备的平均 G 值为 20~70s^{-1}，反应时间 15~30min。本实验采用机械搅拌反应，G 值及反应时间 T 值（以 s 计）应符合上述要求。近年来出现的若干高效反应设备，由于能量利用率高，反应时间比 15min 短。

混合或反应的速度梯度 G 值：

$$G=\sqrt{\frac{P}{\mu V}} \tag{3-1}$$

式中　P——混合或反应设备中水流所耗功率（W），1W=1J/s=1N·m/s；
　　　V——混合或反应设备中水的体积（m³）；
　　　μ——水的动力黏度（Pa·s），1Pa·s=1N·s/m²。

不同温度水的动力黏度 μ 值见表 3-2。

不同温度水的动力黏度 μ 值　　　　表 3-2

温度（℃）	0	5	10	15	20	25	30	40
μ（10^{-3}N·s/m²）	1.781	1.518	1.307	1.139	1.002	0.890	0.798	0.653

本实验搅拌设备垂直轴上装设两块桨板，如图 3-1 所示，桨板绕轴旋转时克服水的阻力所耗功率 P 为：

$$P=\frac{C_D \gamma l \omega^3}{4g}(r_2^4-r_1^4) \tag{3-2}$$

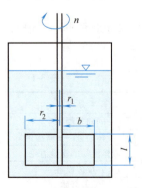

图 3-1　搅拌设备示意图

式中　l——桨板长度（m）；
　　　r_2——桨板外缘旋转半径（m）；
　　　r_1——桨板内缘旋转半径（m）；
　　　ω——相对于水的桨板旋转角速度，可采用 0.75 倍轴转速（rad/s）；
　　　γ——水的重度（N/m³）；
　　　g——重力加速度，9.81m/s²；
　　　C_D——阻力系数，取决于桨板宽长之比（b/l），见表 3-3。

阻力系数 C_D 值						表 3-3
b/l	<1	1～2	2.5～4	4.5～10	10.5～18	>18
C_D	1.10	1.15	1.19	1.29	1.40	2.00

当 $C_D=1.10$ (即 $b/l<1$), $\gamma=9810\text{N/m}^3$, $g=9.81\text{m/s}^2$, 转速为 n (r/min), 即 $\omega=\frac{2\pi n}{60}\times 0.75=0.0785n$ (rad/s) 时, 将各参数代入式 (3-2) 可得:

$$P=0.133ln^3(r_2^4-r_1^4)$$

式中, P、l、r_2、r_1 符号意义及单位同前。

3. 设备及用具

(1) 无级调速六联搅拌机 1 台, 如图 3-2 所示。

(2) 1000mL 烧杯 12 个。

(3) 200mL 烧杯 14 个。

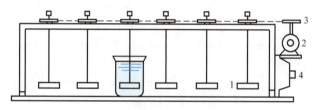

图 3-2 六联搅拌机示意图
1—搅拌叶片; 2—变速电动机; 3—传动装置; 4—控制装置

(4) 100mL 注射器 2 个, 移取沉淀水上清液用。

(5) 100mL 洗耳球 1 个, 配合移液管移药用。

(6) 1mL 移液管 1 根。

(7) 5mL 移液管 1 根。

(8) 10mL 移液管 1 根。

(9) 温度计 1 个, 测水温用。

(10) 秒表 1 块, 测转速用。

(11) 1000mL 量筒 1 个, 量取原水体积。

(12) 1％浓度硫酸铝溶液 (或其他混凝剂溶液) 1 瓶。

(13) 酸度计 1 台。

(14) 浊度仪 1 台。

4. 步骤及记录

(1) 测原水水温、浑浊度及 pH。

(2) 用 1000mL 量筒量取 12 个水样至 12 个 1000mL 烧杯中。

(3) 设定最小投药量和最大投药量, 利用均分法确定第一组实验其他四个水样的混凝剂投加量。

(4) 将第一组水样置于搅拌机下, 开动机器, 调整转速, 中速运转数分钟, 同时将计算好的投药量, 用移液管或移液枪分别移取至加药试管中。加药试管中药液少时, 可掺入蒸馏水, 以减小药液残留在试管上产生的误差。

(5) 将搅拌机快速运转（例如 300~500r/min，但不要超过搅拌机的最高允许转速），待转速稳定后，将药液加入水样杯中，同时开始计时，快速搅拌 30s。

(6) 30s 后，迅速将转速调到中速（例如 120r/min）运转。然后用少量（数毫升）蒸馏水洗加药试管，并将这些水加入水样烧杯中。搅拌 5min 后，迅速将转速调至慢速（例如 80r/min），搅拌 10min。

(7) 搅拌过程中，注意观察并记录絮凝体形成的过程、絮凝体外观、大小、密实程度等，并记入表 3-4 中。

表 3-4 混凝搅拌观察记录

实验组号	水样编号	观察记录 絮凝体形成及沉淀过程的描述	小结
Ⅰ	1		
	2		
	3		
	4		
	5		
	6		
Ⅱ	1		
	2		
	3		
	4		
	5		
	6		

(8) 搅拌过程完成后，停机，将水样杯取出，放置一旁静沉 15min，并观察记录絮凝体沉淀的过程。与此同时，再将第Ⅱ组 6 个水样置于搅拌机下。

(9) 第Ⅰ组 6 个水样，静沉 15min 后，用注射器每次吸取水样杯中上清液约 100mL（满足测浊度、pH 的用量即可），置于 6 个洗净的 100mL 烧杯中，将测浊度及 pH 记入表 3-5 中。

表 3-5 实验数据记录表

实验组号	混凝剂名称：		原水浑浊度：		原水温度（℃）：		原水 pH：	
Ⅰ	水样编号		1	2	3	4	5	6
	投药量	mL						
		mg/L						
	剩余浊度							
	沉淀后 pH							
Ⅱ	水样编号		1	2	3	4	5	6
	投药量	mL						
		mg/L						
	剩余浊度							
	沉淀后 pH							

(10) 比较第Ⅰ组实验结果。根据所测 6 个水样的剩余浊度，以及水样混凝搅拌时所观察到的现象，对最佳投药量的所在区间作出判断。缩小实验范围（加药量范围）重新设

定第Ⅱ组实验的最小投药量和最大投药量，重复上述实验。

【注意事项】

(1) 电源电压应稳定，并有安全保护装置。

(2) 取原水样时，所取水样要搅拌均匀，要一次量取以尽量减少所取水样浓度上的差别。

(3) 移取烧杯中的沉淀水上清液时，要在相同条件下取上清液，不要把沉下去的絮凝体搅起来。

5. 成果整理

以投药量为横坐标，以剩余浊度为纵坐标，绘制投药量与剩余浊度关系曲线，从曲线上可求得不大于某一剩余浊度的最佳投药量值。

【思考题】

(1) 根据实验结果以及实验中所观察到的现象，简述影响混凝的主要因素。

(2) 为什么最大投药量时，混凝效果不一定好？

(3) 测量搅拌机搅拌叶片尺寸，计算中速、慢速搅拌时的 G 值及 GT 值。计算整个反应器的平均 G 值。

(4) 参考本实验写出测定最佳 pH 的实验过程。

(5) 当无六联搅拌机时，试说明如何用黄金分割法安排实验点，以求出较优投药量。

3.2　过　滤　实　验

过滤是给水处理的基础实验之一，被广泛地用于科研、教学、生产之中，通过过滤实验不仅可以研究新型过滤工艺，还可研究滤料的级配、材质、过滤运行最佳条件等，本实验包括三个内容：滤料筛分及孔隙率测定、过滤实验、滤池冲洗实验。

3.2.1　滤料筛分及孔隙率测定实验

实验目的：

(1) 测定天然河砂的颗粒级配。

(2) 绘制筛分级配曲线，求 d_{10}、d_{80} 和 K_{80}。

(3) 按设计要求对上述河砂进行再筛选。

(4) 求出滤料孔隙率。

(一) 滤料筛分实验

1. 原理

滤料级配是指将不同大小粒径的滤料按一定比例加以组合，以取得良好的过滤效果。滤料是带棱角的颗粒，其粒径是指把滤料颗粒包围在内的假想球体直径。

在生产中简单的筛分方法是用一套不同孔径的筛子筛分滤料试样，选取合适的粒径级配。我国现行规范是以筛孔孔径 0.5mm 及 1.2mm 两种规格的筛子过筛，取其中段。这虽然简便易行，但不能反映滤料粒径的均匀程度，因此还应考虑级配情况。

能反映级配状况的指标是通过筛分级配曲线求得的有效粒径 d_{10}、d_{80} 和不均匀系数 K_{80}。d_{10} 是表示通过滤料质量 10% 的筛孔孔径，它反映滤料中细颗粒尺寸，即产生水头

7. 筛分实验
视频

8. 筛分实验
全过程

损失的"有效"部分尺寸；d_{80} 指通过滤料质量 80% 的筛孔孔径，它反映粗颗粒尺寸；K_{80} 为 d_{80} 与 d_{10} 之比，即 $K_{80}=d_{80}/d_{10}$。K_{80} 越大表示粗细颗粒尺寸相差越大，滤料粒径越不均匀，这样的滤料对过滤及反冲洗均不利。尤其是反冲洗时，为了满足粗颗粒滤料的膨胀要求就会使细颗粒因反冲洗强度过大而被冲走；反之，若为满足细颗粒不被冲走的要求而减小反冲洗强度，粗颗粒可能因冲不起来而得不到充分清洗。故滤料需经过筛分级配。

2. 设备及用具

(1) 圆孔标准筛 1 套，直径 0.177～1.68mm，筛孔尺寸见表 3-6。

(2) 电子天平，称量 300g，感量 0.0001g。

(3) 烘箱。

(4) 标准振筛机，如无，则人工手摇。

(5) 浅盘和刷（软、硬）。

(6) 量筒 1000mL。

3. 步骤及记录

(1) 取样：取天然河砂 300g，取样时要先将取样部位的表层铲去，然后取样。

将取样器中的砂样洗净后放在浅盘中，将浅盘置于 105℃ 恒温箱中烘干，冷却至室温备用。

(2) 称取冷却后的砂样 100g，选用一组筛子过筛。筛子按筛孔大小顺序排列，砂样放在最上面的一只筛中（即 1.68mm 筛）。

(3) 将该组套筛装入摇筛机，摇筛约 5min，然后将套筛取出，再按筛孔大小顺序在洁净的浅盘上逐个进行手筛，直至每分钟的筛出量不超过试样总量的 0.1% 时为止。通过的砂颗粒并入下一筛号一起过筛，这样依次进行，直至各筛号全部筛完。若无摇筛机，可直接手工筛。

(4) 称量在各个筛上的筛余试样的质量（精确至 0.1g）。所有筛余质量与底盘中剩余试样质量之和与筛分前的试样总质量相比，其差值不应超过 0.5%。

上述所求得的各项数值填入表 3-6。

筛分记录表　　　　表 3-6

筛号	筛孔(mm)	留在筛上的砂量		通过该号筛的砂量	
		质量(g)	%	质量(g)	%
10	1.68				
12	1.41				
14	1.19				
16	1.00				
24	0.71				
32	0.50				
60	0.25				
80	0.177				
筛底盘					

【注意事项】

(1) 试样在各号筛上的筛余量均不得超过 50g，如超过则应将试样分成两份再次筛分，筛余量应是两份筛余之和。

(2) 筛分实验最好取两次试样分别进行，并以其实验结果的算术平均值作为测定值。

4. 成果整理

(1) 分别计算留在各号筛上的筛余百分率，即各号筛上的筛余量除以试样总质量的百分率（精确至 0.1%）；

(2) 计算通过各号筛的砂量百分率；

(3) 根据表 3-6 数值，以筛孔孔径（mm）为横坐标，以通过筛孔的砂量百分率为纵坐标，绘制滤料级配曲线，曲线示意如图 3-3 所示。

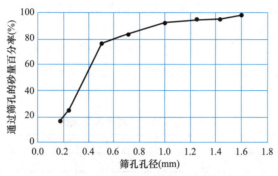

图 3-3 滤料级配曲线示意图

由图中所绘曲线可求得 d_{10}、d_{80} 和 K_{80}。如求得的不均匀系数 K_{80} 大于设计要求，则需根据设计要求重新筛选滤料。

(4) 滤料的再筛选：滤料的再筛选是根据在滤料级配曲线上作图求得的数值进行，方法如下：

例如设计要求 $d_{10}=0.60\text{mm}$，$K_{80}=1.80$ 时，则 $d_{80}=1.80\times0.60=1.08\text{mm}$，按此要求筛选。

1) 先自横坐标 0.60mm 和 1.08mm 两点各作一垂线与滤料级配曲线相交，自两交点作与横坐标轴相平行的两条线与左边纵坐标轴线相交于上、下两点；

2) 再以上面之点作为新的 d_{80}，下面之点作为新的 d_{10}，重新建立新坐标；

3) 找出新坐标原点和 100% 点，由此两点分别作平行于横坐标轴的直线，并与级配曲线相交，在此两条平行线内所夹面积即是所选滤料，其余全部筛除。

(二) 孔隙率测定

1. 原理

滤料孔隙率大小与滤料颗粒的形状、均匀程度和级配等有关。均匀的或形状不规则的颗粒孔隙率大，反之则小。对于石英砂滤料，要求孔隙率为 42% 左右，如孔隙率太大将影响出水水质，孔隙率太小则影响滤速及过滤周期。

孔隙率为滤料体积内孔隙体积所占的百分数。孔隙体积等于自然状态体积与绝对密实体积之差。孔隙率的测定要先借助于密度瓶测出绝对密度，然后经过计算求出孔隙率。

2. 设备及用具

(1) 电子天平，称量 100g，感量 0.0001g。

(2) 李氏密度瓶，容量 250mL。

(3) 烘箱。

(4) 烧杯，容量 500mL。

(5) 浅盘、干燥器、料勺、温度计等。

3. 步骤及记录

(1) 试样制备：将试样在潮湿状态下用四分法缩至 120g 左右，在 105±5℃ 的烘箱中烘干至恒重，并在干燥器中冷却至室温，分成两份备用。

注：所谓四分法是将试样堆成厚 2cm 之圆饼，用木尺在圆饼上划一十字分为 4 份，去掉不相邻的两份，剩下的两份试样混合重拌、再分。重复上述步骤，直至缩分后的质量略大于实验所要求的质量为止。

(2) 向密度瓶中注入冷开水至一定刻度，擦干瓶颈内部附着水，记录水的体积（V_1）。

(3) 称取烘干试样 50g（G_0）徐徐装入盛水的密度瓶中，直至试样全部装入为止，瓶中水不宜太多，以免装入试样后溢出。

(4) 用瓶内水将粘附在瓶颈及瓶内壁上的试样全部洗入水中，摇转密度瓶以排除气泡。静置 24h 后记录瓶中水面升高后的体积（V_2）。至少测两个试样，取其平均值，记录见表 3-7。

用比重瓶测滤料绝对密度记录表　　　　表 3-7

瓶上刻度体积 (cm^3)	试样			平均值
	1	2	3	
V_1				
V_2				

4. 成果整理

(1) 求滤料绝对密度 ρ，按下式计算：

$$\rho = \frac{G_0}{V_2 - V_1} \quad (g/cm^3) \tag{3-3}$$

式中　G_0——试样烘干后质量（g）；

　　　V_1——水的原有体积（cm^3）；

　　　V_2——投入试样后水和试样的体积（cm^3）。

(2) 求孔隙率：将测定绝对密度之后的滤料放入过滤柱中，用清水过滤一段时间，然后量测滤料层体积，并按下式求出滤料孔隙率 m：

$$m = 1 - \frac{G}{\rho V} \tag{3-4}$$

式中　G——烘干后滤料的质量（g）；

　　　V——滤料体积（cm^3）；

　　　ρ——滤料绝对密度（g/cm^3）。

【思考题】

(1) 为什么 d_{10} 称为"有效粒径"？K_{80} 过大或过小各有何利弊？

(2) 用 d_{min}、d_{max} 衡量滤料，与用 d_{10}、d_{80} 相比，有什么优缺点？

(3) 孔隙率大小对过滤有什么影响？

3.2.2　过滤实验

1. 目的

(1) 熟悉普通快滤池过滤、反冲洗的工作过程。

9. 过滤实验视频

10. 过滤实验全过程

(2) 加深对滤速、冲洗强度、滤层膨胀率、初滤水浊度的变化，冲洗强度与滤层膨胀率关系，以及滤速与清洁滤层水头损失关系的理解。

2. 原理

快滤池滤料层能截留粒径远比滤料孔隙小的水中杂质，主要通过接触絮凝作用，其次为筛滤作用和沉淀作用。要想使过滤出水水质好，除了滤料组成须符合要求外，沉淀前或滤前投加混凝剂也是必要的。

当过滤水头损失达到最大允许水头损失时，滤池需进行冲洗。少数情况下，虽然水头损失未达到最大允许值，但如果滤池出水浊度超过规定要求，也需进行冲洗。冲洗强度需满足底部滤层恰好膨胀的要求。根据运行经验，冲洗排水浊度降至 10~20NTU 以下可停止冲洗。

快滤池冲洗停止时，池中水杂质较多且未投药，故初滤水浊度较高。滤池运行一段时间（5~10min 或更长）后，出水浊度才符合要求。时间长短与原水浊度、出水浊度要求、药剂投量、滤速、水温以及冲洗情况有关。当初滤水历时短，初滤水浊度与要求的出水浊度相差不大，或初滤水对滤池过滤周期出水平均浊度影响不大时，初滤水可以不排除。

清洁滤层水头损失计算公式见教材《给水工程》下册（第五版）公式（18-2）或《水质工程学》（第三版）（上册）公式(5-23)。当滤速不高，清洁滤层中水流属于层流时，水头损失与滤速成正比，二者成直线关系；当滤速较高时，公式的计算结果偏低，即水头损失增长率超过滤速增长率。

为了保证滤池出水水质，常规过滤的滤池进水浊度不宜超过 15NTU。本实验采用投加混凝剂的直接过滤，进水浊度可以高达几十 NTU 甚至一百 NTU 以上。因原水加药较少，混合后不经反应直接进入滤池，形成的絮凝体粒径小、密度大、不易穿透，故允许进水浊度较高。

3. 设备及用具

(1) 过滤装置 1 套，如图 3-4 所示。

(2) 光电式浊度仪 1 台。

(3) 200mL 烧杯 2 个，取水样测浊度用。

(4) 20mL 量筒 1 个，秒表 1 块，测投药量用。

(5) 2m 钢卷尺 1 个，温度计 1 个。

4. 步骤及记录

(1) 将滤料进行一次冲洗，冲洗强度逐渐加大到 12~15L/(s·m²)，持续几分钟，以便去除滤层内的气泡。

(2) 冲洗完毕，开初滤水排水阀门，降低柱内水位。将滤柱有关数据记入表 3-8。

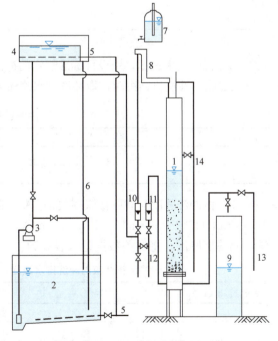

图 3-4 过滤装置示意图

1—滤柱；2—原水水箱；3—水泵；4—高位水箱；5—空气管；6—溢流管；7—定量投药瓶；8—跌水混合槽；9—清水箱；10—滤柱进水转子流量计；11—冲洗水转子流量计；12—自来水管；13—初滤水排水管；14—冲洗水排水管

滤柱有关数据　　　　　　　　　　　　　表 3-8

滤柱内径(mm)	滤料名称	滤料粒径(cm)	滤料层厚度(cm)

（3）调整定量投药瓶投药量，使滤速 8m/h 时投药量符合要求，开始投药。

（4）测进水浊度和水温，通入浑水，开始过滤，滤速 8m/h。开始过滤后的 1min、3min、5min、10min、20min 及 30min 测出水浊度。

（5）调整定量投药量，使滤速 16m/h 时投药量仍符合要求。

（6）加大滤速至 16m/h，加大滤速后的 10min、20min、30min 测出水浊度并测进水浊度。

（7）将步骤（3）、（4）、（5）、（6）有关数据记入表 3-9。

过滤过程记录　　　　　　　　　　　　　表 3-9

滤速(m/h)	流量(L/h)	投药量(mg/L)	过滤历时(min)	进水浊度	出水浊度
8			1		
			3		
			5		
			10		
			20		
			30		
16			10		
			20		
			30		

注：混凝剂：_____；原水水温：_____℃。

（8）提前结束过滤，用设计标准规定的冲洗强度、冲洗时间进行冲洗，观察整个滤层是否均已膨胀。冲洗将结束时，取冲洗排水测浊度。测冲洗水温。将有关数据记入表 3-10。

冲洗过程记录　　　　　　　　　　　　　表 3-10

冲洗强度(L/(s·m^2))	冲洗流量(L/h)	冲洗时间(min)	冲洗水温(℃)	滤层膨胀情况

（9）做冲洗强度与滤层膨胀率关系实验。测不同冲洗强度[3L/(s·m^2)、6L/(s·m^2)、9L/(s·m^2)、12L/(s·m^2)、14L/(s·m^2)、16L/(s·m^2)]时滤层膨胀后的厚度，停止冲洗，测滤层厚度。将有关数据记入表 3-11。

冲洗将结束时冲洗排水浊度、冲洗强度和滤层膨胀率关系　　表 3-11

冲洗强度[L/(s·m^2)]	冲洗流量(L/h)	滤层膨胀后厚度(cm)	滤层膨胀率(%)

注：冲洗水温：_____℃；滤层厚度：_____cm。

(10) 做滤速与清洁滤层水头损失的关系实验。通入清水，测不同滤速（4m/h、6m/h、8m/h、10m/h、12m/h、14m/h、16m/h）时滤层顶部的测压管水位和滤层底部附近的测压管水位、测水温。将有关数据记入表 3-12。停止冲洗，结束实验。

滤速与清洁滤层水头损失的关系   表 3-12

滤速 (m/h)	流量 (L/h)	清洁滤层顶部的测压管 水位(cm)	清洁滤层底部的测压管 水位(cm)	清洁滤层的水头损失 (cm)

注：水温：_____ ℃。

【注意事项】

(1) 滤柱用自来水冲洗时，要注意检查冲洗流量，因给水管网压力的变化及其他滤柱进行冲洗都会影响冲洗流量，应及时调节冲洗水阀门开启度，尽量保持冲洗流量不变。

(2) 加药直接过滤时，不可先开来水阀门后投药，以免影响过滤水质。

5. 成果整理

(1) 根据表 3-9 实验数据，以过滤历时为横坐标，出水浊度为纵坐标，绘滤速 8m/h 时的初滤水浊度变化曲线。设出水浊度不得超过 1NTU，问滤柱运行多少分钟出水浊度才符合要求？绘滤速 16m/h 时的出水浊度变化曲线。

(2) 根据表 3-11 实验数据，以冲洗强度为横坐标，滤层膨胀率为纵坐标，绘冲洗强度与滤层膨胀率关系曲线。

(3) 根据表 3-12 实验数据，以滤速为横坐标，清洁滤层水头损失为纵坐标，绘滤速与清洁滤层水头损失关系曲线。

【思考题】

(1) 滤层内有空气泡时对过滤、冲洗有何影响？

(2) 当原水浊度一定时，采取哪些措施，能降低初滤水出水浊度？

(3) 冲洗强度为何不宜过大？

3.2.3 滤池反冲洗实验

实验目的：

(1) 验证水反冲洗理论，加深对教材内容的理解。

(2) 了解并掌握气、水反冲洗方法，以及由实验确定最佳气、水反冲洗强度与反冲洗时间的方法。

(3) 通过水反冲洗及气、水联合反冲洗，加深对气、水反冲洗效果的认识。

(4) 观察反冲洗全过程，加深感性认识。

（一）水反冲洗强度验证实验

1. 原理

当滤池的水头损失达到预定极限（一般为 2.5~3.0m）或水质恶化时，就需要进行反冲洗。滤层的膨胀率对反冲洗效果影响很大，对于给定的滤层，在一定水温下的滤层膨胀率取决于反冲洗强度。滤层的反冲洗强度一般可按下式求出：

$$q = 28.7 \frac{d_e^{1.31}}{\mu^{0.54}} \cdot \frac{(e+m_0)^{2.31}}{(1+e)^{1.77}(1-m_0)^{0.54}} \tag{3-5}$$

式中　q——反冲洗强度 [L/(s·m²)]；

　　　d_e——滤层的校准孔径（cm）；

　　　μ——水的动力黏度（见表 3-2）（N·s/m²）；

　　　e——滤层膨胀率（%）；

　　　m_0——滤层膨胀前的孔隙率。

2. 设备及用具

气、水反冲洗的成套设备和空压机等，如图 3-5 所示。

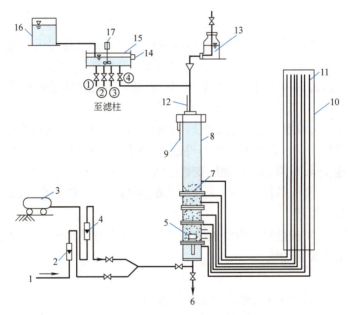

图 3-5　气、水反冲洗实验装置示意图

1—自来水；2—转子流量计；3—空压机；4—气转子流量计；5—滤头；6—过滤出水；
7—滤料；8—滤柱；9—反冲洗排水；10—测压板；11—测压管；12—排气管；
13—高分子助滤剂；14—溢流管；15—投配槽；16—混凝剂；17—搅拌机；①～④—阀门

3. 实验步骤

（1）反冲洗实验开始前 4～6h，在 4 个滤柱中开始过滤作业，以便为反冲洗实验做好准备，使反冲洗效果更好地体现出来。

过滤中所用絮凝剂硫酸铝与助滤剂聚丙烯酰胺的投量，是根据对原水水样的过滤性试验得出：当浊度为 30NTU 的原水直接过滤时，其最佳投药量为 14mg/L；浊度为 100NTU 的原水投药量为 18mg/L；300NTU 的原水投药量为 30mg/L；聚丙烯酰胺助滤剂的投药量为 0.1～0.5mg/L（最大不超过 1mg/L），均可取得较好效果。如实验原水由水库底泥加自来水配制而成，一般可用上述数值，但如实验所用原水水质与此不同，投药量应通过实验确定。

（2）当滤柱水头损失达 2.5～3.0m 时，开始反冲洗。打开反冲洗进水阀门，调整流

量至膨胀率 e 与按式(3-5)计算反冲洗强度中所选用的膨胀率 e 相等时，稳定 1～2min，然后读取反冲洗水量并记入表 3-13 中。

水反冲洗记录表　　　　　　　　　表 3-13

滤柱号	反冲洗时间 (min)	反冲洗水量 (L/h)	滤层膨胀度 e (%)		反冲洗强度 [L/(s·m²)]		
			计算 e	实验 e	计算 q	实验 q	二者差值 (%)
1							
2							
3							
4							

4. 成果整理

(1) 根据表 3-13 及原始数据，计算反冲洗强度和膨胀率。

(2) 计算实验时反冲洗强度与计算值的差值与百分数。

(3) 分析实验反冲洗强度与计算值不一致的原因。

(二) 气、水反冲洗实验

1. 原理

气、水反冲洗是从浸水的滤柱下送入空气，当其上升通过滤层时形成若干气泡，使周围的水产生紊动，促使滤料反复碰撞，将粘附在滤料上的污物搓下，再用水冲出粘附污物。紊动程度的大小随气量及气泡直径大小而异，紊动越强烈，则滤层搅拌也越强烈，但也会增加滤料的磨损。

气、水反冲洗的优点是可以洗净滤料内层，较好地消除结泥球现象且省水。当用于直接过滤时，优点更为明显，这是由于在直接过滤的原水中，一般都投加高分子助滤剂，它在滤层中所形成的泥球，单纯用水反冲洗较难去除。

气、水反冲洗的方法一般是先气后水；也可气、水同时反冲洗，但此种方法滤料容易流失。本实验采用先气后水方式。

2. 设备及用具

(1) 设备

1) 有机玻璃柱：$d=150$mm，$H=2.5$～3m，4 根；

柱内装填煤、砂滤料，规格为煤滤料粒径 $d=1$～2mm，厚 30cm；砂滤料粒径 $d=0.5$～1.0mm，厚 40～50cm；

2) 长柄滤头：4 只；

3) 水箱：规格 100cm×75cm×35cm，1 只；

4) 混合槽：规格 $D=200$mm　$H=160$mm，1 只；

5) 混凝剂溶液箱：规格 40cm×40cm×45cm，1 只；

6) 投配槽：容积以 1min 流量为准，1 只；

7) 助滤剂投配瓶：容积 500mg/L，1 个；

8) 空气压缩机：1 台；

9) 1000mL 量筒：1 个；

10) 50mL 移液管：1 根；

11) 200mL 烧杯：15 个。

其他配套设备等。

(2) 仪器

1) 浊度仪 1 台；

2) 气体转子流量计和水转子流量计各 1 只；

3) 秒表 1 只；

4) 压力表：水压表、气压表各 1 只。

实验装置如图 3-5 所示。

(3) 水样及药剂

1) 水样

用自来水及水库底泥人工配制成浑浊度 300NTU 左右的原水。水量原则上应保证 4 个滤柱 4h 左右的一次过滤所需量。如无水库底泥也可用其他泥代替（若条件允许，可一次配足，全部用水量应为 3 次过滤水量之和）。

2) 药剂

a. 硫酸铝：浓度 1%；

b. 聚丙烯酰胺：浓度 0.1%。

3. 实验步骤

(1) 用正交实验设计法安排气、水反冲洗实验

影响气、水反冲洗实验结果的因素很多，如气反冲洗时间、气反冲洗强度、水反冲洗时间、水反冲洗强度等。本实验采用正交表 $L_9(3^4)$ 安排实验，见表 3-14。

滤柱先气后水冲洗正交实验方案及实验结果极差分析表　　表 3-14

序号 \ 因素	气反冲洗时间 t(min)	水反冲洗膨胀率 e(%)	空列	空列	实验结果及评价指标	
					冲洗水强度 $[L/(s·m^2)]$	剩余浊度（反冲洗 5min 后）
1	1 (1)	1 (20)				
2	1	2 (35)				
3	1	3 (50)				
4	2 (3)	1				
5	2	2				
6	2	3				
7	3 (5)	1				
8	3	2				
9	3	3				
K_1						
K_2						
K_3						
$\bar{K}_1$						
$\bar{K}_2$						
$\bar{K}_3$						
R						

表 3-14 中的因素为气反冲洗时间 t 及水反冲洗膨胀率 e，e 可通过滤柱上的刻度测定，e 也反映出反冲洗水量的大小，因为 e 的大小与反冲洗强度 q 的大小有直接关系。

所取的三个水平是：气反冲洗时间：1min、3min、5min；水反冲洗膨胀率：20%、35%、50%。这些因素及水平组成九个不同组合，按顺序做下去为一个周期。

例如，1号滤柱中气洗1min，水反冲洗膨胀率 $e=20\%$；2号滤柱中气洗3min，e仍为20%；3号滤柱中气洗5min，e仍不变，4号滤柱作为对比柱，只用水反冲洗，也是 $e=20\%$。反冲洗结束后重新进行过滤。按正交表中的4、5、6三个序号的安排进行第二轮反冲洗。反冲洗结束后重新进行过滤。最后再按正交表中安排进行7、8、9序号的气、水反冲洗。到此为一个周期。

(2) 气、水反冲洗操作步骤

1) 当滤柱水头损失达2.5~3.0m时，关闭原水来水阀，停止进水，待水位下降至滤料表面以上10cm位置时，打开空压机阀门，向滤柱底部送气。注意气量要控制在$1m^3/(min·m^2)$以内，以滤层表面均具有紊流状态，看似沸腾状态，滤层全部动起来为准。此时记录转子流量计的读数并计时，气洗至规定时间，关进气阀门。气洗时注意观察滤料互相摩擦的情况，并注意保持水面高于滤层10cm，以免空气短路。

2) 气洗结束立即打开水反冲洗进水阀，开始水反冲洗。注意要迅速调整好进水量，以滤层膨胀率保持在要求的数值上为准。当趋于稳定后，开始以秒表记录反冲洗时间，水反冲洗进行5min。

3) 反冲洗水由滤柱上部排水管排出，读转子流量计指示值，并用量筒取样校核。在水反冲洗的5min内，至少取5个水样测定浊度并填入表3-15中。最后一个水样的浊度还应记入正交表。

反冲洗记录　　　　　　　　　　　　　　　　　　　　　　　　　表3-15

剩余浊度 \ 反冲洗时间（min）\ 标号	1	2	3	4	5	备注
1号						
2号						
3号						
对比柱4号						
水流量计读数						
反冲洗水强度[L/(s·m²)]						

4) 4号对比柱与三个实验柱同步运行，但只用水反冲洗。对比的指标是：冲洗水用量的多少、反冲洗时间的长短及剩余浊度的大小。

4. 成果整理

(1) 将气、水反冲洗时所记录的表3-15中的数值，在半对数坐标纸上以时间 t 为横坐标，以浊度为纵坐标，绘出时间与浊度关系曲线，并加以评价比较。

(2) 进行正交实验设计的直观分析，排出因素的主次顺序，判断因素主次、显著性，并找出滤料的较佳膨胀率、反冲洗用水量及气反冲洗时间。

(3) 将气、水反冲洗结果与水反冲洗结果进行对比。

【思考题】

(1) 根据在反冲洗过程中的观察，简述气、水反冲洗法与水反冲洗法各自的优缺点。

(2) 气、水反冲洗法可以有哪些不同的操作形式？
(3) 根据气、水反冲洗结果，试从理论上分析其优于单独用水反冲洗的原因。

3.3　流动电流絮凝控制系统运行实验

1. 目的
(1) 了解流动电流絮凝控制系统的组成。
(2) 了解流动电流产生和检测的原理。

2. 原理

在研究胶体的电学性质时人们发现了电动现象，电动现象的发现引导人们认识了胶体的双电层结构，在胶体研究中具有十分重要的意义。电动现象主要包括：电泳——胶体微粒在电场中作定向运动的现象；电渗——在多孔膜或毛细管两端加一定电压，多孔膜或毛细管中的液体产生定向移动的现象；流动电位——当液体在多孔膜或毛细管中流动，多孔膜或毛细管两端就会产生电位差的现象；沉降电位——胶体微粒在重力场或离心力场中迅速沉降时，在沉降方向的两端产生电位差的现象。本实验只研究流动电位（电流）。流动电位意味着液体流动时带走了与表面电荷相反的带电离子，从而使液体内发生了电荷的积累，形成了电场。

絮凝理论认为，向水中投加无机盐类絮凝剂或无机高分子絮凝剂的主要作用在于使胶体脱稳。工艺条件一定时，调节絮凝剂的投加量，可以改变胶体的脱稳程度。在水处理工艺技术中，传统上用于描述胶体脱稳程度的指标是ζ电位，以ζ电位为因子控制絮凝就成为一种根本性的控制方法。但由于ζ电位检测技术复杂，特别是测定的不连续性，使其在过去难以用于工业生产的在线连续控制。

电动现象中的流动电位与ζ电位呈线性相关，根据双电层理论可以得到流动电流与ζ电位呈线性相关：

$$I=\frac{\pi\varepsilon p r^2}{\eta L}\zeta \tag{3-6}$$

式中　I——流动电流（A）；
　　　p——毛细管两端的压强差（Pa）；
　　　r——毛细管半径（m）；
　　　ζ——ζ电位（V）；
　　　ε——水的介电常数；
　　　η——水的黏度（Pa·S）；
　　　L——毛细管长度（m）。

由上式可知流动电流（电位）作为胶体絮凝后残余电荷的定量描述，同样可以反映水中胶体的脱稳程度。若能克服类似于ζ电位在测定上的困难，流动电流将会成为一种有前途的絮凝控制因子。

美国人Gerdes于1966年发明了流动电流检测器（SCD），该仪器主要由传感器和检测信号的放大处理器两部分组成。传感器是流动电流检测器的核心部分，构造如图3-6所示。

在传感器的圆形检测室内有一活塞，作垂直往复运动。活塞和检测室内壁之间的缝隙构成一个环形空间，类似于毛细管。测定时被测水样以一定的流量进入检测室，当活塞作往复运动时，就像一个柱塞泵，促使水样在环形空间中作相应的往复运动。水样中的微粒会附着于活塞与检测室内壁的表面，形成一个微粒"膜"。环形空间水流的运动，带动微粒"膜"扩散层中反离子的运动，从而在环状"毛细管"的表面产生电流。在检测室的两端各设一环形电极，将此电流收集并经放大处理，就是该仪器的输出信号。

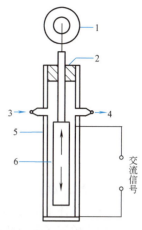

图 3-6 传感器构造示意图
1—电机；2—活塞导套；
3—水样入口；4—水样出口；
5—检测室；6—活塞

SCD 装置通过活塞的往复运动而生成交变信号，克服了电极的极化问题；由于采用高灵敏度的信号放大处理器，使微弱交变信号被放大整流为连续直流信号，克服了噪声信号的干扰，实现了胶体电荷的连续检测。虽然这种装置在测定原理上已不同于原始的毛细管装置，直接测出的也不是流动电流的真值，但其毕竟是胶体电荷量的一种反映，许多研究证实该检测器的输出信号（下称检测值）与 ζ 电位成正比关系。这就为流动电流检测器用于絮凝控制提供了最基本的依据。实验表明，检测值 I 还与水样通过环形空间的平均流速有对应关系：

$$I = C\zeta v \tag{3-7}$$

式中 C——与测量装置几何构造有关的系数；

v——水流在环形空间的平均流速，可用活塞的往复运动速度 W 代表。

其余符号同前。

1982 年，L'eauClaire 公司 SCD 装置中加上超声波振动器，利用超声波的振动加速微粒"膜"的更替，形成微粒"膜"在壁面上吸附与解吸的动态平衡。这一措施为流动电流技术在絮凝控制中的应用排除了一大障碍，使其性能大大改善。解决了流动电流检测器在生产上使用的关键性问题。

由流动电流技术构成的絮凝控制系统典型流程如图 3-7 所示。原水加絮凝剂，经过充分混合后，取出一部分作为检测水样。对该水样的要求是既要充分混合均匀脱稳，对整体有良好的代表性；又要避免时间过长，生成粗大的絮凝体，干扰测定并造成测试系统的较大滞后。水样经取样管送入流动电流检测器（SCD），检测后得到的检测值，代表水中胶体在加药絮凝后的脱稳程度。由絮凝工艺理论可知，生产工艺条件参数一定时，沉淀池的出水浊度与絮凝后的胶体脱稳程度相对应。选择一个出水浊度标准，就相应有一个特定的检测值，可将此检测值作为控制的目标期望值，即控制系统的给定值。控制系统的核心是调整絮凝剂的投量，以改变水中胶体的脱稳程度；使水在混合后的检测值围绕给定值在一个允许的误差范围内波动，达到絮凝优化控制的目的。

水的投药混合是有一定滞后的惯性系统，对其投药控制宜采用周期调节方式。一般情况下，可以取 3~5min 为一个调节周期，水质有急剧变化时则通过软件的特殊功能实现控制。

流动电流絮凝控制技术问世后在国外得到了广泛应用，大量的生产运行经验证明流动电流絮凝控制技术具有下列优点：保证高质供水；减少絮凝剂的消耗；减少溶解性铝的泄漏；延长滤池工作周期；减少配水管网的故障；减少污泥量等。

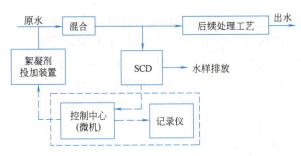

图 3-7　SCD 絮凝控制系统典型流程图

3. 设备及用具

(1) 胶体电荷远程传感器（1 台）；

(2) 单因子絮凝投药控制器（1 台）；

(3) 电子脉冲投药泵（1 台）；

(4) 搅拌器（1 台）；

(5) 转子流量计（1 台）；

(6) 浊度仪（1 台）；

(7) 天平（1 台）；

(8) 潜水泵（1 台）；

(9) 混凝剂（聚合铝）；

(10) 反应池；

(11) 沉淀池；

(12) 原水箱、高位水槽；

(13) 单因子絮凝自动投药控制系统，如图 3-8 所示。

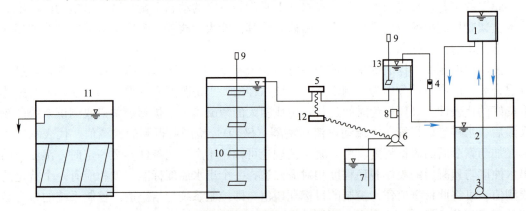

图 3-8　单因子絮凝自动投药控制系统示意图

1—原水高位水箱；2—原水箱；3—潜水泵；4—流量计；5—远程胶体电传感器；6—电子脉冲投药泵；
7—药液箱；8—均流槽；9—电动搅拌器；10—反应池；11—沉淀池；12—测控器；13—混合槽

4. 步骤及记录

(1) 将原水箱 2 装满实验用水。

(2) 开启潜水泵 3，将原水箱内的水样，抽到上面的高位水箱 1 里，直至有溢流。

(3) 打开混合槽 13 的进、出水阀门，调节流量计 4 使流量在 3～5L/min。

(4) 接通传感器的电源及控制器的电源，预热 20min 后，读取单因子絮凝控制仪读数。
(5) 开启电子脉冲投药泵，将一定浓度的药液打进混合槽内，当控制仪显示稳定后读数。
(6) 改变投药泵的药量，分别读取不同药量情况下的流动电流值（SCD 值）。
(7) 测定不同投药量下，沉淀池的出水浊度。
(8) 实验数据填入表 3-16。

实验数据记录表　　　　　　　　　　　　　表 3-16

时间					
投药量(mg/L)	0	10	20	30	40
SCD 值					
出水浊度(NTU)					

5. 成果整理

绘图说明投药量与 SCD 值和出水浊度的关系。

【思考题】

(1) 简述单因子絮凝自动投药控制法的原理。
(2) 简述用单因子絮凝投药控制设备的方法与人工控制投药方法的优、缺点。

3.4 消 毒 实 验

3.4.1 折点加氯消毒实验

11. 折点加氯
消毒实验视频

氯消毒广泛用于给水处理和污水处理。由于不少水源受到不同程度的污染，水中含有一定浓度的氨氮，掌握折点加氯消毒的原理及其实验技术，对解决受污染水源的消毒问题很有必要。

1. 目的

(1) 掌握折点加氯消毒的实验技术。
(2) 通过实验，探讨某含氨氮水样与不同氯量接触一定时间（2h）的情况下，水中游离性余氯、化合性余氯及总余氯与投氯量的关系。

2. 原理

水中加氯作用主要有以下 3 个方面：

(1) 当原水中只含细菌不含氨氮时，向水中投氯能够生成次氯酸（HOCl）及次氯酸根（OCl^-），反应式如下：

$$Cl_2 + H_2O \rightleftharpoons HOCl + H^+ + Cl^- \tag{3-8}$$

$$HOCl \rightleftharpoons H^+ + OCl^- \tag{3-9}$$

次氯酸及次氯酸根均有消毒作用，但前者消毒效果较好，因细菌表面带负电，而 HOCl 是中性分子，可以扩散到细菌内部破坏细菌的酶系统，阻碍细菌的新陈代谢，导致细菌的死亡。

水中 HOCl 及 OCl^- 称为游离性氯。

(2) 当水中含有氨氮时,加氯后能生成次氯酸和氯胺,它们都有消毒作用,反应式如下:

$$Cl_2 + H_2O \rightleftharpoons HOCl + HCl \tag{3-10}$$

$$NH_3 + HOCl \rightleftharpoons NH_2Cl + H_2O \tag{3-11}$$

$$NH_2Cl + HOCl \rightleftharpoons NHCl_2 + H_2O \tag{3-12}$$

$$NHCl_2 + HOCl \rightleftharpoons NCl_3 + H_2O \tag{3-13}$$

从上述反应得知:次氯酸($HOCl$)、一氯胺(NH_2Cl)、二氯胺($NHCl_2$)和三氯胺(NCl_3 又名三氯化氮),水中都可能存在。它们在平衡状态下的含量比例取决于氨氮与氯的相对浓度、pH 和温度。

当 pH=7~8,反应生成物不断消耗时,1mol 的氯与 1mol 的氨作用能生成 1mol 的一氯胺,此时氯与氨氮(以 N 计,下同)的质量比为 71:14≈5:1。

当 pH=7~8,2mol 的氯与 1mol 的氨作用能生成 1mol 的二氯胺,此时氯与氨氮的质量比约为 10:1。

当 pH=7~8,氯与氨氮质量比大于 10:1 时,将生成三氯胺(三氯胺很不稳定)和出现游离氯。随着投氯量的不断增加,水中游离性氯将越来越多。

水中有氯胺时,依靠水解生成次氯酸起消毒作用,从化学反应式(3-11)~式(3-13)可见,只有当水中 HOCl 因消毒或其他原因消耗后,反应才向左进行,继续生成 HOCl。因此当水中余氯主要是氯胺时,消毒作用比较缓慢。氯胺消毒的接触时间不应短于 2h。

水中 NH_2Cl、$NHCl_2$ 和 NCl_3 称为化合性氯。化合性氯的消毒效果不如游离性氯。

(3) 氯还能与含碳物质、铁、锰、硫化氢以及藻类等起氧化作用。

水中含有氨氮和其他消耗氯的物质时,投氯量与余氯量的关系如图 3-9 所示。

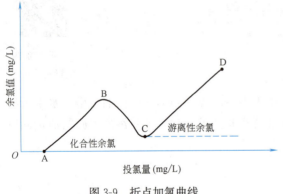

图 3-9 折点加氯曲线

图中 OA 段投氯量太少,故余氯量为 0,AB 段的余氯主要为一氯胺,BC 段随着投氯量的增加,一氯胺与次氯酸作用,部分成为二氯胺(见式 3-12),部分反应如下:

$$2NH_2Cl + HOCl \longrightarrow N_2\uparrow + 3HCl + H_2O \tag{3-14}$$

反应的结果,BC 段一氯胺及余氯(即总余氯)均逐渐减少,二氯胺逐渐增加。C 点余氯值最少,称为折点。C 点后出现三氯胺和游离性氯。按大于出现折点的量来投氯称为折点加氯。折点加氯的优点:a. 可以去除水中大多数产生嗅和味的物质;b. 有游离性余氯,消毒效果较好。

图 3-9 曲线的形状和接触时间有关,接触时间越长,氧化程度越深一些,化合性余氯则越少一些,折点的余氯有可能接近于 0。此时折点后加氯的余氯几乎全是游离性余氯。

3. 设备及用具

(1) 水箱或水桶 1 个,能装水几十升;

(2) 20L 玻璃瓶 1 个;

(3) 50mL 比色管 20 多根;

(4) 100mL 比色管 40 多根；

(5) 1000mL 烧杯 10 多个；

(6) 1mL 及 5mL 移液管；

(7) 10mL 及 50mL 量筒；

(8) 1000mL 量筒；

(9) 温度计 1 支。

4. 步骤及记录

(1) 药剂制备

1) 1%浓度的氨氮溶液 100mL

称取 3.819g 干燥过的无水氯化铵（NH_4Cl）溶于不含氨的蒸馏水中稀释至 100mL，其氨氮浓度为 1%（即 10g/L）。

2) 氨氮标准溶液 1000mL

吸取上述 1%浓度氨氮溶液 1mL，用蒸馏水稀释至 1000mL，其氨氮含量为 10mg/L。

3) 酒石酸钾钠溶液 100mL

称取 50g 化学纯酒石酸钾钠（$KNaC_4H_4O_6 \cdot 4H_2O$）溶于 100mL 蒸馏水中，煮沸，使约减少 20mL 或到不含氨为止。冷却后，用蒸馏水稀释至 100mL。

4) 碘化汞钾溶液 1L

溶解 100g 分析纯碘化汞（HgI_2）和 70g 分析纯碘化钾（KI）于少量蒸馏水中，将此溶液加到 500mL 已冷却的含有 160g 氢氧化钠（NaOH）的溶液中，并不停搅拌，用蒸馏水稀释至 1L，贮于棕色瓶中，用橡皮塞塞紧，遮光保存。

5) 1%浓度的漂白粉溶液 500mL

称取漂白粉 5g 溶于 100mL 蒸馏水中调成糊状，然后稀释至 500mL 即得。其有效氯含量约为 2.5g/L。取漂白粉溶液 1mL，用蒸馏水稀释至 200mL，参照本实验所述测余氯方法可测出余氯量。

6) 邻联甲苯胺溶液 1L

称取 1g 邻联甲苯胺，溶于 5mL 20%盐酸中（浓盐酸 1mL 稀释至 5mL），将其调成糊状，投加 150~200mL 蒸馏水使其完全溶解，置于量筒中补加蒸馏水至 505mL，最后加入 20%盐酸 495mL，共 1L。此溶液放在棕色瓶内置于冷暗处保存，温度不得低于 0℃，以免产生结晶影响比色，也不要使用橡皮塞，该溶液最多能使用半年。

7) 亚砷酸钠溶液 1L

称取 5g 亚砷酸钠溶于蒸馏水中，稀释至 1L。

8) 磷酸盐缓冲液 4L

将分析纯的无水磷酸氢二钠（Na_2HPO_4）和分析纯无水磷酸二氢钾（KH_2PO_4）放在 105~110℃烘箱内，2h 后取出放在干燥器内冷却，前者称取 22.86g，后者称取 46.14g。将此二者同溶于蒸馏水中，稀释至 1L。至少静置 4d，等其中沉淀物析出后过滤。取滤液 800mL 加蒸馏水稀释至 4L，即得磷酸盐缓冲液 4L。此溶液的 pH 为 6.45。

9) 铬酸钾—重铬酸钾溶液 1L

称取 4.65g 分析纯干燥铬酸钾（K_2CrO_4）和 1.55g 分析纯干燥重铬酸钾（$K_2Cr_2O_7$）溶于磷酸盐缓冲液中，并用磷酸盐缓冲液稀释至 1L 即得。

10）余氯标准比色溶液

按表 3-17 所需的铬酸钾—重铬酸钾溶液，用移液管加到 100mL 比色管中，再用磷酸盐缓冲液稀释至刻度，记录其相当于氯的 mg/L 数，即得余氯标准比色溶液。

余氯标准比色溶液的配制　　　　　　　表 3-17

氯(mg/L)	铬酸钾—重铬酸钾溶液(mL)	缓冲液（mL）	氯(mg/L)	铬酸钾—重铬酸钾溶液(mL)	缓冲液（mL）
0.01	0.1	99.9	0.70	7.0	93.0
0.02	0.2	99.8	0.80	8.0	92.0
0.05	0.5	99.5	0.90	9.0	91.0
0.07	0.7	99.3	1.00	10.0	90.0
0.10	1.0	99.0	1.50	15.0	85.0
0.15	1.5	98.5	2.00	19.7	80.3
0.20	2.0	98.0	3.00	29.0	71.0
0.25	2.5	97.5	4.00	39.0	61.0
0.30	3.0	97.0	5.00	48.0	52.0
0.35	3.5	96.5	6.00	58.0	42.0
0.40	4.0	96.0	7.00	68.0	32.0
0.45	4.5	95.5	8.00	77.5	22.5
0.50	5.0	95.0	9.00	87.0	13.0
0.60	6.0	94.0	10.00	97.0	3.0

（2）水样制备

取自来水 20L 加入 1‰浓度的氨氮溶液 2mL，混匀，即得实验用原水，其氨氮含量约 1mg/L。

（3）测原水水温及氨氮含量，记入表 3-18。

折点加氯实验记录　　　　　　　表 3-18

原水水温(℃)　　　　　　　　氨氮含量(mg/L)

		漂白粉溶液含氯量(mg/L)											
水样编号		1	2	3	4	5	6	7	8	9	10	11	12
漂白粉溶液投加量(mL)													
加氯量(mg/L)													
比色测定结果(mg/L)	A												
	B_1												
	B_2												
	C												
余氯计算	总余氯(mg/L) $D=C-B_2$												
	游离性余氯(mg/L) $E=A-B_1$												
	化合性余氯(mg/L) $D-E$												

测氨氮用直接比色法，步骤如下：

1）于 50mL 比色管中加入 50mL 原水。

2）另取 50mL 比色管 18 支，分别注入氨氮标准溶液 0、0.2mL、0.4mL、0.7mL、

1.0mL、1.4mL、1.7mL、2.0mL、2.5mL、3.0mL、3.5mL、4.0mL、4.5mL、5.0mL、5.5mL、6.0mL、7.0mL及8.0mL，均用蒸馏水稀释至50mL。

3) 向水样及氨氮标准溶液管内分别加入1mL酒石酸钾钠溶液，摇匀，再加1mL碘化汞钾溶液，混匀后放置10min，进行比色。

$$氨氮(以\text{N}计) = \frac{相当于氨氮标准溶液用量(\text{mL}) \times 10}{水样体积(\text{mL})} \quad (\text{mg/L})$$

（4）进行折点加氯实验

1) 在12个1000mL烧杯中盛原水1000mL。

2) 当加氯量为1mg/L、2mg/L、4mg/L、6mg/L、8mg/L、10mg/L、12mg/L、14mg/L、16mg/L、18mg/L、20mg/L时，计算1%浓度的漂白粉溶液的投加量（mL）。

3) 将12个盛有1000mL原水的烧杯编号（1、2、…、12），依次投加1%浓度的漂白粉溶液，其投氯量分别为0、1mg/L、2mg/L、4mg/L、6mg/L、8mg/L、10mg/L、12mg/L、14mg/L、16mg/L、18mg/L和20mg/L，快速混匀2h后，立即测各烧杯水样的游离氯、化合氯及总余氯的量。各烧杯水样测余氯方法相同，均采用邻联甲苯胺亚砷酸盐比色法，可分组进行。以3号烧杯水样为例，测定步骤为：

a. 取100mL比色管三支，标注$3_甲$、$3_乙$、$3_丙$。

b. 吸取3号烧杯100mL水样投加于$3_甲$管中，立即投加1mL邻联甲苯胺溶液，立即混匀，迅速投加2mL亚砷酸钠溶液，混匀，越快越好；2min后（从邻联甲苯胺溶液混匀后算起）立刻与余氯标准比色溶液比色，记录结果A，A表示该水样游离余氯与干扰性物质迅速混合后所产生的颜色。

c. 吸取3号烧杯100mL水样投加于$3_乙$管中，立即投加2mL亚砷酸钠溶液，混匀，迅速投加1mL邻联甲苯胺溶液，混匀，2min后立刻与余氯标准比色溶液比色，记录结果B_1。待相隔15min后（从加入邻联甲苯胺溶液混匀后算起），再取$3_乙$管水样与余氯标准比色溶液比较，记录结果B_2。B_1代表干扰物质迅速混合后所产生的颜色。B_2代表干扰物质于混合15min所产生的颜色。

d. 吸取3号烧杯100mL水样投加于$3_丙$管中，并立即投加1mL邻联甲苯胺溶液，立即混匀，静置15min，再与余氯标准比色溶液比色，记录结果D。D代表总余氯与干扰性物质于混合15min后所产生的颜色。

【注意事项】

（1）各水样加氯的接触时间应尽可能相同或接近，便于互相比较。

（2）比色测定应在光线均匀的地方或灯光下，不宜在阳光直射下进行。

（3）所用漂白粉的存放时间不宜超过6个月，以避免有效氯含量降低。漂白粉应密闭存放，避免受热、受潮。

5. 成果整理

根据比色测定结果进行余氯计算，绘制游离余氯、化合余氯及总余氯与投氯量的关系曲线。

【思考题】

（1）水中含有氨氮时，投氯量与余氯量关系曲线为何出现折点？

（2）有哪些因素影响投氯量？

(3) 本实验原水如采用折点后加氯消毒，应有多大的投氯量？

3.4.2 臭氧消毒实验

1. 目的

(1) 了解臭氧制备装置，熟悉臭氧消毒的工艺流程。

(2) 掌握臭氧消毒的实验方法。

(3) 验证臭氧杀菌效果。

2. 原理

臭氧呈淡蓝色，由 3 个氧原子（O_3）组成，具有强烈的杀菌能力和消毒效果，作为给水消毒剂的应用在国际上已有数十年的历史。

臭氧杀菌效力高是由于：(1) 臭氧氧化能力强；(2) 穿透细胞壁的能力强；(3) 由于臭氧破坏细菌有机链状结构，导致细菌死亡。

臭氧处理饮用水作用快、安全可靠。随着臭氧处理过程的进行，空气中的氧也充入水中，因此水中溶解氧的浓度也随之增加。臭氧只能在现场制取，不能贮存，这是臭氧的性质决定的，但可在现场随用随产。臭氧消毒所用的臭氧剂量与水的污染程度有关，通常在 0.5～4mg/L 之间。臭氧消毒不需很长的接触时间，不受水中氨氮和 pH 的影响。

臭氧的缺点是电耗大，成本高。臭氧易分解，尤其温度超过 200℃ 以后，因此不利使用。

对臭氧性质产生影响的因素有：露点（-50℃）、电压、气量、气压、湿度、电频率等。

臭氧的工业制造方法采用无声放电原理。空气在进入臭氧发生器之前要经过压缩、冷却、脱水等过程，然后进入臭氧发生器进行干燥净化处理。并在发生器内经高压放电，产生浓度为 10～12mg/L 的臭氧化空气，其压力为 0.4～0.7MPa。将此臭氧化空气引至消毒设备应用。臭氧化空气从消毒用的反应塔（或称接触塔）底部进入，经微孔扩散板（布气板）喷出，与塔内待消毒的水充分接触反应，达到消毒目的。反应塔是关键设备，直接影响出水水质。

臭氧消毒后的尾气还可引至混凝搅拌池加以利用。这样不仅可降低臭氧耗量，还可降低运转费用。因为原水中的胶体物质或藻类可被臭氧氧化，并通过混凝沉淀去除，提高过滤水质。

3. 设备及用具

实验装置包括气源处理装置、臭氧发生器、接触投配装置、检测仪表等部分。

国产某臭氧成套处理装置的流程如图 3-10 所示。

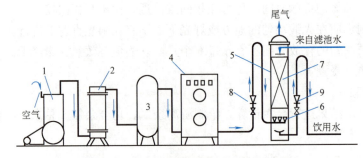

图 3-10 某臭氧成套装置工艺流程示意图

1—无油润滑空压机（可以压缩到 0.6～0.8MPa）；2—冷却器；3—贮气罐；4—臭氧发生器；
5—反应塔；6—扩散板；7—瓷环填料层；8—气体转子流量计；9—水转子流量计

为便于实验对比，该装置之反应塔应设两个，图中装置 1、2、3 也可以不用，而代之以氧气瓶，纯 O_2 直接进入臭氧发生器，产生的臭氧质纯，且操作简便，更适于实验室条件应用，如图 3-11 所示。

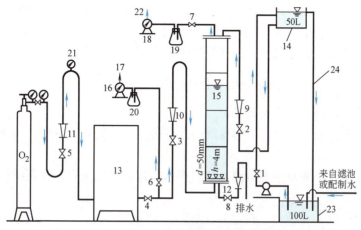

图 3-11 O_3 消毒装置流程示意图

1—高水箱进水阀；2—反应塔进水阀；3—反应塔进气阀；4—发生器出气阀；5—氧气瓶出气阀；6—测 O_3 浓度用阀；7—测 O_3 尾气用阀；8—排水阀；9~12—转子流量计；13—O_3 发生器；14—高水箱；15—反应塔；16、18—燃气表；17—测臭氧浓度；19、20—O_3 气体收瓶；21—压力表；22—测尾气浓度；23—低水箱；24—溢流管

4. 步骤及记录

(1) 将滤池来水（或自配水样）装满低水箱。然后启动微型泵将水送至高水箱（此时需打开阀门 1）；

(2) 开阀门 2 将高水箱水徐徐不断地送入反应塔至预定高度（此时排水阀 8 应为关闭）；

(3) 与此同时，打开阀门 3 及 4，使 O_3 由反应塔底部经布气板进入塔内，与水充分接触（气泡越细越好）；

(4) 开反应塔排水阀门 8 放水（为已消毒的水），并通过调节阀门，将各转子流量计读数调至所需值；

(5) 调阀门 3、4 改变 O_3 投量，至少三次，以便画曲线，并读各转子流量计的读数；

(6) 每次读流量值的同时测进气 O_3 及尾气 O_3 浓度；

(7) 取进水及出水水样备检，备检水样置于培养皿内培养基上，在 37℃ 恒温箱内培养 24h，测菌落总数。

以上各项读数及测得数值均记入表 3-19。

臭氧消毒实验记录表　　　　　　　表 3-19

水样编号	停留时间 (min)	进水流量 (L/h)	进水菌落总数 (CFU/mL)	进气流量 (L/h)	进气压力 (MPa)	标准状态进气流量 (L/h)	臭氧浓度 (mg/L)		臭氧投量 (mg/L)	出水菌落总数 (CFU/mL)	出水臭氧浓度 (mg/L)	反应塔内水深 (m)	臭氧利用系数 (%)	菌落总数变化率 (%)	备注
							进气 C_1	尾气 C_2							
1	2	3	4	5	6	7	8	9	10	11	12	13	14	15	16

【注意事项】

(1) 实验时要摸索出较佳的水平组合 T、H、G、C 值。其中 T 为停留时间（min），H 为塔内水深（m），G 为臭氧投量（mg/h），C 为臭氧浓度（mg/L）。方法有：(1) 固定 T、H，变化 G；(2) 固定 G、H，变化 T；(3) 固定 G、T，变化 H。一般不变 C 值，而是固定 G、H，变化 T 者较多。本实验按 (1) 方法进行，也可用正交实验设计法进行。

(2) 臭氧利用系数也称吸收率，其值以进气浓度 C_1 与尾气浓度 C_2 间的关系表示：

$$臭氧利用系数(吸收率) = \frac{C_1 - C_2}{C_1} \tag{3-15}$$

(3) 臭氧浓度的测定方法见附录 2。

(4) 实验前熟悉设备情况，了解各阀门及仪表用途，臭氧有毒性、高压电有危险，要切实注意安全。

(5) 实验完毕先切断发生器电源，然后停水，最后停气源和空气压缩机，并关闭各有关阀门。

5. 成果整理

(1) 按下式计算标准状态下的进气流量：

$$Q_N = Q_m \sqrt{1 + P_m} \tag{3-16}$$

式中　Q_N——标准状态下的进气流量（L/h）；

Q_m——压力状态下的进气流量，即流量计所示流量（L/h）；

P_m——压力表读数（MPa）。

(2) 按式（3-17）计算臭氧投量：

臭氧投量或者臭氧发生器的产量以 G 表示：

$$G = CQ_N \quad (mg/h) \tag{3-17}$$

式中　C——臭氧浓度（mg/L）。

(3) 求臭氧利用系数及菌落总数变化率。

(4) 作臭氧消耗量与菌落总数变化率曲线。

【思考题】

(1) 如果用正交实验设计法求饮用水消毒影响因素较佳的水平组合，应选择哪些因素、水平及正交表？

(2) 臭氧消毒后管网内有无剩余 O_3？是否会产生二次污染？

(3) 用氧气瓶中 O_2 或用空气中 O_2 作为臭氧发生器的气源，各有何特点？

12. 软化实验视频

3.5　离子交换软化实验

离子交换软化法在水处理工程中有广泛的应用。强酸性阳离子交换树脂的使用也很普遍。作为水处理工程技术人员应当掌握这种树脂交换容量（即全交换容量）的测定方法并了解软化水装置的操作运行。

3.5.1　强酸性阳离子交换树脂交换容量的测定实验

1. 目的

(1) 加深对强酸性阳离子交换树脂交换容量的理解。

13. 离子交换软化实验全过程

(2) 掌握强酸性阳离子交换树脂交换容量的测定方法。

2. 原理

交换容量是交换树脂最重要的性能，它定量地表示树脂交换能力的大小。树脂交换容量在理论上可以从树脂单元结构式粗略地计算出来。以强酸性苯乙烯系阳离子交换树脂为例，其单元结构式如图3-12所示。

单元结构式中共有8个C原子、8个H原子、3个O原子、1个S原子，其分子量为 $8\times12.011+8\times1.008+3\times15.9994+1\times32.06=184.2$，只有强酸基团—$SO_3H$ 中的 H 遇水电离形成 H^+ 离子可以交换，即每184.2g干树脂只有1g可交换离子。所以，每克干树脂具有可交换离子 $1/184.2=0.00543mol=5.43mmol$。扣去交联剂所占分量（按8%质量计），则强酸干树脂交换容量应为 $5.43\times92/100=4.99mmol/g$。此值与实际测定值差别不大。0.01×7强酸性苯乙烯系阳离子交换树脂交换容量规定为≥4.2mmol/g（干树脂）。

强酸性阳离子交换树脂交换容量测定前需经过预处理，即经过酸、碱轮流浸泡，以去除树脂表面的可溶性杂质。测定阳离子交换树脂容量常采用碱滴定法，用酚酞作指示剂，按下式计算交换容量：

$$E=\frac{NV}{W\times 固体含量(\%)} \quad mmol/g（干树脂） \quad (3-18)$$

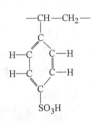

图3-12 强酸性苯乙烯系阳离子交换树脂单元结构

式中 N——NaOH 标准溶液的摩尔浓度；
V——NaOH 标准溶液的用量（mL）；
W——样品湿树脂质量（g）。

3. 设备及用具

(1) 天平（万分之一精度）1台。
(2) 烘箱1台。
(3) 干燥器1个。
(4) 250mL 三角烧瓶2个。
(5) 10mL 移液管2支。

4. 步骤及记录

(1) 强酸性阳离子交换树脂的预处理

取树脂约10g以2mol硫酸（或1mol盐酸）及1mol NaOH轮流浸泡，即按"酸—碱—酸—碱—酸"顺序浸泡5次，每次2h，浸泡液体积为树脂体积的2~3倍。在酸碱互换时应用200mL去离子水进行洗涤。5次浸泡结束后用去离子水洗涤至溶液呈中性。

(2) 测强酸性阳离子交换树脂固体含量（%）

称取双份1.0000g的树脂，将其中一份放入105~110℃烘箱中，烘干约2h至恒重后放入氯化钙干燥器中冷却至室温，称重，记录干燥后的树脂重。

固体含量=干燥后的树脂重/树脂重×100%

(3) 强酸性阳离子交换树脂交换容量的测定

将一份1.0000g的树脂置于250mL三角烧瓶中，投加0.5mol NaCl溶液100mL摇动5min，放置2h后加入1%酚酞指示剂3滴，用标准0.10000M NaOH溶液进行滴定，至呈微红色15s不褪，即为终点。记录NaOH标准溶液的浓度及用量（表3-20）。

强酸性阳离子交换树脂交换容量测定记录　　　　表 3-20

湿树脂重 W（g）	干燥后的树脂重 W_1（g）	树脂固体含量（%）	NaOH 标准溶液的摩尔浓度	NaOH 标准溶液的用量 V（mL）	交换容量 me/g 干氢树脂

5．成果整理

（1）根据实验测定数据计算树脂固体含量。

（2）根据实验测定数据计算树脂交换容量。

【思考题】

（1）测定强酸性阳离子交换树脂的交换容量为何用强碱液 NaOH 滴定？

（2）写出本实验有关化学反应方程式。

3.5.2　软化实验

1．目的

（1）熟悉顺流再生固定床运行操作过程。

（2）加深对钠离子交换基本理论的理解。

2．原理

当含有钙盐及镁盐的水通过装有阳离子交换树脂的交换器时，水中的 Ca^{2+} 及 Mg^{2+} 便与树脂中的可交换离子（Na^+ 或 H^+）交换，使水中 Ca^{2+}、Mg^{2+} 含量降低或基本上全部去除，这个过程叫水的软化。树脂失效后需进行再生，即把树脂上吸附的钙、镁离子置换出来，代之以新的可交换离子。钠离子型交换树脂用食盐（NaCl）再生，氢离子型交换树脂用盐酸（HCl）或硫酸（H_2SO_4）再生。基本反应式如下：

（1）钠离子型交换树脂

交换过程：

$$2RNa + Ca \begin{Bmatrix} (HCO_3)_2 \\ Cl_2 \\ SO_4 \end{Bmatrix} \longrightarrow R_2Ca + \begin{Bmatrix} 2NaHCO_3 \\ 2NaCl \\ Na_2SO_4 \end{Bmatrix} \tag{3-19}$$

$$2RNa + Mg \begin{Bmatrix} (HCO_3)_2 \\ Cl_2 \\ SO_4 \end{Bmatrix} \longrightarrow R_2Mg + \begin{Bmatrix} 2NaHCO_3 \\ 2NaCl \\ Na_2SO_4 \end{Bmatrix} \tag{3-20}$$

再生过程：

$$R_2Ca + 2NaCl \longrightarrow 2RNa + CaCl_2 \tag{3-21}$$

$$R_2Mg + 2NaCl \longrightarrow 2RNa + MgCl_2 \tag{3-22}$$

（2）氢离子型交换树脂

交换过程：

$$2RH + Ca \begin{Bmatrix} (HCO_3)_2 \\ Cl_2 \\ SO_4 \end{Bmatrix} \longrightarrow R_2Ca + \begin{Bmatrix} 2H_2CO_3 \\ 2HCl \\ H_2SO_4 \end{Bmatrix} \tag{3-23}$$

$$2RH + Mg \begin{Bmatrix} (HCO_3)_2 \\ Cl_2 \\ SO_4 \end{Bmatrix} \longrightarrow R_2Mg + \begin{Bmatrix} 2H_2CO_3 \\ 2HCl \\ H_2SO_4 \end{Bmatrix} \tag{3-24}$$

再生过程：

$$R_2Ca + \begin{cases} 2HCl \\ H_2SO_4 \end{cases} \longrightarrow 2RH + \begin{cases} CaCl_2 \\ CaSO_4 \end{cases} \quad (3-25)$$

$$R_2Mg + \begin{cases} 2HCl \\ H_2SO_4 \end{cases} \longrightarrow 2RH + \begin{cases} MgCl_2 \\ MgSO_4 \end{cases} \quad (3-26)$$

钠离子型交换树脂的最大优点是不出酸性水，但不能脱碱（HCO_3^-）；氢离子型交换树脂能去除碱度，但出酸性水，本实验采用钠离子型交换树脂。

3. 设备及用具

(1) 软化装置1套，如图3-13所示。
(2) 100mL量筒1个、秒表1块（控制再生液流量用）。
(3) 2m钢卷尺1个。
(4) 测硬度所需用品，或硬度仪。
(5) 食盐数百克。
(6) 电导率仪。

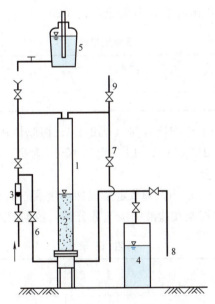

图 3-13 软化实验装置示意图

1—软化柱；2—阳离子交换树脂；3—转子流量计；4—软化水箱；5—定量投加再生液瓶；
6—反冲洗进水管；7—反冲洗排水管；8—清洗排水管；9—排气管

4. 步骤及记录

(1) 熟悉实验装置，弄清楚每条管路、每个阀门的作用。
(2) 测原水硬度、电导率、交换柱内径、树脂层高度，数据记入表3-21。

原水硬度及实验装置有关数据　　表 3-21

原水硬度（以 $CaCO_3$ 计）（mg/L）	电导率	交换柱内径（cm）	树脂层高度（cm）

(3) 反冲洗：将交换柱内树脂反冲洗数分钟，反冲洗流速 15m/h，以去除树脂层的气泡。

(4) 软化：运行流速 15m/h，每隔 10min 测一次出水硬度及电导率，并进行两次结果的比较。

(5) 改变运行流速：流速分别为 20m/h、25m/h、30m/h，每个流速下运行 5min，测出水硬度及电导率，数据记入表 3-22。

交换实验记录　　　　　　　　　　　　　　　　　表 3-22

运行流速 (m/h)	运行流量 (L/h)	运行时间 (min)	出水硬度（以 $CaCO_3$ 计） (mg/L)	电导率 (μs/dm)
15		10		
15		10		
20		5		
25		5		
30		5		

(6) 反冲洗：冲洗水用自来水，反冲洗流速 15m/h，反冲洗时间 15min。反冲洗结束将水面放至树脂表面以上 10cm 左右，数据记入表 3-23。

反冲洗记录　　　　　　　　　　　　　　　　　表 3-23

反冲洗流速 (m/h)	反冲洗流量 (L/h)	反流时间 (min)

(7) 根据软化装置树脂工作交换容量（mol/L），树脂体积（L），顺流再生钠离子交换树脂时 NaCl 耗量（100~120g/mol）以及食盐 NaCl 含量，计算再生一次所需食盐量。配制浓度 10% 的 NaCl 再生液。

(8) 再生：再生流速 3~5m/h。调节定量投加再生液瓶出水阀门开启度大小以控制再生流速。再生液用完后，将树脂在盐液中浸泡数分钟，数据记入表 3-24。

再生记录　　　　　　　　　　　　　　　　　表 3-24

再生一次所需食盐量 (kg)	再生一次所需浓度 10% 的 NaCl 再生液（L）	再生流速 (m/h)	再生流量 (mL/s)

(9) 清洗：清洗流速 15m/h，每 5min 测一次出水硬度，有条件时还可测氯离子，直至出水水质达到要求时为止。清洗时间约需 50min，数据记入表 3-25。

清洗记录　　　　　　　　　　　　　　　　　表 3-25

清洗流速 (m/h)	清洗流量 (L/h)	清洗历时 (min)	出水硬度（以 $CaCO_3$ 计） (mg/L)
15		5 10 ⋮ 50	

(10) 清洗完毕结束实验，交换柱内树脂应浸泡在水中。

【注意事项】

(1) 反冲洗时应控制冲洗流量，避免将树脂冲走。

(2) 如没有过滤器，再生溶液宜用精制食盐配制。

5. 成果整理

(1) 绘制不同运行流速与出水硬度关系曲线。

(2) 绘制不同清洗历时与出水硬度关系曲线。

(3) 软化时应将液面保持在较高位置，防止水冲击液面把气泡带入树脂层。

【思考题】

(1) 本实验运行出水硬度是否小于 2.5mg/L（以 $CaCO_3$ 计）？影响出水硬度的因素有哪些？

(2) 影响再生剂用量的因素有哪些？再生液浓度过高或过低有何不利？

(3) 软化前后水的电导率是否有变化？

3.6 除盐实验

有些工业（如电子工业、制药工业）对水中含盐量要求很高，需经除盐制备纯水或高纯水。离子交换法是除盐的主要方法之一。除盐时也经常使用电渗析方法。熟悉并掌握离子交换除盐实验和电渗析除盐实验是必要的。

3.6.1 离子交换除盐实验

14. 除盐实验视频

15. 离子交换除盐实验全过程

1. 目的

(1) 了解并掌握离子交换法除盐实验装置的操作方法。

(2) 加深对复床除盐基本理论的理解。

2. 原理

水中各种无机盐类经电离生成阳离子及阴离子，经过氢型离子交换树脂时，水中的阳离子被氢离子所取代，形成酸性水，酸性水经过氢氧型离子交换树脂时，水中的阴离子被氢氧根离子所取代，进入水中的氢离子与氢氧根离子组成水分子（H_2O），从而达到去除水中无机盐类的目的。氢型树脂失效后，用盐酸（HCl）或硫酸（H_2SO_4）再生，氢氧型树脂失效后用烧碱（NaOH）液再生。以氯化钠（NaCl）代表水中无机盐类为例，离子交换除盐的基本反应式如下：

(1) 氢离子交换（阳离子型）：

交换过程： $$RH+NaCl \longrightarrow RNa+HCl \tag{3-27}$$

再生过程： $$2RNa+\begin{Bmatrix}2HCl\\ H_2SO_4\end{Bmatrix} \longrightarrow 2RH+\begin{Bmatrix}2NaCl\\ Na_2SO_4\end{Bmatrix} \tag{3-28}$$

(2) 氢氧根离子交换（阴离子型）：

交换过程： $$ROH+HCl \longrightarrow RCl+H_2O \tag{3-29}$$

再生过程： $$RCl+NaOH \longrightarrow ROH+NaCl \tag{3-30}$$

3. 设备及用具

(1) 除盐装置 1 套，如图 3-14 所示。

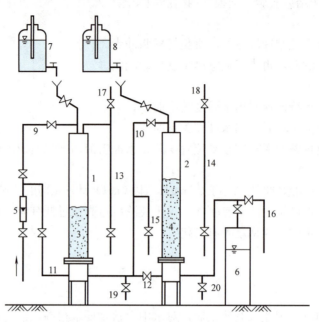

图 3-14 除盐实验装置示意图

1—阳离子交换柱；2—阴离子交换柱；3—阳离子交换树脂；4—阴离子交换树脂；5—转子流量计；6—脱盐水箱；7—定量投 HCl 液瓶；8—定量投 NaOH 液瓶；9—阳离子交换柱进水管；10—阴离子交换柱进水管；11—阳离子交换柱反冲洗进水管；12—阴离子交换柱反冲洗进水管；13—阳离子交换柱反冲洗排水管；14—阴离子交换柱反冲洗排水管；15—阳离子交换柱清洗排水管；16—阴离子交换柱清洗排水管；17—阳离子交换柱排气管；18—阴离子交换柱排气管；19—阳离子交换柱放空管；20—阴离子交换柱放空管

(2) 酸度计 1 台。

(3) 电导率仪 1 台。

(4) 测硬度所需用品。

(5) 100mL 量筒 1 个，秒表 1 块，控制再生液流量用。

(6) 2m 钢卷尺 1 个。

(7) 温度计 1 支。

(8) 工业盐酸（HCl 含量≥31%）几千克。

(9) 固体烧碱（NaOH 含量≥95%）几百克。

4. 步骤及记录

(1) 熟悉实验装置，弄清楚每条管路、每个阀门的作用。

(2) 测原水温度、硬度、电导率及 pH，测量交换柱内径及树脂层高度，所得数据记入表 3-26。

原水水质及实验装置有关数据　　　　　　表 3-26

原水分析	交换柱名称	阳离子交换柱	阴离子交换柱
温度（℃）	树脂名称		
硬度（以 $CaCO_3$ 计）（mg/L）	树脂型号		
电导率（μS/cm）	交换柱内径（cm）		
pH	树脂层高度（cm）		

(3) 用自来水将阳离子交换柱内树脂反冲洗数分钟，反冲洗流速 15m/h，以去除树脂层的气泡。

(4) 阳离子交换柱运行流速 10m/h，每隔 10min 测出水硬度及 pH。硬度低于 2.5mg/L（以 $CaCO_3$ 计）时，可用此软化水反冲洗阴离子交换树脂几分钟，以将树脂层中气泡赶出。

(5) 开始实验。原水先经阳离子交换柱，再进入阴离子交换柱，运行流速 15m/h。每隔 10min 测阳离子交换柱出水硬度及 pH，阴离子交换柱出水电导率及 pH，并加以比较。

(6) 改变运行流速：流速分别取 20m/h、25m/h、30m/h，每种流速运行 10min，测阴离子交换柱出水电导率。步骤（4）、（5）、（6）数据记入表 3-27。

交换记录　　　　　　　表 3-27

运行流速 (m/h)	运行流量 (L/h)	运行时间 (min)	阳离子交换 柱出水硬度 （以 $CaCO_3$ 计） (mg/L)	阳离子交换 柱出水 pH	阴离子交换 柱出水电导率 (μS/cm)	阴离子交换 柱出水 pH
10						
15						
20						
25						
30						

(7) 根据除盐装置树脂工作交换容量，计算再生一次用酸量（kg100%HCl）及再生一次用碱量（kg100%NaOH），盐酸配成浓度 3%～4%溶液（HCl 浓度 4%时，相对密度为 1.018），装入定量投 HCl 液瓶中；烧碱配成浓度 2%～3%溶液（NaOH 浓度 3%时，相对密度为 1.032），装入定量投 NaOH 液瓶中。

(8) 阴离子交换柱反冲洗、再生、清洗。

1) 反冲洗：用阳离子交换柱出水反冲洗阴离子交换柱，反冲洗流速 10m/h，反冲洗 15min，反冲洗完毕后将柱内水面放至高于树脂层表面 10cm 左右，反冲洗数据记入表 3-28。

反冲洗记录　　　　　　　表 3-28

反冲洗流速 (m/h)		反冲洗流量 (L/h)		反冲洗时间 (min)	
阴离子交换柱	阳离子交换柱	阴离子交换柱	阳离子交换柱	阴离子交换柱	阳离子交换柱

2) 再生：阴离子交换柱再生流速 4～6m/h。再生液用完后，将树脂在再生液中浸泡数分钟。再生数据记入表 3-29。

阴离子交换柱再生记录　　　　　　　表 3-29

再生一次所需固体烧碱 用量（g）	再生一次 NaOH 溶液的 用量（L）	再生流速（m/h）	再生流量（mL/s）

3) 清洗：用阳离子交换柱出水清洗阴离子交换柱，清洗流速 15m/h，每 5min 测一次阴离子交换柱出水的电导率，直至合格为止。清洗水耗为 10～12m^3/m^3 树脂。清洗数据记入表 3-30。

阴离子交换柱清洗记录 　　　　　　　　　表 3-30

清洗流速（m/h）	清洗流量（L/h）	清洗历时（min）	出水电导率（μS/cm）
15		5	
		10	
		⋮	
		60	

(9) 阳离子交换柱反冲洗、再生、清洗。

1) 反冲洗：用自来水反冲洗阳离子交换柱，反冲洗流速 15m/h，历时 15min，反冲洗完毕将柱内水面放至高于树脂层表面 10cm 左右。反冲洗数据记入表 3-28。

2) 再生：阳离子交换柱再生流速采用 4～6m/h。HCl 再生液用完后，将树脂在再生液中浸泡数分钟。再生数据记入表 3-31。

阳离子交换柱再生 　　　　　　　　　表 3-31

再生一次所需工业盐酸用量（g）	再生一次 HCl 溶液的用量（L）	再生流速（m/h）	再生流量（mL/s）

3) 清洗：用自来水清洗阳离子交换柱，清洗流速 15m/h，每 5min 测一次阳离子交换柱出水硬度及 pH，直至合格为止。清洗水耗为 5～6m^3/m^3 树脂。清洗数据记入表 3-32。

(10) 阳离子交换柱清洗完毕后结束实验，交换柱内树脂均应浸泡在水中。

阳离子交换柱清洗 　　　　　　　　　表 3-32

清洗流速（m/h）	清洗流量（L/h）	清洗历时（min）	出水硬度（以 $CaCO_3$ 计）（mg/L）	出水 pH

【注意事项】

(1) 注意不要将再生液装错投药瓶。

(2) 定量投药瓶中有一部分再生液流不出来，配再生液时应多配一些。

(3) 阴离子交换树脂（强碱树脂）的湿真密度只有 1.1g/mL，反冲洗时易被冲走，应小心控制反冲洗流量。

5. 成果整理

(1) 绘制不同运行流速与出水电导率关系曲线。

(2) 绘制阴离子交换柱清洗时不同历时与出水电导率关系曲线。

【思考题】

(1) 如何提高除盐实验出水水质？

(2) 强碱阴离子交换床为何一般都设置在强酸阳离子交换床的后面？

3.6.2 电渗析除盐实验

1. 目的

(1) 了解电渗析设备的构造、组装及实验方法。

(2) 掌握在不同进水浓度或流速下，电渗析极限电流密度的测定方法。

(3) 求电流效率及除盐率。

2. 原理

电渗析是一种膜分离技术，广泛应用于工业废液回收及水处理领域（例如除盐或浓缩等）。

电渗析膜由高分子合成材料制成，在外加直流电场的作用下，对溶液中的阴、阳离子具有选择透过性，使溶液中的阴、阳离子在由阴膜及阳膜交错排列的隔室中产生迁移作用，从而使溶质与溶剂分离。

离子选择性透过是膜的主要特性，应用道南平衡理论于离子交换膜，可把离子交换膜与溶液的界面看成是半透膜，电渗析法用于处理含盐量不大的水时，膜的选择透过性较高。一般认为电渗析法适用于含盐量在 3500mg/L 以下的苦咸水淡化。

在电渗析器中，一对阴、阳膜和一对隔板交错排列，组成最基本的脱盐单元，称为膜对。电极（包括共电极）之间由若干组膜对堆叠一起，称为膜堆。电渗析器由一至数组膜堆组成。

电渗析器的组装方法常用"级"和"段"来表示。一对电极之间的膜堆称为一级，一次隔板流程称为一段。一台电渗析器的组装方式可分为一级一段、多级一段、一级多段和多级多段。一级一段是电渗析器的基本组装方式（图3-15）。

在电渗析器运行中，通过电流的大小与电渗析器的大小有关。因此为便于比较，采用电流密度这一指标，而不采用电流的绝对值。电流密度即单位除盐面积上所通过的电流，其单位为"mA/cm²"。

若逐渐增大电流强度（密度）i，则淡水隔室膜表面的离子浓度 C' 必将逐渐降低。当 i 达到某一数值时 $C' \to 0$，此时的 i 值称为极限电流。如果再稍稍提高 i 值，则由于离子来不及扩散，而在膜界面处引起水分子的大量离解，成为 H^+ 和 OH^-。它们分别透过阳膜和阴膜传递电流，导致淡水室中水分子的大量离解，这种膜界面现象称为极化现象。此时的电流密度称为极限电流密度，以 $i_{\lim}$ 表示。

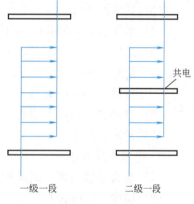

图 3-15 电渗析器组装方式示意图

极限电流密度与流速、浓度之间的关系见式(3-31)。此式也称威尔逊公式。

$$i_{\lim} = KCv^n \qquad (3-31)$$

式中　v——淡水隔板流水道中的水流速度（cm/s）；

　　　C——淡室中水的平均浓度，实际应用中采用对数平均浓度（mmol/L）；

　　　K——水力特性系数；

　　　n——流速系数（0.8~1.0）。

其中 n 值的大小受格网形式的影响。

极限电流密度及系数 n、K 值的确定，通常采用电压、电流法，该法是在原水水质、设备、流量等条件不变的情况下，给电渗析器加上不同的电压 U，得出相应的电流密度，作图求出这一流量下的极限电流密度。然后改变溶液浓度或流速，在不同的溶液浓度或流速下，测定电渗析器的相应极限电流密度。将通过实验所得的若干组 $i_{\lim}$、C、v 值，代入威尔逊公式中,解此方程就可得到水力特性系数 K 值及流速指数 n 值,K 值也可通过作图求出。

所谓电渗析器的电流效率 η,指实际析出物质的量与应析出物质的量的比值,即单位时间实际脱盐量 $q(C_1-C_2)/1000$ 与理论脱盐量 I/F 的比值,故电流效率也就是脱盐效率,见式(3-32)。

$$\eta=\frac{q(C_1-C_2)F}{1000I}\times100\% \tag{3-32}$$

式中 q——一个淡室(相当于一对膜)的出水量(L/s);
C_1、C_2——分别表示进、出水含盐量(mmol/L);
I——电流强度(A);
F——法拉第常数,$F=96500$C/mol。

3. 设备及用具

(1) 电渗析器:采用阳膜开始阴膜结束的组装方式,用直流电源。离子交换膜(包括阴膜及阳膜)采用异相膜,隔板材料为聚氯乙烯,电极材料为经石蜡浸渍处理后的石墨(或其他)。

(2) 变压器、整流器各1台。

(3) 转子流量计:0.5m³/h,3只。

(4) 水压表:0.5MPa,3只。

(5) 滴定管:50mL、100mL各1只。
烧杯:1000mL,5只。
量筒:1000mL,1只。

(6) 电导仪1只,万用表1块。

(7) 秒表:1只。

4. 进水水质要求

(1) 总含盐量与离子组成稳定;

(2) 浊度 1~3mg/L;

(3) 余氯<0.2mg/L;

(4) 总铁<0.3mg/L;

(5) 锰<0.1mg/L;

(6) 水温5~40℃,要稳定;

(7) 水中无气泡。

实验装置如图3-16所示,采用人工配水,水泵循环,浓水、淡水均用同一水箱,以减少设备容积及用水量,对实验结果无影响。

5. 步骤及记录

(1) 启动水泵,缓慢开启进水阀门1及2,逐渐使其达到最大流量,排除管道和电渗析器中的空气。注意浓水系统和淡水系统的原水进水阀门1、2应同时开关。

(2) 调节流量控制阀门1、2,使浓水室、淡水室进水流速均保持在50~100mm/s的范围内(一般不应大于100mm/s),并保持进口压力稳定,以淡水室压力稍高于浓水室压力为宜($\Delta P=0.01~0.02$MPa)。稳定5min后记录淡水室、浓水室、极水的流量、压力。

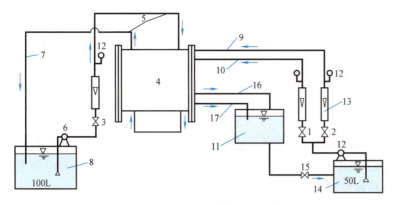

图 3-16 电渗析实验装置示意图

1、2、3、15—进水阀门；4—电渗析器；5—极水；6—水泵；7—极水循环；8—极水池；9—进淡水室；
10—进浓水室；11—出水贮水池；12—压力表；13—流量计；14—循环水箱；16—浓水室出水；17—淡水室出水

(3) 测定原水的电导率（或电阻率）、水温、总含盐量，必要时测 pH。

(4) 接通电源，调节作用于电渗析膜上的操作电压至一稳定值（例如 0.3V/对），读电流表指示数。然后逐次提高操作电压。

在图 3-17 中，曲线 OAD 段，每次电压以 0.1～0.2V/对的数值递增（依隔板厚薄、流速大小决定，流速小、板又薄时取低值），每段取 4～6 个点，以便连成曲线，在 DE 段，每次以电压 0.2～0.3V/对的数值逐次递增，同上取 4～6 个点，连成一条直线，整个 OADE 连成一条平滑曲线。

之所以取 DE 段电压高于 OAD 段，是因为极化沉淀，使电阻不断增加，电流不断下降，导致测试误差增大之故。

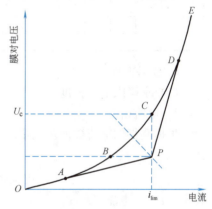

图 3-17 电压与电流关系曲线

(5) 边测试边绘制电压与电流关系曲线图（图 3-17），以便及时发现问题。改变流量（流速）重复上述实验步骤。

(6) 每台装置应测 4～6 个不同流速的数值，以便求 K 和 n。在进水压力不大于 0.3MPa 的条件下，应包括 20cm/s、15cm/s、10cm/s 及 5cm/s 这四个流速。

(7) 测定进水及出水含盐量，其步骤是先用电导率仪测定电导率，然后由含盐量与电导率对应关系曲线（见书后附图）求出含盐量。按式(3-32)求出脱盐效率。

【注意事项】

(1) 测试前检查电渗析器的组装及进、出水管路，要求组装平整、正确，支撑良好，仪表齐全。并检查整流器、变压器、电路系统、仪表组装是否正确。

(2) 电渗析器开始运行时要先通水后通电，停止运行时要先断电后停水，并应保证膜的湿润。

(3) 测定极限电流密度时应注意：

1) 直接测定膜堆电压，以排除极室对极限电流测定的影响，便于计算膜对电压；

2) 以平均"膜对电压"绘制电压与电流关系曲线（图 3-17），以便于比较和减小测绘过程中的误差；

3) 当存在极化过渡区时，电压与电流关系曲线是由 OA 直线、ABCD 曲线、DE 直线三部分组成，OA 直线通过坐标原点；

4) 作 4~6 个或更多流速的电压与电流关系曲线。

(4) 每次升高电压后的间隔时间，应等于水流在电渗析器内停留时间的 3~5 倍，以利电流及出水水质的稳定。

(5) 注意每测定一个流速得到一条曲线后，要倒换电极极性，使电流反向运行，以消除极化影响，反向运行时间为测试时间的 1.5 倍。测完每个流速后断电停水。

表 3-33 为极限电流测试记录表。

极限电流测试记录　　　　　　　　　表 3-33

测定时间	进口流量（流速）(L/s) (cm/s)			进口压力 MPa			淡水室含盐量		电流		电压（V）			pH		水温（℃）	备注
	淡	浓	极	淡	浓	极	进口电导率（μΩ/cm）	出口（mol/L）	电流（A）	电流密度（mA/cm²）	总	膜堆	膜对	淡水	浓水		

6. 成果整理

(1) 求极限电流密度

1) 电流密度 i

根据测得的电流数值及测量所得的隔板流水道有效面积 s（膜的有效面积），用下列公式求 i：

$$电流密度\ i=\frac{I}{s}10^3\quad (mA/cm^2) \tag{3-33}$$

式中　I——电流（A）；

s——隔板有效面积（cm²）。

2) 极限电流密度 i_{lim}

极限电流密度 i_{lim} 的数值，采用绘制电压与电流关系曲线方法求出。以相应的电流密度为横坐标，测得的膜对电压为纵坐标，在直角坐标纸上作图。

a. 点出膜对电流与电压对应点。

b. 通过坐标原点及膜对电压较低的 4~6 个点作直线 OA。

c. 通过膜对电压较高的 4~6 个点作直线 DE，延长 ED 与 OA，使二者相交于 P 点，如图 3-17 所示。

d. 将 AD 间各点连成平滑曲线，点 A 和点 D 为拐点。

e. 过 P 点作水平线与曲线相交得 B 点，过 P 点作垂线与曲线相交得 C 点，C 点即为标准极化点，C 点所对应的电流即为极限电流。

(2) 求电流效率及除盐率

1) 电压与电导率关系曲线

a. 以出口处淡水的电导率为横坐标，膜对电压为纵坐标，在直角坐标纸上作图。

b. 描出电压与电导率对应点,并连成平滑曲线,如图 3-18 所示。

根据电压与电流关系曲线(图 3-17)上 C 点所对应的膜电压 U_c,在图 3-18 电压与电导率关系曲线上确定 U_c 对应点,由 U_c 作横坐标轴的平行线与曲线相交于 C' 点,然后由 C' 点作垂线与横坐标轴交于 γ_c 点,该点即为所求得的淡水电导率,并据此查电导率与含盐量关系曲线,求出 γ_c 点对应的出口处淡水总含盐量(mmol/L)。

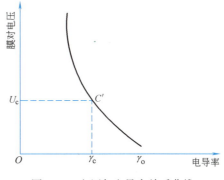

图 3-18 电压与电导率关系曲线

2)电流效率及除盐率

a. 电流效率

根据表 3-33 极限电流测试记录上的有关数据,利用式(3-32)求出电流效率。

上述有关电流效率的计算都是针对一对膜(或一个淡室)而言,这是因为膜的对数只与电压有关,而与电流无关,即膜对数增加,电流保持不变。

b. 除盐率

除盐率是指去除的盐量与进水含盐量之比,即:

$$除盐率 = \frac{C_1 - C_2}{C_1} \times 100\% \tag{3-34}$$

式中 C_1、C_2——分别为进、出水含盐量(mmol/L)。

(3)常数 K 及流速指数 n 的确定

一般均采用图解法或解方程组法,当要求有较高的精度时,可采用数理统计中的非线性回归方法,求出式(3-31)中的 K、n 值。

1)图解法

a. 将实测整理后的数据填入表 3-34。

K、n 系数计算表 表 3-34

序号	实验号	$i_{\lim}$(mA/cm²)	v (cm/s)	C (mmol/L)	$\dfrac{i_{\lim}}{C}$	$\lg\left(\dfrac{i_{\lim}}{C}\right)$	$\lg v$
1							
2							
3							
4							
5							
6							

表中序号指应有 4~6 次的实验数据,实验次数不能太少。

b. 在双常用对数坐标纸上,以 $i_{\lim}/c$ 为纵坐标,以 v 为横坐标,根据实测数据绘点,可以近似地连成直线,如图 3-19 所示。

K 值可由直线在纵轴上的截距确定。求出 K 值后代入式(3-31)中,求得 n 值,n 值即为其直线斜率。

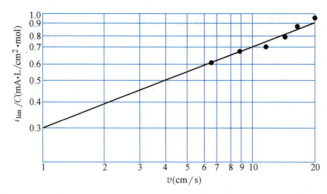

图 3-19 $i_{\lim}/c$ 与流速 v 的关系图

(双常用对数坐标)

2) 解方程组法

把已知的 $i_{\lim}$、C、v 分为两组，各求出平均值，分别代入公式 $i_{\lim}=KCv^n$ 的常用对数式：

$$\lg\frac{i_{\lim}}{c}=\lg K+n\lg v \tag{3-35}$$

解方程组可求得 K 及 n 值。

上述 C 为淡室中的对数平均含盐量，单位为"mmol/L"。

【思考题】

(1) 试对作图法与解方程组法所求 K 值进行分析比较。

(2) 利用含盐量与水的电导率计算图，以水的电导率换算含盐量，其准确性如何？

(3) 电渗析法除盐与离子交换法除盐各有何优点？适用性如何？

3.7 给水处理动态模型实验

给水处理构筑物动态模型实验的目的是配合给水处理所讲授的相关内容，直观了解构筑物形式、内部构造、水在构筑物内的流动轨迹，加深对所学内容的理解。

3.7.1 脉冲澄清池实验

1. 目的

(1) 了解脉冲澄清池的构造、工作原理及运行操作方法。

(2) 观察絮凝体形成悬浮层的作用和特点。

2. 原理

澄清池是利用悬浮层中的絮凝体对原水中悬浮颗粒的接触絮凝作用来去除原水中的悬浮杂质。接触絮凝的机理包括：絮凝体与絮凝体、絮凝体与原水中悬浮杂质之间的碰撞作用，絮凝体对原水悬浮颗粒及其他杂质的吸附作用等。在完成接触絮凝作用后，絮凝体（即增加的絮凝体）从原水中分离出来进入集泥斗，使原水得到澄清。澄清池中分别完成反应和沉淀分离等过程。

脉冲澄清池的构造如图 3-20 所示。

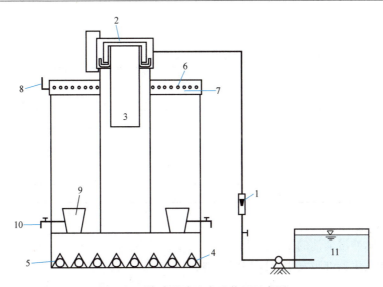

图 3-20 脉冲澄清池实验装置示意图
1—流量计；2—脉冲发生器；3—中央水管；4—配水管；5—稳流板；6—穿孔集水管；
7—集水槽；8—出水堰；9—集泥斗；10—排泥阀；11—原水箱

原水经泵通过转子流量计流入进水室后，进水室水位上升，当上升到一定高度时，钟罩脉冲虹吸发生器产生虹吸作用，使进水室中的原水迅速大量地进入中央水管，并快速从配水管的孔口喷出，经稳流板稳流后，以较慢的速度上升，进水室水位开始不断下降，当水位低于一定高度后进水虹吸被破坏，完成一次脉冲周期。澄清池中已澄清的水进入出水渠道中并排出。而过剩的絮凝体则从集泥斗中被定时排放掉。

3. 设备及仪器

(1) 有机玻璃脉冲澄清池 1 套。
(2) 水箱 1 个。
(3) pH 酸度计 2 台。
(4) 投药设备 1 套。
(5) 浊度仪 1 台。
(6) 200mL 烧杯 2 个。
(7) 水泵 1 台。
(8) 温度计 1 支。

4. 步骤及记录

(1) 熟悉脉冲澄清池的构造及工艺流程。
(2) 启泵用清水将澄清池试运行一次（流量控制在 500L/h），检查各部件是否正常，熟悉各阀门的使用方法。
(3) 参考混凝实验最佳投药量的结果，向原水箱内投加混凝剂，搅拌均匀后再重新启泵开始运行。
(4) 当絮凝体悬浮层形成并能正常运行时，选几个流量运行。
(5) 分别测定出各流量下运行时的进、出水浊度，并计算相应的去除率。
(6) 当集泥斗中泥位升高或澄清池内泥位升高时，应及时排泥。

（7）实验数据填入表 3-35 中。

脉冲澄清池实验记录　　　　　表 3-35

序号	原水流量(L/h)	混凝剂	投药量(mg/L)	浊度（NTU）		去除率(%)	观察现象记录
				进水	出水		
1							
2							
3							
4							
备注			原水 pH=＿＿＿；水温＝＿＿＿℃				

【思考题】

（1）简述脉冲澄清池的工作过程。

（2）脉冲发生器虹吸发生时间如何调整？

3.7.2　水力循环澄清池实验

1. 目的

（1）通过模型实验，进一步了解水力循环澄清池构造和工作原理。

（2）通过观察絮凝体和悬浮层的形成，进一步明确悬浮层的作用和特点。

（3）熟悉水力循环澄清池运行的操作方法。

2. 原理

澄清池是将絮凝和沉淀这两个过程集于一个构筑物中完成的水处理构筑物，主要依靠活性泥渣层达到澄清目的。当脱稳杂质随水流与泥渣层接触时，便被泥渣层阻留下来，使水得到澄清。

泥渣层的形成方法是在澄清池开始运行时，在原水中加入较多的混凝剂，并适当降低负荷逐步形成。

水力循环澄清池属于泥渣循环型澄清池，其特点是：泥渣在一定范围内循环利用，在循环过程中，活性泥渣不断与原水中脱稳微粒进行接触发生絮凝作用，使杂质从水中分离出去。

水力循环澄清池的构造如图 3-21 所示。

原水从池底进入，先经喷嘴高速喷入喉管，在喉管下部喇叭口附近造成真空而吸入回流泥渣，原水与回流泥渣在喉管中剧烈混合后，被送

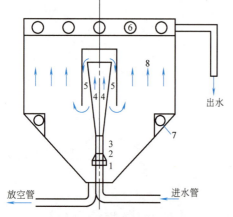

图 3-21　水力循环澄清池示意图
1—喷嘴；2—喇叭口；3—喉管；
4—第一絮凝室；5—第二絮凝室；
6—集水管；7—排泥管；8—分离室

入第一絮凝室，第二絮凝室。从第二絮凝室流出的泥水混合液，在分离室中进行泥水分离。清水向上，泥渣则一部分进入泥渣浓缩室，另一部分被吸入喉管重新循环，如此周而复始。原水流量与泥渣回流量之比一般为 1:（2~4）。喉管和喇叭口的高低可用池顶的升降阀调节。

3. 设备及仪器

(1) 有机玻璃水力循环澄清池模型 1 套。
(2) 浊度仪。
(3) pH 计。
(4) 投药设备。
(5) 玻璃仪器。
(6) 混凝剂。

4. 步骤与记录

(1) 在原水中加入较多的混凝剂，若原水浊度较低时，为加速泥渣层的形成，也可加入一些黏土。
(2) 待泥渣层形成后，参考混凝实验的最佳投药量结果，向原水中投加混凝剂，搅拌均匀后再重新启泵开始运行。
(3) 开始进水流量控制在 800L/h 左右。
(4) 根据 800L/h 流量的运行情况，分别加大或减小进水流量，测定不同水力负荷下的进出水浊度。
(5) 当悬浮泥渣层升高影响正常工作时，从泥渣浓缩室排泥。
(6) 实验数据填入表 3-36 中。

注：也可改变混凝剂的投加量，或调节池顶的升降阀来改变原水流量与泥渣回流量的比值，来寻求最优运行工况。

水力循环澄清池实验记录　　　表 3-36

序号	原水流量 (L/h)	混凝剂	投药量 (mg/L)	浊度（NTU） 进水	浊度（NTU） 出水	去除率 (%)	观察现象记录
1							
2							
3							
4							

5. 成果整理

绘制清水区上升流速与去除率的关系曲线。

【思考题】

(1) 简述水力循环澄清池的工作过程及特点。
(2) 如何快速形成絮凝体悬浮层？絮凝体悬浮层的作用是什么？受哪些条件的影响？

3.7.3　重力式无阀滤池实验

1. 目的

(1) 通过模型试验，加深对无阀滤池工作原理及性能的理解。
(2) 掌握无阀滤池的运转操作方法。

2. 原理

原水由泵经过进水管送至高位水箱，经过气水分离器进入滤层自上而下的过滤，滤后水从连通渠进入清（冲）洗水箱。水箱充满后，水溢入出水渠，无阀滤池的实验装置如图 3-22 所示。滤池运行中，滤层不断截留悬浮物，滤层阻力逐渐增加，因而促使虹吸上升管内的水位不断升高，当水位达到虹吸辅助管管口时，水自该管中落下，并通过抽气管不断将虹吸下降管中的空气带走，使虹吸管内形成真空，发生虹吸作用。则冲洗水箱中的水自下而上地通过滤层，对滤料进行反冲洗。此时滤池仍在进水，反冲洗开始后，进水和冲洗废水同时经虹吸上升管、虹吸下降管排至排水井排出，当冲洗水箱水面下降到虹吸破坏管管口时，空气进入虹吸管。虹吸作用被破坏，滤池反冲洗结束。此后，滤池又进水，开始下一周期的运行。

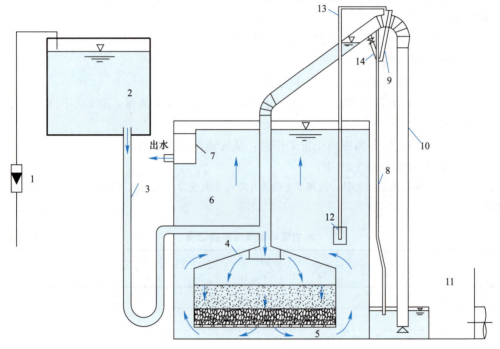

图 3-22　重力式无阀滤池的实验装置示意图

1—进水流量计；2—高位水箱；3—进水管；4—伞形顶盖；5—底部配水区；6—清（冲洗）水箱；7—出水渠；8—虹吸辅助管；9—抽气管；10—虹吸下降管；11—水封井；12—虹吸破坏斗；13—虹吸破坏管；14—强制冲洗管

3. 设备及仪器

(1) 有机玻璃制重力式无阀滤池的实验装置 1 套。

(2) 浊度仪 1 台。

(3) 酸度计 1 台。

(4) 玻璃烧杯。

(5) 钢板尺。

4. 步骤与记录

(1) 熟悉模型各部件的作用及操作方法。

(2) 启泵通水检查设备是否漏水、漏气。

(3) 运行前测定原水浊度和 pH。

(4) 启泵调整转子流量计及阀门，使 Q 等于计算值（滤速按 $v=8\sim12\mathrm{m/h}$ 计）。
(5) 运行时观察并测量虹吸上升管的水位变化，连续运行 30min 即可停止。
(6) 利用人工强制冲洗法做反冲洗实验。
(7) 实验数据填入表 3-37 中。

重力式无阀滤池实验记录　　　　表 3-37

过滤面积 (m^2)	滤层高度 (m)	作用水头(m)		冲洗水量 (m^3)	冲洗历时 (min)	膨胀率 e (%)	备注
		开始	终点				
							进、出水浊度和 pH

5. 成果整理

计算冲洗强度与滤层膨胀率 e。

$$e=\frac{L-L_0}{L_0}\times100\% \tag{3-36}$$

式中　L——滤层膨胀后的厚度（cm）；
　　　L_0——滤层膨胀前的厚度（cm）。

【思考题】
(1) 简述无阀滤池的工作过程及特点。
(2) 进水管上气水分离器，为什么不采用 U 形管，它们的主要优缺点是什么？
(3) 调节反冲洗水箱最低水位标高对冲洗强度有何影响？

3.7.4　虹吸滤池实验

1. 目的
(1) 了解并掌握虹吸滤池的组成、操作及使用方法。
(2) 通过实验加深对虹吸滤池工作原理的理解。

2. 原理

虹吸滤池是采用真空系统来控制进水虹吸管、排水虹吸管工作，并采用小阻力配水系统的一种滤池，虹吸滤池实验装置如图 3-23 所示。因完全采用虹吸真空原理，省去了多个阀门，只在真空系统中设置小阀门即可完成滤池的全部操作过程。虹吸滤池是由若干个单格滤池构成为一组，滤池底部的清水区和配水系统彼此相通，可以利用其他滤格的滤后水来冲洗本格的滤层；滤池的配水系统是小阻力型，故不需设专用反冲洗水泵。

3. 设备及仪器
(1) 有机玻璃制虹吸滤池实验装置 1 套。
(2) 浊度仪 1 台。
(3) 酸度计 1 台。
(4) 真空泵。
(5) 玻璃烧杯。

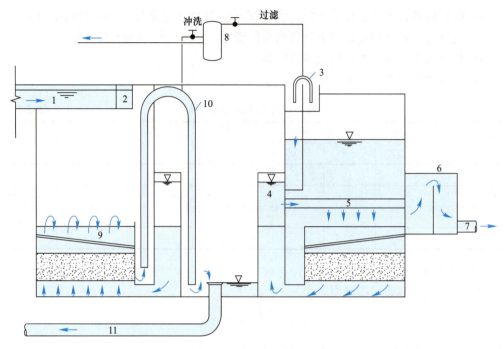

图 3-23 虹吸滤池实验装置示意图

1—进水槽；2—配水槽；3—进水虹吸管；4—集水槽；5—出水管；6—出水井；7—清水管；
8—真空系统；9—冲洗排水槽；10—冲洗虹吸管；11—冲洗排水管

4. 步骤

(1) 过滤过程：打开进水虹吸管上抽气阀门，启动真空泵（形成真空后即关闭）。启动进水泵流量 $Q=500\sim800L/h$，原水自进水渠通过进水虹吸管、进水斗流入滤池过滤，滤后水通过滤池底部空间经连通渠、连通管、出水槽、出水管送至清水池。

(2) 反冲洗过程：当某一格滤池阻力增加，滤池水位上升到最高水位或出水水质大于规定标准时，应进行反冲洗。先打开进水虹吸管的放气阀门，虹吸破坏停止进水，然后打开排水虹吸管上抽气阀门，启动真空泵抽气，形成真空后即可关闭阀门，池内水位迅速下降，冲洗水由其余几个滤格供给。经底部空间通向砂层，使砂层得到反冲洗。反冲洗后的水经冲洗排水槽、排水虹吸管、管廊下的排水渠以及排水井、排水管排出。冲洗完毕后，打开排水虹吸管上放气阀门，虹吸被破坏。

(3) 重复步骤（1）恢复过滤即可。

【思考题】

(1) 简述虹吸滤池的工作过程及特点。
(2) 简述一格滤池反冲洗时膨胀率与冲洗强度有何关系？
(3) 观察反冲洗时水位变化规律。

3.7.5 斜板沉淀池实验

1. 目的

(1) 通过实验，进一步加深对斜板沉淀池构造和工作原理的认识。
(2) 了解斜板沉淀池运行的影响因素。

(3) 掌握斜板沉淀池的运行操作方法。

2. 原理

根据浅层理论,在沉淀池有效容积一定的条件下,增加沉淀面积,可以提高沉淀效率。斜板沉淀池把多层沉淀池底板做成一定倾斜角度(一般为60°左右),以利于排泥。沉淀池中,水在斜板的流动过程中,水中颗粒则沉于斜板上,当颗粒积累到一定程度时,便自动滑下,澄清的水从池面流出。

3. 设备及仪器

(1) 有机玻璃制斜板沉淀池实验装置 1 套(图 3-24)。
(2) 浊度仪 1 台。
(3) 酸度计 1 台。
(4) 水泵 1 台。
(5) 玻璃烧杯。
(6) 投药设备与反应器 1 套。

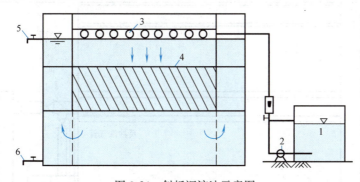

图 3-24 斜板沉淀池示意图
1—水箱;2—水泵;3—配水管;4—斜板;5—出水管阀门;6—排泥管阀门

4. 步骤及记录

(1) 用清水注满沉淀池,检查设备及管配件能否正常工作。
(2) 将经过投药混凝反应后的水样用泵打入沉淀池(流量控制在 400L/h 左右)。
(3) 改变进水流量,测定不同负荷下的进、出水浊度。
(4) 定期从污泥斗排泥。
(5) 实验数据记录在表 3-38 中,完成表中内容。

斜板沉淀池实验数据记录表　　　　　　　　表 3-38

序号	原水流量 (L/h)	混凝剂	投药量 (mg/L)	浊度(NTU) 进水	浊度(NTU) 出水	去除率 (%)
1						
2						
3						
4						
备注		原水 pH=	;水温=　℃			

【思考题】

(1) 简述斜板沉淀池的工作原理。

（2）斜板沉淀池根据水流方向可分为几种类型？各自有何特点？

3.7.6 V型滤池实验

1. 目的

（1）了解并掌握 V 型滤池的构造、操作使用方法。

（2）通过实验加深对 V 型滤池工作原理的理解。

2. 原理

V 型滤池是通过 V 型槽进水，采用小阻力配水系统的一种滤池，V 型滤池实验装置如图 3-25 所示。通常一组滤池由数只滤池组成。每只滤池中间为双层中央渠道，将滤池分为左、右两格。渠道上层是排水渠供冲洗排污用；下层是气水分配渠，过滤时汇集滤后清水，冲洗时分配气和水。渠上部设有一排配气小孔，下部设有一排配水方孔。V 型槽底设有一排

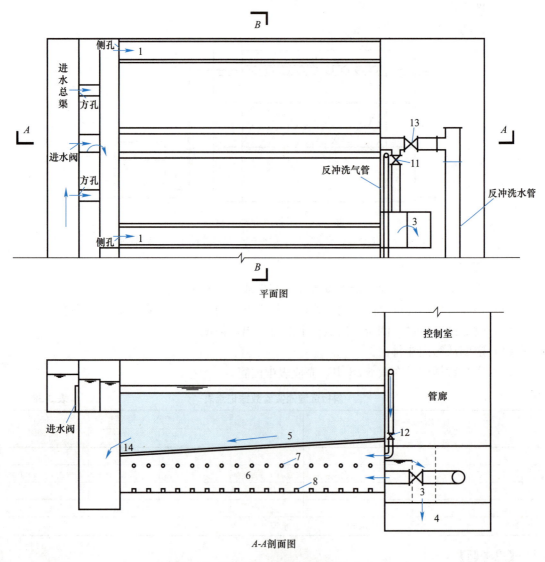

图 3-25 V型滤池实验装置示意图（一）

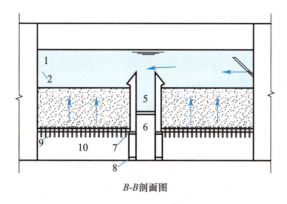

B-B剖面图

图 3-25　V 型滤池实验装置示意图（二）

1—V 型槽；2—小孔；3—出水稳流槽；4—清水渠；5—排水渠；6—气水分配渠；7—配气小孔；
8—配水方孔；9—长柄滤头；10—底部空间；11—清水阀；12—进气阀；13—冲洗水阀；14—排水阀

小孔，既可作过滤时进水用，冲洗时又可横向扫洗布水用，这是 V 型滤池的一个特点。滤板上均匀布置长柄滤头，滤板下部为底部空间。反冲洗需要设反冲洗水泵和鼓风机。

3．设备及仪器

(1) 有机玻璃制 V 型滤池实验装置 1 套。

(2) 浊度仪 1 台。

(3) 酸度仪 1 台。

(4) 水泵。

(5) 玻璃烧杯。

4．步骤

(1) 过滤过程：打开进水阀，启动进水泵流量使 Q 等于计算值（滤速按 $v=6\sim10\text{m/h}$ 计），待滤水由进水总渠经进水阀和方孔后，溢过堰口再经侧孔进入被待滤水淹没的 V 型槽。待滤水通过 V 型槽底小孔和槽顶溢流，均匀进入滤池，而后通过均质滤料滤层和长柄滤头流入底部空间，再经配水方孔汇入中央气水分配渠内，再经管廊中的出水稳流槽、清水渠流入清水池。

(2) 反冲洗过程：当某一格滤池阻力增加，滤池水位上升到最高水位或出水水质大于规定标准时，应进行反冲洗。首先关闭进水阀，即关闭中间方孔但两侧方孔常开，故仍有一部分水继续进入 V 型槽并经槽底小孔进入滤池（当进水阀能实现迅速、准确控制进水量时，两侧方孔可取消）。而后开启排水阀将池面水从排水渠中排出直至滤池水面与 V 型槽顶相平。冲洗操作可采用"气冲→气-水同时冲→水冲"3 步。冲洗过程为：①启动鼓风机，打开进气阀，空气经气水分配渠的上部配气小孔均匀进入滤池底部，由长柄滤头喷出，将滤料表面杂质擦洗下来并悬浮于水中。同时由于 V 型槽底小孔继续进水，在滤池中产生横向水流，形同表面扫洗，将杂质推向中央排水渠。②启动冲洗水泵，打开冲洗水阀，此时空气和水同时进入气水分配渠，再经配水方孔、配气小孔和长柄滤头均匀进入滤池，使滤料得到进一步冲洗，同时，横向冲洗仍继续进行。③停止气冲，单独用水再反冲洗几分钟，同时进行横向扫洗，最后将悬浮于水中的杂质通过排水渠排出滤池。

(3) 重复步骤 (1) 恢复过滤即可。

【思考题】
(1) 简述 V 型滤池的工作过程及特点。
(2) V 型滤池的反冲洗方式及程序是怎样的？冲洗强度与冲洗时间分别为多少？
(3) 观察实验过程中水位变化情况。

3.8 冷却塔热力性能测试实验

为了节约用水和防止对水体的热污染，冷却塔得到广泛的应用。学会冷却塔热力性能参数的测定，对从事冷却塔的设计、选购及管理等工作均有重要意义。

1. 目的
(1) 熟悉冷却塔热力性能参数的测定方法。
(2) 能根据已知的参数计算淋水装置的容积散热系数 β_{xv}。

2. 原理
冷却塔中水的冷却主要靠蒸发散热和传导散热。

(1) 蒸发散热

空气和水接触的界面上有一层极薄的饱和空气层，称为水面饱和气层。该气层附近的空气一般是不饱和的。前者的含湿量（每千克干空气所含的水蒸气质量）比后者的含湿量高；前者的水蒸气分压力比后者的水蒸气分压力大。只要水面附近的空气是不饱和的，即相对湿度小于1，在水蒸气浓度差或分压差的作用下，水的表面就产生蒸发，与水面温度高于还是低于附近空气温度无关。

水的蒸发可以在低于沸点的温度下进行，衣服晾干即一例，冷却塔水的蒸发也属于这种情况。蒸发 1kg 水，需要 500 多千卡的汽化热，如果冷却塔有 1% 的水蒸发，可以使剩下水的温度降低 5℃ 左右。

(2) 传导散热

水面和空气直接接触时，如果水温高于气温，水便将热量传给空气；如果水温低于气温，空气便将热量传给水，这种现象叫传导散热。温差是传导散热的推动力。

水在冷却塔冷却的过程中，上述两种散热方式都存在。在春夏秋三季中，水与空气温差较小，这时蒸发散热是主要的，在夏季蒸发散热量约占总散热量的 80%～90%；而冬季水与空气温差较大，传导散热可占 50% 以上，严冬甚至可以达到 70%。

冷却塔的热力计算，按夏季不利条件考虑。

空气干、湿球温度是冷却塔热力计算的主要依据之一。湿球温度代表当地气温条件下水可能被冷却的最低温度。冷却塔出水温度越接近湿球温度，说明冷却效果越好，但所需冷却塔尺寸越大，基建费用越高。生产上冷却后水温比湿球温度一般高 3～5℃。

干、湿球温度通常是按夏天不利条件下的气象资料整理而成，但不宜用最高值，因选用最高值不经济。合理地选用计算干、湿球温度，可使所确定的冷却塔尺寸既能满足生产工艺过程在较长时间内不受影响，又能在运行中得到较好的经济效益。我国电力部门采用相当于频率 10% 的昼夜平均气象条件计算。计算频率 10% 指夏季三个月（6、7、8）共 92 天中，超过该温度的天数占 10%，保证冷却效果的时间占 90%。我国石油、化工和机械工业部门大多采用相当于频率 5% 的昼夜平均气象条件计算。

为了加快水的蒸发速度，在冷却塔内采取下列措施：①设置填料以使进入塔内的热水以水滴或水膜的形式向下移动，进而增加热水与空气之间的接触面积及接触时间；②设置风机以提高水滴或水膜附近空气的流速，使逸出的水蒸气分子迅速扩散。这两种措施都对热水降温有利。

3. 设备及用具

(1) 冷却塔实验装置 1 套，如图 3-26 所示。

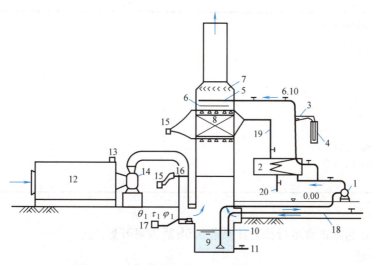

图 3-26　冷却塔实验装置及测点布置示意图

1—水泵；2—加热器；3—测流孔板；4—水银压差计；5—穿孔配水管；6—溅水板条；7—收水器；8—填料；9—水池；10—溢流管；11—放空管；12—空调室；13—喷蒸气加湿入口；14—鼓风机；15—微压计；16—毕托管；17—遥测通风干湿表；18—补充水管；19—来自蒸汽管；20—冷凝水管

水经吸水管由水泵抽上，经加热器升温，通过测流孔板进入冷却塔，经配水装置及填料冷却后落到水池。空气经过空调室可以用蒸气管升温、喷深井水降温，还可喷蒸气加湿。空气由鼓风机送入冷却塔，由塔顶部排出。

(2) 遥测通风干湿表 1 台，测进塔空气的干球温度 θ_1 及湿球温度 τ_1。

(3) 空盒式气压表 1 个，测大气压力，最小指示值为 13.3Pa（0.1mmHg）。

(4) 毕托管 1 根测风道内空气动压。用倾斜式微压计 1 台，最小指示值为 1.96Pa（0.2mmH$_2$O）。如用补偿式微压计 1 台，最小指示值为 0.098Pa（0.01mmH$_2$O）。

(5) 旋桨式风速计 1 台，在冷却塔风筒出口测出每一动压相应的风速，而后乘面积可求出风道中心动压 h 与风量 G_B 的关系曲线。用毕托管和微压计测出的动压值，查关系曲线即可求出相应的进风量 G。

(6) 测压管和补偿式微压计 1 套，可测淋水填料的阻力 $\dfrac{\Delta P}{r}$。

(7) 流量孔板及水银压差计 1 套，测冷却塔进水量 Q。实验前应对孔板进行校核，绘出流量与压差关系的图形。

(8) 水银温度计 2 支，最小指示值 0.1℃，测冷却塔进水温度 t_1 及出水温度 t_2。

(9) 阿斯曼温度计 1 台，最小指示值 0.2℃，测外界空气的干球温度 θ_1 及湿球温度 τ_1。

4. 步骤及记录

(1) 根据水的流程，按照表 3-39 诸参数出现的顺序进行观测记录。

(2) 除 F、h、P、Q、τ 外，其余参数均每 5min 测一次。在工况基本稳定的条件下，测 5 次取平均值。

测试参数记录　　　　　　　　　　　　　　表 3-39

测　试　参　数	观测值	平均值
淋水填料的有效断面积 $F(\text{m}^2)$		
淋水填料的有效高度 $h(\text{m})$		
冷却水量 $Q(\text{m}^3/\text{h})$		
进塔水温 $t_1(℃)$		
大气压力 $P(\text{kPa})$		
进塔空气量 $G(\text{m}^3/\text{h})$		
大气的干球温度 $\theta(℃)$		
大气的湿球温度 $\tau(℃)$		
进塔空气的干球温度 $\theta_1(℃)$		
进塔空气的湿球温度 $\tau_1(℃)$		
出塔水温 $t_2(℃)$		

【注意事项】

冷却塔应在达到正常运行状态且稳定 0.5h 后方可开始测定。

5. 成果整理

(1) 求空气温度在 θ_1、τ_1、t_1、t_2 时的饱和蒸汽压力 P''_{θ_1}、P''_{τ_1}、P''_{t_1}、P''_{t_2}。饱和蒸汽压力可按下式计算：

$$\lg 98 P''_q = 0.0141966 - 3.142305\left(\frac{10^3}{T} - \frac{10^3}{373.16}\right) + 8.2\lg\left(\frac{373.16}{T}\right)$$
$$- 0.0024804(373.16 - T) \tag{3-37}$$

式中　P''_q——饱和蒸汽压力（kPa）；

　　　T——绝对温度，$K(T = 273 + t)$；

　　　t——空气或水蒸气温度（℃）。

已知 t，可查《给水排水设计手册》得 P''_q。

(2) 求进塔空气相对湿度 φ。

$$\varphi = \frac{P''_{\tau_1} - 0.000662 P(\theta_1 - \tau_1)}{P_{\theta_1}} \tag{3-38}$$

(3) 求进塔空气的密度 γ_x。

$$\gamma_x = \frac{P - \varphi P''_{\theta_1}}{R_g T} \times 10^3 + \frac{\varphi P''_{\theta_1}}{R_q \tau_1} \times 10^3 \quad (\text{kg/m}^3) \tag{3-39}$$

(4) 求气水比 λ。

$$\lambda = \frac{\gamma_x G}{1000 Q} \tag{3-40}$$

(5) 求蒸发水量带走的热量系数 K。

$$K = 1 - \frac{t_2}{597.2 - 0.56 t_2} \tag{3-41}$$

(6) 求进塔空气的焓 i_1。

$$i_1=1.00\theta_1+0.622(2500+1.84\theta_1)\frac{\varphi P''_{\theta_1}}{P-\varphi P''_{\theta_1}} \quad (\text{kJ/kg}) \tag{3-42}$$

已知 P、φ 及 θ 值，可查《水质工程学》（第三版，上册）图 10-5 得 i_1。

(7) 求出塔空气焓 i_2。

$$i_2=i_1+\frac{4.19\Delta t}{K\lambda} \quad (\text{kJ/kg}) \tag{3-43}$$

式中 $\Delta t=t_1-t_2$。

(8) 求交换数 N。

$$N=\frac{4.19}{K}\int_{t_2}^{t_1}\frac{\mathrm{d}t}{i''-i}=\frac{4.19\Delta t}{6K}\left(\frac{1}{i''_1-i_2}+\frac{4}{i''_m-i_m}+\frac{1}{i''_2-i_1}\right) \tag{3-44}$$

式中　　N——无量纲数；

i''_1、i''_2 及 i''_m——分别为水温 t_1、t_2 及平均水温 $t_m=\dfrac{t_1+t_2}{2}$ 时的饱和空气焓。

饱和空气焓可按下式计算：

$$i''=1.00t+0.622(2500+1.84t)\frac{P''_t}{P-P''_t} \quad (\text{kJ/kg}) \tag{3-45}$$

式中　t——饱和空气的温度（℃）。

已知 P、t 及 $\varphi=1$，可查《水质工程学》（第三版，上册）图 10-5 得 i''。

(9) 求淋水装置的容积散热系数 β_{xv}。

$$\beta_{xv}=\frac{1000QN}{V}=\frac{1000QN}{Fh} \quad [\text{kg/(m}^3\cdot\text{h)}] \tag{3-46}$$

式中　V——填料体积（m^3）。

其他因素不变时，β_{xv} 越大，反映冷却塔散热性能越好，塔的体积可越小。

【思考题】

(1) 有哪些方法可以测试冷却水量及进塔空气量？

(2) 本实验采用的冷却塔测试方法应如何改进？

(3) 已知填料特性数 $N'=A'\lambda^m$，改变气水比 λ 值（λ 值宜选在 0.3~1.5 之间，选点间隔宜均匀），由实验可得出一系列 N' 值。如何根据 λ_1、λ_2、…、λ_n 及相应的 N'_1、N'_2、…、N'_n，求出实验常数 A' 和 m 值。

(4) 已知填料容积散热系数 $\beta_{xv}=Ag^m q^n$，改变进塔空气量 G 及冷却水量 Q（即改变空气流量密度 g 及淋水密度 q），由实验可得出一系列 β_{xv} 值。如何根据 g_1、g_2、…、g_n，q_1、q_2、…、q_n 及相应的 β_{xv1}、β_{xv2}、…、β_{xvn}，求出实验常数 A、m 和 n 值？

第4章 污水处理实验

本章实验项目按照物理处理、生物处理、污泥处理和工业废水处理的顺序进行编排。

4.1 颗粒自由沉淀实验

16. 自由沉淀实验视频

4.1.1 颗粒自由沉淀实验

颗粒自由沉淀实验是研究浓度较低时的单颗粒的沉淀规律。一般是通过沉淀柱静沉实验,获取颗粒沉淀曲线。它不仅具有理论指导意义,而且也是给水排水处理工程中沉砂池设计的重要依据。

1. 目的

(1) 加深对自由沉淀特点、基本概念及沉淀规律的理解。

(2) 掌握颗粒自由沉淀实验的方法,并能对实验数据进行分析、整理、计算和绘制颗粒自由沉淀曲线。

17. 自由沉淀实验全过程

2. 原理

浓度较低的、粒状颗粒的沉淀属于自由沉淀,其特点是静沉过程中颗粒互不干扰、等速下沉,其沉速在层流区符合斯托克斯(Stokes)公式。

由于水中颗粒的复杂性,颗粒粒径、颗粒相对密度很难或无法准确地测定,因而沉淀效果、特性无法通过公式求得,而是通过静沉实验确定。

自由沉淀时颗粒是等速下沉,下沉速度与沉淀高度无关,因而自由沉淀可在一般的沉淀柱内进行,但其直径应足够大,一般应使内径 $D \geqslant 100\text{mm}$ 以免颗粒沉淀受柱壁干扰。

具有大小不同颗粒的悬浮物静沉总去除率 η 与截留沉速 u_0、剩余颗粒质量百分率 P 的关系如下:

$$\eta = (1-P_0) + \int_0^{P_0} \frac{u_s}{u_0} \mathrm{d}P \tag{4-1}$$

此种计算方法也称为悬浮物去除率的累积曲线计算法。

设在一水深为 H 的沉淀柱内进行自由沉淀实验,如图 4-1 所示。实验开始,沉淀时间为 0,此时沉淀柱内悬浮物分布是均匀的,即每个断面上颗粒的数量与粒径的组成相同,悬浮物浓度为 $C_0(\text{mg/L})$,此时去除率 $\eta=0$。

实验开始后,不同沉淀时间 t_i,颗粒最小沉淀速度 u_i 相应为:

$$u_i = \frac{H}{t_i} \tag{4-2}$$

此即为 t_i 时间内从水面下沉到池底(此处为取样点)的最小颗粒

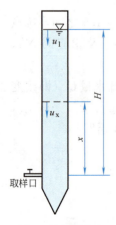

图 4-1 颗粒自由沉淀示意图

d_i 所具有的沉速。此时取样点处水样悬浮物浓度为 C_i，而：

$$\frac{C_0-C_i}{C_0}=1-\frac{C_i}{C_0}=1-P_i=\eta_0 \tag{4-3}$$

此时去除率 η_0 表示具有沉速 $u\geqslant u_i$（粒径 $d\geqslant d_i$）的颗粒去除率，而此时 P_i 则反映了 t_i 时未被去除之颗粒即 $d<d_i$ 的颗粒所占的百分比：

$$P_i=\frac{C_i}{C_0} \tag{4-4}$$

式中　C_0——原水中 SS 浓度值（mg/L）；

　　　C_i——某沉淀时间后，水样中 SS 浓度值（mg/L）。

实际上沉淀时间 t_i 内，由水中沉至柱底的颗粒是由两部分颗粒组成，即沉速 $u_s\geqslant u_i$ 的那一部分颗粒能全部沉至柱底。除此之外，颗粒沉速 $u_s<u_i$ 的那一部分颗粒，也有一部分能沉至柱底。这是因为这部分颗粒虽然粒径很小，沉速 $u_s<u_i$，但是这部分颗粒并不都在水面，而是均匀地分布在整个沉柱的高度内，因此，只要在水面以下，它们下沉至池底所用的时间能少于或等于具有沉速 u_i 的颗粒由水面降至池底所用的时间 t_i，那么这部分颗粒也能从水中被除去。

沉速 $u_s<u_i$ 的那部分颗粒虽然有一部分能从水中去除，但其中也是粒径大的沉到柱底的多，粒径小的沉到柱底的少，各种粒径颗粒去除率并不相同。因此若能分别求出各种粒径的颗粒占全部颗粒的百分比，并求出该粒径在时间 t_i 内能沉至柱底的颗粒占本粒径颗粒的百分比，则二者乘积即为此种粒径颗粒在全部颗粒中的去除率。如此分别求出 $u_s<u_i$ 的那些颗粒的去除率，并相加后，即可得这部分颗粒的去除率。

为了推导出其计算式，我们首先绘制 P 与 u 关系曲线，其横坐标为颗粒沉速 u，纵坐标为未被去除颗粒的百分比 P，如图 4-2 所示，由图中可见：

$$\Delta P=P_1-P_2=\frac{C_1}{C_0}-\frac{C_2}{C_0}=\frac{C_1-C_2}{C_0} \tag{4-5}$$

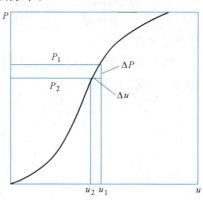

图 4-2　P 与 u 关系曲线

故 ΔP 是当选择的颗粒沉速由 u_1 降至 u_2 时，整个水中所能多去除的那部分颗粒的去除率，也就是所选择的要去除的颗粒粒径由 d_1 减到 d_2 时，此时水中所能多去除的，即粒径在 $d_1\sim d_2$ 间的那部分颗粒所占的百分比。因此当 ΔP 间隔无限小时，则 $\mathrm{d}P$ 代表了小于 d_1 的某一粒径 d 占全部颗粒的百分比。这些颗粒能沉至柱底的条件，应是由水中某一点沉至柱底所用的时间，必须等于或小于具有沉速为 u_i 的颗粒由水面沉至柱底所用的时间，即应满足：

$$\frac{x}{u_x}\leqslant\frac{H}{u_i}$$

$$x\leqslant\frac{Hu_x}{u_i}$$

由于颗粒均匀分布，又为等速沉淀，故沉速 $u_x<u_i$ 的颗粒只有在 x 水深以内才能沉到柱底。因此能沉至柱底的这部分颗粒，占这种粒径的百分比为 $\dfrac{x}{H}$，如图 4-1 所示，而：

$$\frac{x}{H}=\frac{u_\mathrm{x}}{u_i}$$

此即为同一粒径颗粒的去除率。取 $u_0=u_i$，且为设计选用的颗粒沉速（又称截留沉速）；$u_\mathrm{s}=u_\mathrm{x}$，则有：

$$\frac{u_\mathrm{x}}{u_i}=\frac{u_\mathrm{s}}{u_0}$$

由上述分析可见，$\mathrm{d}P_\mathrm{s}$ 反映了具有 u_s 的颗粒占全部颗粒的百分比，而 $\dfrac{u_\mathrm{s}}{u_0}$ 则反映了在设计沉速为 u_0 的前提下，具有沉速 $u_\mathrm{s}<u_0$ 的颗粒去除量占本颗粒总量的百分比。故 $\dfrac{u_\mathrm{s}}{u_0}\mathrm{d}P$ 正是反映了在设计沉速为 u_0 时，具有沉速为 u_s 的颗粒所能被去除的部分占全部颗粒的比例。利用积分求解这部分 $u_\mathrm{s}<u_0$ 的颗粒的去除率，则为 $\int_0^{P_0}\dfrac{u_\mathrm{s}}{u_0}\mathrm{d}P$。

故颗粒的去除率为：

$$\eta=(1-P_0)+\int_0^{P_0}\frac{u_\mathrm{s}}{u_0}\mathrm{d}P \tag{4-6}$$

工程中常用下式计算：

$$\eta=(1-P_0)+\frac{\sum(u_\mathrm{s}\Delta P)}{u_0} \tag{4-7}$$

3. 设备及用具

(1) 有机玻璃管沉淀柱一根，内径 $D\geqslant 100\mathrm{mm}$，高 $1.5\mathrm{m}$。有效水深即由溢流口至取样口的距离，共两种：$H_1=0.9\mathrm{m}$，$H_2=1.2\mathrm{m}$。每根沉淀柱上设溢流管、取样管、进水管及放空管。

(2) 配水及投配系统包括原水箱、搅拌装置、水泵、配水管、循环水管和计量水深用标尺，如图 4-3 所示。

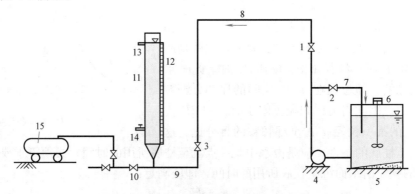

图 4-3　颗粒自由沉淀静沉实验装置示意图

1、3—配水管上阀门；2—水泵循环管上阀门；4—水泵；5—原水箱；
6—搅拌机；7—循环水管；8—配水管；9—进水管；10—放空管阀门；
11—沉淀柱；12—标尺；13—溢流管；14—取样管；15—空压机

(3) 计量水深用标尺，计时用秒表。

(4) 玻璃烧杯，移液管，玻璃棒，瓷盘等。

(5) 悬浮物定量分析所需设备有万分之一天平、带盖称量瓶、干燥皿、烘箱、抽滤装置、定量滤纸等。

(6) 水样可用燃气洗涤污水、轧钢污水、天然河水或人工配制水样。

4. 步骤及记录

(1) 将实验用水倒入原水箱内,开启循环管路阀门2,用泵循环或机械搅拌装置搅拌,待箱内水质均匀后,从箱内取样,测定悬浮物浓度,记为C_0值。

(2) 开启阀门1、3,关闭循环阀门2,水经配水管进入沉淀柱内,当水上升到溢流口并流出后,关闭阀门3,停泵。

(3) 向沉淀柱内通入压缩空气将水样搅拌均匀。

(4) 记录时间,沉淀实验开始,第0min、5min、10min、20min、30min、60min、120min由取样口取样,记录沉淀柱内液面高度。

(5) 观察悬浮颗粒沉淀现象及特点。

(6) 测定水样悬浮物含量(取平行样)。

(7) 实验记录用表,见表4-1。

颗粒自由沉淀实验记录　　　　　　　　　　　表4-1

静沉时间 (min)	滤纸编号	称量瓶号	称量瓶+ 滤纸重(g)	取样体积 (mL)	瓶纸+SS 重(g)	水样SS 重(g)	C_0 (mg/L)	$\overline{C_0}$ (mg/L)	沉淀高度 H_0(cm)
0									
5									
10									
20									
30									
60									
120									

【注意事项】

(1) 向沉淀柱内进水时,速度要适中,既要较快完成进水,以防进水中一些较重颗粒沉淀,又要防止速度过快造成柱内水体紊动,影响静沉实验效果。

(2) 取样前,一定要记录柱中水面至取样口距离H_0(以cm计)。

(3) 取样时,先排除取样管中积水再取样,每次取300~400mL。

(4) 测定悬浮物时,因颗粒较重,从烧杯取样要边搅边吸,以保证两平行水样的均匀性。贴于移液管壁上的细小颗粒一定要用蒸馏水洗净。

5. 成果整理

(1) 实验基本参数整理

　　实验日期:　　　　　水样性质及来源:

沉淀柱内径 $D=$　　柱高 $H=$
水温：　　℃　　原水悬浮物浓度 C_0（mg/L）

绘制沉淀柱草图及管路连接图。

(2) 实验数据整理

将实验原始数据按表 4-2 整理，以备计算分析之用。

实验原始数据整理表　　　　　　　　　　　　　　表 4-2

沉淀高度(cm)						
沉淀时间(min)						
实测水样 SS(mg/L)						
计算用 SS(mg/L)						
未被去除颗粒百分比 P_i						
颗粒沉速 u_i(mm/s)						

表 4-2 中不同沉淀时间 t_i 时，沉淀柱内未被去除的悬浮物的百分比及颗粒沉速分别按下式计算，未被去除悬浮物的百分比：

$$P_i = \frac{C_i}{C_0} \times 100\%$$

(3) 相应颗粒沉速 $u_i = \frac{H_i}{t_i}$（mm/s）。

(4) 以颗粒沉速 u 为横坐标，以 P 为纵坐标，在普通直角坐标纸上绘制 P 与 u 关系曲线。

(5) 利用图解法列表（表 4-3）计算不同沉速时，悬浮物的去除率。

颗粒去除率 η 计算　　　　　　　　　　　　　　表 4-3

序号	u_0	P_0	$1-P_0$	ΔP	u_s	$u_s \Delta P$	$\sum (u_s \Delta P)$	$\dfrac{\sum (u_s \Delta P)}{u_0}$	$\eta = (1-P_0) + \dfrac{\sum (u_s \Delta P)}{u_0}$

$$\eta = (1-P_0) + \frac{\sum (u_s \Delta P)}{u_0}$$

(6) 根据上述计算结果，以 η 为纵坐标，分别以 u 及 t 为横坐标，绘制 η 与 u、η 与 t 关系曲线。

【思考题】

(1) 自由沉淀中颗粒沉速与絮凝沉淀中颗粒沉速有何区别？

(2) 绘制自由沉淀静沉曲线的方法及意义。

(3) 沉淀柱高分别为 $H=1.2\text{m}$，$H=0.9\text{m}$，两组实验成果是否一样，为什么？

(4) 利用上述实验资料，按下式计算去除率 η：

$$\eta = \frac{C_0 - C_i}{C_0} \times 100\%$$

计算不同沉淀时间 t 的沉淀效率 η,绘制 η 与 t、η 与 u 静沉关系曲线,并和上述结果对照分析,指出上述两种整理方法结果的适用条件。

4.1.2 原水颗粒分析实验

原水颗粒分析实验主要是测定水中颗粒粒径的分布情况。水中悬浮颗粒的去除不仅与原水悬浮物数量或浊度大小有关,而且还与原水颗粒粒径的分布有关。粒径越小,越不易去除,因此颗粒分析实验对选择给水处理构筑物及投药都是十分重要的。

1. 目的

(1) 学会用一般设备测定颗粒粒径分布的方法。

(2) 加深对自由沉淀及斯托克斯(Stokes)公式的理解。

2. 原理

$100\mu m$ 以下的泥沙颗粒沉降时雷诺数小于1,已知水温、沉速,可用 Stokes 公式求出相应粒径。

$$u=\frac{g}{18\mu}(\rho_g-\rho_y)d^2 \qquad (4-8)$$

式中　u——颗粒沉速(m/s);
　　　μ——水的动力黏度(Pa·s);
　　　ρ_g——颗粒的密度(kg/m³);
　　　ρ_y——液体的密度(kg/m³);
　　　g——重力加速度(9.81m/s²);
　　　d——与颗粒等体积的球体直径(m)。

玻璃瓶中装待测颗粒的浑水(浊度已知),摇匀后,用虹吸管在瓶中某一固定位置每隔一定时间取一个水样,取样点处颗粒最大粒径是逐渐减小的,因此浊度也是逐渐降低的。根据沉淀时间及沉淀距离可以求出沉速 u,已知水温、沉速,可以求出取样点处的颗粒最大粒径。取样时,粒径大于该最大粒径的颗粒都已沉至取样点下面,小于该最大粒径的颗粒每单位体积的颗粒数与沉淀开始相比,基本不变(因粒径一定,水温相同则沉速不变,沉下去的颗粒可由上面沉下来的补充)。由沉淀过程中取样点浊度的变化,即可求出小于某一粒径的颗粒的颗粒质量所占全部颗粒质量的百分数。

3. 设备与用具

(1) 实验装置如图 4-4 所示。

(2) 10L 玻璃瓶 1 个、200mL 烧杯 1 只。

(3) 虹吸取样管、洗耳球各 1 个。

(4) 水位尺、秒表、温度计各 1 只。

(5) 浊度仪 1 台。

4. 步骤及记录

(1) 将已知浊度的浑水装入 10L 玻璃瓶中,水面接近玻璃瓶直壁的顶部。

(2) 将玻璃瓶中的水摇匀,立即将瓶塞盖好。虹吸取样管及温度计固定在瓶塞上,盖

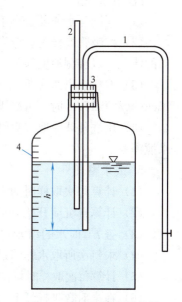

图 4-4　重力沉降法测粒径装置示意图
1—虹吸管;2—温度计;
3—通气孔;4—水位尺

好瓶塞的同时，取样点的位置也就确定了。

（3）间隔一定时间用虹吸管取水样，第 1min、2min、5min、15min、30min、1h、2h、4h、8h 时取水样，并测其浊度。

（4）每次取样前记录水面至取样点的距离和水温。原水颗粒分析记录见表 4-4。

原水颗粒分析记录表（表格中的数字系某水样的实验数据） 表 4-4

静沉时间	0min	1min	2min	5min	15min	30min	1h	2h	4h	8h
取水样时间	8∶00	8∶01	8∶02	8∶05	8∶15	8∶30	9∶00	10∶00	12∶00	16∶00
沉淀距离 $h(10^{-2}m)$	13.3	12.8	12.3	11.8	11.3	10.8	10.3			9.0
平均沉速 $u(10^{-2}m/s)$		0.213	0.103	3.93×10^{-2}	1.26×10^{-2}	6×10^{-3}	2.86×10^{-3}			3.13×10^{-4}
沉淀过程中的平均水温 t（℃）		20		20		20				20
t（℃）时的 u 值 $(10^{-4}m^2/s)$		0.0101		0.0101		0.0101				0.0101
所取水样的最大粒径 d（μm）		49	34	21	11.9	8.2	5.7			1.9
所取水样的浊度	30.2	28.0	27.3	26.8	26.6	26.3	24.4			10.9
小于该粒径颗粒所占的百分数（%）		92.7	90.4	88.7	88.1	87.1	80.8			36.1

【注意事项】

（1）配制浑水浊度宜小于 100NTU，不必用蒸馏水稀释。

（2）虹吸管取样时，应先放掉虹吸管内的少量存水（约 20mL），然后取样。每次取水样的体积，以够测浊度即可。

（3）取样点离瓶底距离不要小于 10cm，避免取样时将瓶底沉泥吸取，也不要大于 15cm。大于 15cm 时，可能满足了不了多次取水样的需要。

（4）用洗耳球吸取虹吸管内的空气时，只能吸气，不能把空气鼓入瓶中，防止把沉淀水搅浑。

5. 成果整理

（1）计算每次取样时的平均沉速 u。

（2）计算自沉淀开始至每次取样这段时间的平均水温。

（3）查 t℃时水的动力黏度 μ。

（4）求每次所取水样的最大粒径 d。

（5）计算每次取样时粒径小于该最大粒径颗粒的质量占原水中全部颗粒质量的百分数。

（6）在半对数坐标纸上以粒径 d（μm）为横坐标，以小于某一粒径颗粒质量百分数为纵坐标，绘颗粒粒径分析图。

【思考题】

（1）小于 1μm 的颗粒能否用这种方法测粒径？浑水浊度为 10000NTU 时能否用这种方法测粒径？

（2）对本实验有何改进建议？

4.2 絮凝沉淀实验

絮凝沉淀实验是研究浓度一般的絮状颗粒的沉淀规律。可通过几根沉淀柱的静沉实验获取颗粒沉淀曲线。不仅可借此进行沉淀性能对比和分析,而且也可作为水处理工程中某些构筑物的设计和生产运行的重要依据。

18. 絮凝沉淀实验视频   19. 絮凝沉淀实验全过程

1. 目的

(1) 加深对絮凝沉淀的特点、基本概念及沉淀规律的理解。

(2) 掌握絮凝实验方法,并能利用实验数据绘制絮凝沉淀静沉曲线。

2. 原理

悬浮物浓度不太高,一般在 50～500mg/L 范围的颗粒沉淀属于絮凝沉淀,如给水工程中混凝沉淀,污水处理中初沉池内的悬浮物沉淀均属此类型。沉淀过程中由于颗粒相互碰撞,凝聚变大,沉速不断加大,因此颗粒沉速实际上是变化的。我们所说的絮凝沉淀颗粒沉速,是指颗粒沉淀平均速度。在平流沉淀池中,颗粒沉淀轨迹是一曲线,而不同于自由沉淀的直线运动。在沉淀池内颗粒去除率不仅与颗粒沉速有关,而且与沉淀有效水深有关。因此沉淀柱不仅要考虑器壁对悬浮物沉淀的影响,还要考虑沉淀柱高对沉淀效率的影响。

静沉中絮凝沉淀颗粒去除率的计算基本思路与自由沉淀一致,但方法有所不同。自由沉淀采用累积曲线计算法,而絮凝沉淀采用的是纵深分析法,T 时间内颗粒去除率按下式计算:

$$\eta = \eta_T + \frac{H_1}{H_0}(\eta_{T+1} - \eta_T) + \frac{H_2}{H_0}(\eta_{T+2} - \eta_{T+1}) + \cdots + \frac{H_n}{H_0}(\eta_{T+n} - \eta_{T+n-1}) \tag{4-9}$$

计算如图 4-5 所示。去除率同分散颗粒一样,也分成两部分。

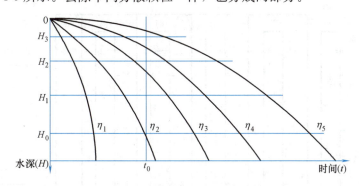

图 4-5 絮凝沉淀等去除率曲线

(1) 全部被去除的颗粒

这部分颗粒在给定的停留时间(如图 4-5 中 t_0)与给定的沉淀有效水深(如图 4-5 中 $H=H_0$)时,两直线相交点就是去除率线的 η 值,如图中的 $\eta=\eta_2$。即在沉淀时间 $t=t_0$,沉降有效水深 $H=H_0$ 时,具有沉速 $u \geqslant u_0 = \dfrac{H_0}{t_0}$ 的颗粒能全部被去除,其去除率为 η_2。

（2）部分被去除的颗粒

同自由沉淀一样，悬浮物在沉淀时虽说有些颗粒较小，沉速较小，不可能从池顶沉到池底，但是在池体中某一深度处的颗粒，在满足条件即沉到池底所用时间 $\frac{h_x}{u_x} \leqslant \frac{H_0}{u_0}$ 时，这部分颗粒也就被去除掉了。当然，这部分颗粒是指沉速 $u < \frac{H_0}{t_0}$ 的那些颗粒，这些颗粒的沉淀效率也不相同，也是颗粒大的沉降快，去除率大些。其计算方法、原理与分散颗粒一样，这里是用 $\frac{H_1}{H_0}(\eta_{T+1} - \eta_T) + \frac{H_2}{H_0}(\eta_{T+2} - \eta_{T+1}) + \cdots$ 代替了分散颗粒中的 $\int_0^{P_0} \frac{u_s}{u_0} \mathrm{d}P$。其中，$\eta_{T+n} - \eta_{T+n-1} = \Delta\eta$ 所反映的就是把颗粒沉速由 u_0 降到 u_s 时，所能多去除的那些颗粒占全部颗粒的百分比。这些颗粒在沉淀时间 t_0 时，并不能全部沉到池底，而只有符合条件 $t_s \leqslant t_0$ 的那部分颗粒能沉到池底，即 $\frac{h_s}{u_s} \leqslant \frac{H_0}{u_0}$，故有 $\frac{u_s}{u_0} = \frac{h_s}{H_0}$。同自由沉淀一样，由于 u_s 为未知数，故采用近似计算法，用 $\frac{h_s}{H_0}$ 来代替 $\frac{u_s}{u_0}$，工程上多采用等分 $\eta_{T+n} - \eta_{T+n-1}$ 间的中点水深 H_i 代替 h_i，则 $\frac{h_i}{H_0}$ 近似地代表了这部分颗粒中所能沉到池底的颗粒所占的百分数。

由上推论可知，$\frac{h_i}{H_0}(\eta_{T+n} - \eta_{T+n-1})$ 就是沉速为 $u_s \leqslant u < u_0$ 的这些颗粒的去除量所占全部颗粒的百分比，以此类推，式 $\sum \frac{h_i}{H_0}(\eta_{T+n} - \eta_{T+n-1})$ 就是 $u_s \leqslant u_0$ 的全部颗粒的去除率。

3. 设备及用具

（1）有机玻璃沉淀柱：内径 $D \geqslant 100 \mathrm{mm}$，高 $H = 3.6 \mathrm{m}$，沿不同高度设有取样口，如图 4-6 所示。管最上为溢流孔，管下为进水孔，共 5 套。

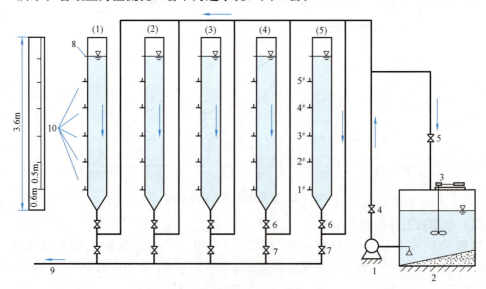

图 4-6 絮凝沉淀实验装置示意图

1—水泵；2—原水箱；3—搅拌装置；4—配水管阀门；5—水泵循环管阀门；
6—各沉淀柱进水管阀门；7—各沉淀柱放空管阀门；8—溢流孔；9—放水管；10—取样口

(2) 配水及投配系统：原水箱、搅拌装置、水泵、配水管。

(3) 定时钟、烧杯、移液管、瓷盘等。

(4) 悬浮物定量分析所需设备及用具：分析天平、带盖称量瓶、干燥皿、烘箱、抽滤装置和定量滤纸等。

(5) 水样：城市污水、制革污水、造纸污水或人工配制水样等。

4. 步骤及记录

(1) 将欲测水样倒入水箱进行搅拌，待搅匀后取样测定原水悬浮物浓度 SS 值。

(2) 放掉柱内存水后，关闭放空管阀门，打开沉淀柱上水管阀门。

(3) 开启水泵，打开水泵的配水管阀门、水泵循环管阀门（适度）和各沉淀柱进水管阀门。

(4) 依次向 1～5 号沉淀柱内进水，当水位达到溢流孔时，关闭进水阀门，再关闭水泵，同时记录沉淀时间。5 根沉淀柱的沉淀时间分别为 20min、40min、60min、80min 和 100min。

(5) 当达到各柱的沉淀时间时，在相应柱上自上而下地依次取样，测定水样悬浮物的浓度。

(6) 记录见表 4-5。

絮凝沉淀实验记录表

实验日期：　　　水样　　　表 4-5

柱号(号)	沉淀时间 (min)	取样点编号 (号)	SS (mg/L)	SS 平均值 (mg/L)	取样点有效水深 (m)	备注
1	20	1—1				
		1—2				
		1—3				
		1—4				
		1—5				
2	40	2—1				
		2—2				
		2—3				
		2—4				
		2—5				
3	60	3—1				
		3—2				
		3—3				
		3—4				
		3—5				
4	80	4—1				
		4—2				
		4—3				
		4—4				
		4—5				
5	100	5—1				
		5—2				
		5—3				
		5—4				
		5—5				

注：原水浓度 SS_0 ____（mg/L）。

【注意事项】

(1) 向沉淀柱进水时,速度要适中,既要防止悬浮物由于进水速度过慢而絮凝沉淀,又要防止由于进水速度过快,沉淀开始后柱内还存在紊流,影响沉淀效果。

(2) 由于同时要从每个柱的5个取样口取样,故人员分工、烧杯编号等准备工作要做好,以便能在较短的时间内,从上至下准确地取出水样。

(3) 测定悬浮物浓度时,一定要注意两平行水样的均匀性。

(4) 注意观察、描述颗粒沉淀过程中自然絮凝作用及沉速的变化。

5. 成果整理

(1) 实验基本参数

实验日期:　　　　　　水样性质及来源:

沉淀柱内径 $D=$＿＿＿ mm　柱高 $H=$＿＿＿ m

水温:＿＿＿℃　　原水悬浮物浓度 SS_0 ＿＿＿ (mg/L)

绘制沉淀柱及管路连接图。

(2) 实验数据整理

将表4-5实验数据进行整理,并计算各取样点的去除率 η,列入表4-6中。

各取样点悬浮物去除率 η 值计算表　　　　　表4-6

去除率＼沉淀柱号＼沉淀时间 t(min)＼取样口及水深 H(m)	1　20	2　40	3　60	4　80	5　100
5号　0.5					
4号　1.0					
3号　1.5					
2号　2.0					
1号　2.5					

(3) 以沉淀时间 t 为横坐标,以深度为纵坐标,将各取样点的去除率填在各取样点的坐标上,如图4-7所示。

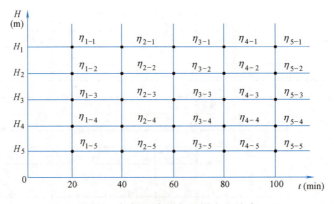

图4-7　絮凝沉淀柱各取样点去除率

(4) 在上述基础上,用内插法,绘出去除率曲线。η 最好是以5%或10%为一间距,如20%、25%、30%或25%、35%、45%。

(5) 选择某一有效水深 H，过 H 做 x 轴平行线，与各去除率线相交，再根据公式（4-9）计算不同沉淀时间的总去除率。

(6) 以沉淀时间 t 为横坐标，η 为纵坐标，绘制不同有效水深 H 下 η 与 t 的关系曲线，及 η 与 u 的关系曲线。

【思考题】

(1) 观察絮凝沉淀现象，并叙述与自由沉淀现象有何不同？实验方法有何区别？

(2) 两种不同性质的原水经絮凝沉淀实验后，所得同一去除率曲线的曲率不同，试分析其原因，并加以讨论。

(3) 实际工程中，哪些沉淀属于絮凝沉淀？

4.3 拥挤沉淀实验

拥挤沉淀实验是研究浓度较高的悬浮颗粒的沉淀规律。一般是通过带有搅拌装置的沉淀柱静沉实验，以获取泥面沉淀过程线。借此，不仅可以对比、分析颗粒沉淀性能，还可以为给水、污水处理工程中某些构筑物的设计和运行提供重要基础资料。

1. 目的

(1) 加深对拥挤沉淀的特点、基本概念以及沉淀规律的理解。

(2) 弄清迪克（Dick）多筒测定法与肯奇（Kynch）单筒测定法绘制拥挤沉淀 C—u 关系线的区别及各自的适用性。

(3) 通过实验确定某种污水曝气池混合液的静沉曲线，并为设计澄清浓缩池提供必要的设计参数。

(4) 加深理解静沉实验在沉淀单元操作中的重要性。

2. 原理

浓度大于某值的高浓度水，如黄河高浊水、活性污泥法曝气池混合液、浓集的化学污泥，不论其颗粒性质如何，颗粒的下沉均表现为浑浊液面的整体下沉。这与自由沉淀、絮凝沉淀完全不同，后两者研究的都是一个颗粒沉淀时的运动变化特点（考虑的是悬浮物个体），而拥挤沉淀研究的却是针对悬浮物整体，即整个浑液面的沉淀变化过程。拥挤沉淀时颗粒间相互位置保持不变，颗粒下沉速度即为浑液面等速下沉速度。该速度与原水浓度、悬浮物性质等有关而与沉淀深度无关。但沉淀有效水深影响变浓区沉速和压缩区压实程度。为了研究浓缩，提供从浓缩角度设计澄清浓缩池所必需的参数，应考虑沉降柱的有效水深。此外，高浓度水沉淀过程中，器壁效应更为突出，为了能真实地反映客观实际状态，沉淀柱内径 $D \geqslant 200 \mathrm{mm}$，而且柱内还应装有慢速搅拌装置，以消除器壁效应和模拟沉淀池内刮泥机的作用。

澄清浓缩池在连续稳定运行中，池内可分为四区，如图 4-8 所示。池内浓度沿池高分布如图 4-9 所示。进入沉淀池的混合液，在重力作用下进行泥水分离，污泥下沉，清水上升，最终经过等浓区后进入清水区而出流，因此，为了满足澄清的要求，出流水不带走悬浮物，则水流上升速度 v 一定要小于或等于等浓区污泥沉降速度 u，即 $v=Q/A \leqslant u$，在工程应用中：

$$A = \alpha \frac{Q}{u} \tag{4-10}$$

式中　Q——处理水量（m^3/h）；

　　　u——等浓区污泥沉速（m/h）；

　　　A——沉淀池按澄清要求的平面面积（m^2）；

　　　α——修正系数，一般取 $\alpha=1.05\sim1.2$。

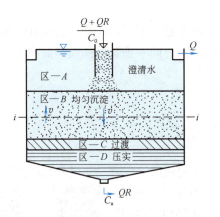 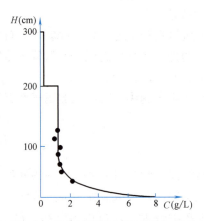

图 4-8　稳定运行沉淀池内状况示意图　　图 4-9　池内污泥浓度沿池高分布图

进入沉淀池后分离出来的污泥，从上至下逐渐浓缩，最后由池底排出。这一过程是在两个作用下完成的：

a. 是重力作用下形成静沉固体通量 G_S，其值取决于每一断面处污泥浓度 C_i 及污泥沉速 u_i，即：

$$G_S = u_i C_i \tag{4-11}$$

b. 是连续排泥造成污泥下降，形成排泥固体通量 G_B，其值取决于每一断面处污泥浓度和由于排泥而造成的泥面下沉速度 V：

$$G_B = V C_i \tag{4-12}$$

$$V = \frac{Q_R}{A} \tag{4-13}$$

式中　V——排泥时泥面下沉速度（m/h）；

　　　Q_R——回流污泥量（m^3/h）。

污泥在沉淀池内单位时间、单位面积下沉的污泥量，取决于污泥性能 u_i 和运行条件 VC_i，即固体通量 $G = G_S + G_B = u_i C_i + V C_i$，该关系由图 4-10 和图 4-11 可看出。由图 4-11 可知，对于某一特定运行或设计条件下，沉淀池某一断面处存在一个最小的固体通量 G_L，称为极限固体通量，当进入沉淀池的进泥通量 G_0 大于极限固体通量时，污泥下沉到该断面，多余污泥量将于此断面处积累。长此下去，回流污泥不仅得不到应有的浓度，池内泥面反而上升，最后随水流出。因此按浓缩要求，沉淀池的设计应满足 $G_0 \leqslant G_L$，即：

$$\frac{Q(1+R)C_0}{A} \leqslant G_L \tag{4-14}$$

从而保证进入二沉池中的污泥通过各断面到达池底。

在工程应用中：

$$A \geqslant \frac{Q(1+R)C_0}{G_L} \cdot \alpha \tag{4-15}$$

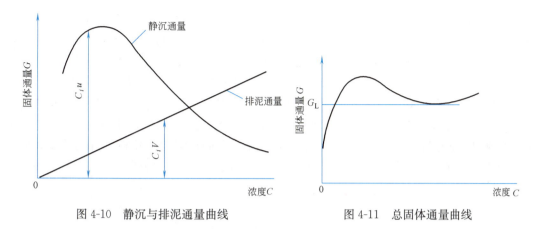

图 4-10 静沉与排泥通量曲线　　图 4-11 总固体通量曲线

式中　Q、α——同前；
　　　R——回流比；
　　　C_0——曝气池混合液污泥浓度（kg/m³）；
　　　G_L——极限固体通量 [kg/(m²·h)]；
　　　A——沉淀池按浓缩要求的平面面积（m²）。

式(4-10)、式(4-15)中设计参数 u、G_L 值，均应通过拥挤沉淀实验求得。拥挤沉淀实验，是在静止状态下，研究浑液面高度随沉淀时间的变化规律。以浑液面高度为纵轴，以沉淀时间为横轴，所绘得的 H 与 t 关系曲线，称为拥挤沉淀过程线，它是求二次沉淀池断面面积设计参数的基础资料。

拥挤沉淀过程线分为四段，如图 4-12 所示。

$a\sim b$ 段，称之为加速段或污泥絮凝区。此段所用时间很短，曲线略向下弯曲，这是浑液面形成的过程，反映了颗粒絮凝性能。

$b\sim c$ 段，浑液面等速沉淀段又叫等浓沉淀区，此区由于悬浮颗粒的相互牵连和强烈干扰，均衡了它们各自的沉淀速度，使颗粒群体以共同干扰后的速度下沉，沉速为一常量，它不因沉淀历时的不同而变化。在沉淀过程线上，$b\sim c$ 段是一斜率不变的直线段，故称为等速沉淀段。

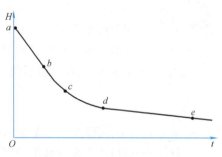

图 4-12 拥挤沉淀过程曲线

$c\sim d$ 段，过渡段又叫变浓区，此段为污泥等浓区向压缩区的过渡段，其中既有悬浮物的干扰沉淀，也有悬浮物的挤压脱水作用，沉淀过程线上，$c\sim d$ 段所表现出的弯曲，便是沉淀和压缩双重作用的结果，此时等浓区沉淀区消失，故 c 点又叫拥挤沉淀临界点。

$d\sim e$ 段，压缩段，此区内颗粒间互相直接接触，机械支托，形成松散的网状结构，在压力作用下颗粒重新排列组合，它所挟带的水分也逐渐从网中脱出，这就是压缩过程，此过程也是等速沉淀过程，只是沉速相当小，沉淀极缓慢。

利用拥挤沉淀求二沉池设计参数 u 及 G_L 的一般方法如下：

【迪克多筒测定法】　取不同浓度混合液，分别在沉淀柱内进行拥挤沉淀，每筒实验得出一个浑液面沉淀过程线，从中可以求出等浓区泥面等速下沉速度与相应的污泥浓度，从

而得出 C 与 u 关系曲线,并据此为沉淀池按澄清原理设计提供设计参数,如图 4-13、图 4-14 所示。在此基础上,根据 C 与 u 关系曲线,利用式(4-11)可以求出 G_S、C_i 一组数据,并绘制出静沉固体通量 G_S 与 C 关系曲线,根据回流比利用式(4-11)求出 G_B 与 C_i 关系曲线,采用叠加法,可以求得 G_L 值。由于采用迪克多筒测定法推求极限固体通量 G_L 值时,污泥在各断面处的沉淀固体通量值 $G_S=C_i u_i$ 中的污泥沉速 u_i,均是取自同浓度污泥静沉曲线等速段斜率,用它代替了实际沉淀池中沉淀泥面的沉速,这一做法没有考虑实际沉淀池中污泥浓度变化的连续分布,没有考虑污泥的沉速不但与周围污泥浓度有关,而且还要受到下层沉速小于它的污泥层的干扰,因而迪克法求得 G_L 值偏高,与实际值出入较大。

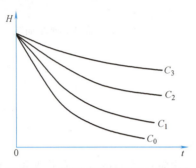

图 4-13 不同浓度拥挤沉淀过程曲线

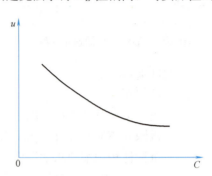

图 4-14 u 与 C 关系曲线

【肯奇单筒测定法】 取曝气池的混合液进行一次较长时间的拥挤沉淀,得到一条浑液面沉淀过程线,如图 4-12 所示,并利用肯奇公式:

$$C_i = \frac{C_0 H_0}{H_i} \tag{4-16}$$

式中 C_0——实验时水样浓度(g/L);
H_0——实验时沉淀初始高度(m);
C_i——某沉淀断面 i 处的污泥浓度(g/L)。

$$u_i = \frac{H'_i}{t'_i} \tag{4-17}$$

式中 u_i——某沉淀断面 i 处泥面沉速(m/h);
H'_i——通过 i 点作曲线的切线与 H 轴的截距(m);
t'_i——通过 i 点作曲线的切线与 t 轴的交点时间(h)。

求各断面的污泥浓度 C_i 及泥面沉速 u_i 方法如图 4-15 所示,可得出 u 与 C 关系线,利用 u 与 C 关系线并按前法,绘制 G_S 与 C、G_B 与 C 关系曲线,采用叠加法后,可求得 G_L 值。

3. 设备及用具

(1)有机玻璃沉淀柱:内径 $D=240\text{mm}$,$H=1.5\text{m}$,搅拌装置转速 $n=1\text{r/min}$,底部有进水和放空孔。

(2)配水及投配系统:同 4.2 实验,整个实验装置如图 4-16 所示。

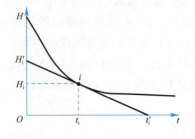

图 4-15 肯奇法求各层浓度示意图

(3)水分快速测定仪。

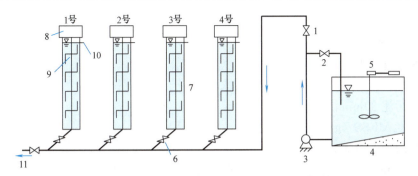

图 4-16 拥挤沉淀实验装置示意图

1—水泵上水阀门；2—循环管阀门；3—水泵；4—水池；5—搅拌装置；6—进水阀门；
7—沉淀柱；8—电机与减速器；9—搅拌浆；10—溢流口；11—放空管

(4) 100mL 量筒、玻璃漏斗、三角瓶、瓷盘、滤纸、秒表等。

(5) 某生物处理厂曝气池混合液。

4. 步骤及记录

(1) 将取自某处理厂活性污泥法曝气池内正常运行的混合液，放入水池，搅拌均匀，同时取样测定其浓度 MLSS 值。

(2) 开启水泵，打开阀门1，同时打开放空管，放掉管内存水。

(3) 关闭放空管，打开1号沉淀柱进水阀门，当水位上升到溢流管处时，关闭进水阀门，同时记录沉淀开始时的时间，而后记录浑液面出现时间。浑液面沉淀初期，或是以下沉 10~20cm 为一间距，或是沉淀开始后 10min 内以 1min 为间隔；沉淀后期，可以下沉 2~5cm，或以 5min 为间隔，记录浑液面的沉淀位置。

(4) 实验记录见表 4-7。

拥挤沉淀实验记录　　　　表 4-7

沉淀时间(min)	浑液面位置(m)	浑液面高度(m)

注：水样浓度 MLSS=_____；SV%=_____。

(5) 配制各种不同浓度的混合液，分别利用2号、3号、4号柱重复上述实验，最好有6次以上。配制混合液浓度在 1.5~10g/L 之间。

【注意事项】

(1) 混合液取回后，稍加曝气，即应开始实验，至实验完毕，时间不超过 24h，以保证污泥沉降性能不变。若条件允许，最好在处理厂（站）现场进行实验。

(2) 向沉淀柱进水时，速度要适中，既要较快进完水，以防进水过程柱内已形成浑液面，又要防止速度过快造成柱内水体紊动，影响静沉实验结果。

(3) 不同浓度混合液，可用混合液静沉后撇出一定量上清液或投加一定量的上清液方法配制。

(4) 第一次拥挤沉淀实验，污泥浓度要与设计曝气池混合液污泥浓度一致，且沉淀时间要尽可能长一些，最好在 1.5h 以上。

5. 成果整理

(1) 实验基本参数

实验日期：_____；水样性质及来源：_____；

混合液污泥 30min 沉降比 SV（%）=_____；

污泥浓度 MLSS（g/L）=_____。

沉淀柱内径 D（mm）：_____；

柱高 H（m）：_____；

搅拌转速 n（r/min）：_____；

水温（℃）：_____。

沉淀柱及管路连接草图。

(2) 多筒拥挤沉淀

a. 以沉淀时间为横坐标，以沉淀高度为纵坐标，绘制不同浓度 H 与 t 关系曲线，如图 4-12 和图 4-13 所示。

b. 取 H 与 t 关系曲线中的直线段，求斜率，则 u_i：

$$u_i = \frac{H_i'}{t_i'}$$

c. 以混合液浓度 C(g/L) 为横坐标，以浑液面等速沉降速度 u 为纵坐标，绘图得 u 与 C 关系曲线。

d. 根据 u 与 C 关系曲线，并用回归分析方法求出 u 与 C 关系式。

(3) 单筒拥挤沉淀

a. 根据 1 号沉淀柱（混合液原液浓度）实验资料所得的 H 与 t 关系线，并由肯奇式(4-16)、式(4-17) 分别求得 C_i 及与其相应的 u_i 值。

b. 以混合液浓度 C 为横坐标，以沉速 u 为纵坐标，绘图得 u 与 C 关系曲线。

c. 根据 u 与 C 关系线，计算沉淀固体通量 G_S。并以固体通量 G_S 为纵坐标，污泥浓度为横坐标，绘图得沉淀固体通量曲线，并根据需要可求得排泥固体通量线，如图 4-10 所示，进而可求出极限固体通量，如图 4-11 所示。

【思考题】

(1) 观察实验现象，注意拥挤沉淀不同于前述两种沉淀的地方何在，原因是什么？

(2) 多筒测定，单筒测定，实验成果 u 与 C 关系曲线有何区别？为什么？

(3) 拥挤沉淀实验的重要性，如何应用到二沉池的设计中？

(4) 实验设备、实验条件对实验结果有何影响，为什么？如何才能得到正确的结果并用于生产之中？

4.4 污水可生化性能测定实验

污水可生化性实验，是研究污水中有机污染物可被微生物降解的程度，为选定该种污水处理工艺方法提供必要的依据。测定方法较多，本节只介绍两种测定方法。

由于生物处理法去除污水中胶体及溶解有机污染物，具有高效、经济的优点，因而在选择污水处理方法和确定工艺流程时,往往首先采用这种方法。在一般情况下,生活污水、城市污水完全可以采用此法,但是对于各种各样的工业废水而言,某些工业废水中含有难以生物降解的有机物,或含有能够抑制或毒害微生物生理活动的物质,或缺少微生物生长所必需的某些营养物质,因此为了确保污水处理工艺选择的合理与可靠通常要进行污水的可生化性实验。

本实验的目的是:

(1) 确定城市污水或工业废水能够被微生物降解的程度,以便选用适宜的处理技术和确定合理的工艺流程。

(2) 了解并掌握测定污水可生化性实验的方法。

(3) 了解并掌握瓦勃氏呼吸仪的使用方法。

4.4.1 BOD_5/COD_{Cr} 比值法

实验原理:

COD_{Cr} 是以重铬酸钾为氧化剂,在一定条件下氧化有机物时,用所消耗氧的量来间接表示污水中有机物数量的一种综合性指标。BOD_5 是用微生物在氧充足条件下,进行生物降解有机物时所消耗的水中溶解氧量以表示污水中有机物量的综合性指标。因此,可把测得的 BOD_5 值,看成是可生物降解的有机物量,而 COD_{Cr} 代表的则是全部有机物量,所以,BOD_5/COD_{Cr} 比值反映了污水中有机物的可降解程度。一般按 BOD_5/COD_{Cr} 比值分为:

$BOD_5/COD_{Cr} > 0.58$ 为完全可生物降解污水。

$BOD_5/COD_{Cr} = 0.45 \sim 0.58$ 为生物降解性能良好污水。

$BOD_5/COD_{Cr} = 0.30 \sim 0.45$ 为可生物降解污水。

$BOD_5/COD_{Cr} < 0.30$ 为难生物降解污水。

测定方法及注意事项见《水和废水监测分析方法》第四版(增补版)有关内容。

4.4.2 瓦勃氏呼吸仪测定法

1. 目的

(1) 了解瓦勃氏呼吸仪的构造、操作方法、工作原理。

(2) 了解瓦勃氏呼吸仪的使用范围及在污水生物处理中的应用。

(3) 理解内源呼吸线及生化呼吸线的基本含义。

(4) 加深理解有毒物质对生化反应的抑制作用。

2. 原理

瓦勃氏呼吸仪用于测定耗氧量,是依据恒温、定容条件下气体量的任何变化可由检压计上压力改变而反映出来的原理,即在恒温和不断搅动的条件下,使一定量的菌种与污水在定容的反应瓶中接触、反应,微生物耗氧将使反应瓶中氧的分压降低(释放 CO_2 用 KOH 溶液吸收),测定分压的变化,即可推算出消耗的氧量。

利用瓦勃氏呼吸仪测定污水可生化性,是因为微生物处于内源呼吸期,耗氧速度基本不变,而微生物与有机物接触后,由于它的生理活动而消耗氧,耗氧量的多少,则可反映有机物被微生物降解的难易程度。

在不考虑硝化作用时,微生物的生化需氧量由两部分构成,即降解有机物的生化需氧量与微生物内源呼吸耗氧量,如图 4-17 所示。

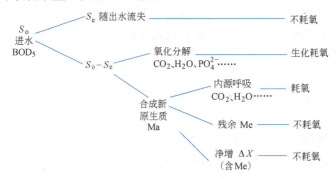

图 4-17 曝气池内生物耗氧模式示意图

总的生化需氧速率及需氧量可由下式计算:

$$\frac{O_2}{VX_v} = a'N_s + b' \tag{4-18}$$

或

$$O_2 = a'QS_r + b'VX_v \tag{4-19}$$

式中 O_2——曝气池内生化需氧量 [kg(O_2)/d];

$\dfrac{O_2}{VX_v}$——曝气池内单位污泥需氧量 [kg(O_2)/(kgMLSS·d)];

a'——降解 1kg 有机物的需氧量 [kg(O_2)/kg(BOD_5)];

N_s——污泥有机物负荷 [kg(BOD_5)/(kgMLSS·d)];

b'——污泥自身氧化需氧率 [kg(O_2)/(kgMLSS·d)];

Q——处理污水量 (m³/d);

S_r——进、出水有机物浓度差 (kg/m³);

V——曝气池容积 (m³);

X_v——挥发性污泥浓度 MLVSS(kg/m³)。

其中内源呼吸耗氧速率 $\left(\dfrac{dO_2}{dt}\right) = b'$ 基本上为一常量,而降解有机物生化耗氧速率 $\left(\dfrac{dO_2}{dt}\right) = a'N_s$,不仅与微生物性能有关,而且还与有机物负荷、有机物总量有关,因此利用瓦勃氏呼吸仪测定污水可生化性能时,由于反应瓶内微生物与底物的不同,其耗氧量累计曲线也将有所不同,如图 4-18 所示。

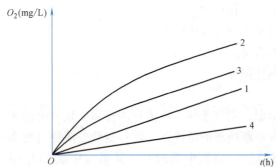

图 4-18 生物降解耗氧量累计曲线
1—内源呼吸线;2—易降解有机物生化耗氧量累计线;
3—难降解有机物生化耗氧量累计线;
4—有毒物质生化耗氧量累计线

(1) 曲线 1 为反应瓶内仅有活性污泥与蒸馏水时,微生物内源呼吸耗氧量的累计曲线,耗氧速率基本不变。

(2) 当反应瓶内的试样对微生物生理活动无抑制作用时,耗氧量累计曲线见

图 4-18 中 2，开始由于有机物含量高，生物降解耗氧速率也大，随着有机物量的减少，生物降解耗氧速率也逐渐降低，当进入内源呼吸期后，其耗氧速率与内源呼吸累计曲线 1 近于相等，两曲线几乎平行。

（3）当反应瓶内试样是难生物降解物质时，其生化耗氧量累计曲线见图 4-18 中 3，可降解物质被微生物分解后，微生物很快即进入了内源呼吸期，因此曲线不仅累计耗氧量低，而且较早地进入与内源呼吸线平行阶段。

（4）当反应瓶内试样含有某些有毒物质或缺少某些营养物质，能够抑制微生物正常代谢活动时，其耗氧量累计曲线见图 4-18 中 4，微生物由于受到抑制，代谢能力降低，耗氧速率也降低。

由此可见，通过瓦勃氏呼吸仪耗氧量累计曲线的测定绘制，可以判断污水的可生化性，并可确定有毒、有害物质进入生物处理构筑物的允许浓度等。

3. 设备及用具

（1）瓦勃氏呼吸仪，主要由以下 3 部分组成：

1）恒温水浴，具有三种调节温度的设备，一是电热器，通常装在水槽底部，通以电流后使水温升高；二是恒温调节器，能够自动控制电流的断续，这样就使水槽温度亦能自动控制；三是电动搅拌器，使水槽中水温迅速达到均匀。

2）振荡装置。

3）瓦勃氏呼吸计，由反应瓶和测压管组成，如图 4-19 所示。

反应瓶为一带中心小杯及侧臂的特殊小瓶，容积为 25mL，用于污水处理时，宜用 125mL 的大反应瓶。

测压管一端与反应瓶相连，并设三通，平时与大气不通，称为闭管，另一端与大气相通，称为开管，一般测压管总高约 300mm，并以 150mm 的读数为起始高度。

（2）离心机。

（3）康氏振荡器。

（4）BOD_5、COD_{Cr} 分析测定装置及药品等。

（5）定时钟、洗液、玻璃器皿等及电磁搅拌器。

（6）羊毛脂或真空脂、皮筋、生理盐水、pH=7 的磷酸盐缓冲液，20%KOH 溶液。

（7）布劳第（Brodie）溶液：23g NaCl 和 5g 脂胆酸钠，溶于 500mL 蒸馏水中，加少量酸性复红，溶液相对密度为 1.033。

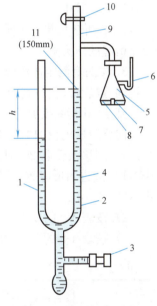

图 4-19 瓦勃氏呼吸计构造示意图

1—开管；2—闭管；3—调节螺旋；4—测压液；5—反应瓶；6—反应瓶侧臂（底物）；7—中心小杯（内装 KOH）；8—水样；9—测压管；10—三通；11—参考点

瓦勃氏呼吸仪构造及操作运行方法，分别见《瓦呼仪的使用》（上海师范大学、生物理化技术）及瓦勃氏呼吸仪说明书。

4. 步骤及记录

（1）实验用活性污泥悬浮液的制备

1）取运行中的城市污水处理厂或工业污水处理站曝气池内混合液，倒入曝气装置内空曝24h，或放在康氏振荡器上振荡，使活性污泥处于内源呼吸阶段。

2）取上述活性污泥，在3000r/min的离心机上离心10min，倾去上清液，加入生理盐水洗涤，在电磁搅拌器上搅拌均匀后再离心，而后用蒸馏水洗涤，重复上述步骤，共进行三次。

3）将处理后的污泥用pH=7的磷酸盐缓冲液稀释，配制成所需浓度的活性污泥悬浊液。

（2）底物的制备

反应瓶内反应所需的底物应根据实验目的而定。

1）由现场取样，或根据需要对水样加以处理，或在水样中加入某些成分后，作为底物。

2）人工配制各种浓度或不同性质的污水作为底物。

本实验取生活污水，并加入Na_2S配制几种不同含硫浓度的废水，其浓度分别为5mg/L、15mg/L、40mg/L、60mg/L。

（3）取清洁干燥的反应瓶并在测压管中装好Brodie检压液备用，反应瓶按表4-8加入各种溶液，其中：

1、2两套只装入相同容积蒸馏水作温度、压力对照，以校正由于大气温度、压力的变化引起的压力降。

3、4两套测定内源呼吸量，即在这两个反应瓶中注入活性污泥悬浮液，并加入相同容积的蒸馏水以代替底物，它们的呼吸耗氧量所表示的就是没有底物的内源呼吸耗氧量。

其余10套除投加活性污泥悬浮液外，可按实验要求分别投加不同的底物。

向反应瓶内投加KOH、底物、污泥。

1）用移液管取20%KOH溶液0.2mL放入各反应瓶的中心小杯，应特别注意防止KOH溶液进入反应瓶。用滤纸叠成扇状放在中心小杯杯口，以扩大CO_2吸收面积，并防止KOH溢出。

2）按表4-8的要求，将蒸馏水、活性污泥悬浮液，用移液管移入相应的反应瓶内。

3）按表4-8的要求，将各种底物用移液管移入相应反应瓶的侧壁内。

各反应瓶所投加的底物　　　　　　　　　　　表4-8

反应瓶编号	蒸馏水	活性污泥	底物含S^{2-}(mg/L) 5	15	40	60	生活污水	中央小杯中20%KOH溶液容积（mL）	液体总容积(mL)	备注
1、2	3							0.2	3.2	温度、压力对照
3、4	2	1								内源呼吸
5、6		1	2							
7、8		1		2						
9、10		1			2					
11、12		1				2				
13、14		1					2			

（4）开始实验工作

1）将水浴槽内温度调到所需温度并保持恒温。

2) 将上述各反应瓶磨口塞与相应的压力计连接，并用橡皮筋拴好，将各反应瓶侧壁的磨口与相应的玻璃棒塞紧，使反应瓶密封。

3) 将各反应瓶置于恒温水浴槽内，同时打开三通活塞，使测压管的闭管与大气相通。

4) 开动振荡装置 5~15min，使反应瓶体系的温度与水浴温度完全一致。

5) 将反应瓶侧臂中底物倾入反应瓶内，注意不要把 KOH 倒出或把污泥、底物倒入中心小瓶内。

6) 将各测压管闭管中检压液液面调节到刻度 150mm 处，然后迅速关闭测压管顶部三通使之与大气隔绝，记录各测压管中检压液面读数，此值应在 150mm 左右，再开启振荡装置，此时即为实验开始时刻。

（5）实验开始后每隔一定时间，如 0.25h、0.5h、1.0h、2.0h、3.0h、…、6.0h，关闭振荡装置，利用测压管下部的调节螺旋，将闭管中的检压液液面调至 150mm，然后读开管中检压液液面并记录于表 4-9 中。

瓦勃氏呼吸仪生物耗氧量测定记录及成果整理表　　　　表 4-9

反应瓶编号												
反应瓶常数	$K=$			$K=$			$K=$			$K=$		
反应瓶用途	温度计			内源呼吸			底物			底物含 S^{2-}（mg/L）		
项目 时间（h）	读数 h	差值 Δh		读数 h'_i	差值 $\Delta h'_i$	实差 Δh_i	耗氧率 C_i	读数 h'_i	差值 $\Delta h'_i$	实差 Δh_i	耗氧率 C_i	读数 h'_i	差值 $\Delta h'_i$	实差 Δh_i	耗氧率 C_i
0.25												
0.50												
1.00												
2.00												
3.00												
4.00												
5.00												
6.00												

1) 严格地说，在进行读数时，振荡装置应继续工作，但实际上很困难，为避免实验时产生较大的误差，读数应快速进行，或在实验时间中扣除读数时间，记录完毕，即迅速开启振荡开关。

2) 温度及压力修正两套实验装置，应分别在第一个和最后一个读数以修正操作时间的影响。

3) 实验中，待测压管读数降至 50mm 以下时，需开启闭管顶部三通，使反应瓶空间重新充气，再将闭管液位调至 150mm，并记录此时开管液位高度。

4) 读数的时间间隔应按实验的具体要求而定，一般开始时应取较小的时间间隔，如 15min，然后逐步延长至 30min、1h，甚至 2h，实验延续时间视具体情况而定，一般最好延续到生化呼吸耗氧曲线与内源呼吸耗氧曲线趋于平行时为止。

（6）实验停止后，取下反应瓶及测压管，擦净瓶口及磨塞上的羊毛脂，倒去反应瓶中液体，用清水冲洗后，置于肥皂水中煮沸，再用清水冲洗后，以洗液浸泡 12h 以上，洗净后置于 55℃烘箱烘干待用。

【注意事项】

（1）瓦勃氏呼吸仪是一种精密贵重仪器，使用前一定要搞清仪器本身构造、操作及注意事项，实验中精力要集中，动作要轻、软，以免损坏反应瓶或测压管。

（2）反应瓶、测压管的容积均已标好，并有编号，使用时一定要注意编号、配套，不要搞乱搞混，以免由于容积不准而影响实验成果。

（3）活性污泥悬浮液的制备，一定要按步骤进行，保证污泥进入内源呼吸期。

（4）为了保证实验结果的精确可靠，必要时，可先用 1 个反应瓶进行必要的演练。

5. 成果整理

（1）根据实验中记录下的测压管读数（液面高度），计算活性污泥耗氧量，计算表格见表 4-9。

主要公式为：

$$\Delta h_i = \Delta h'_i - \Delta h \tag{4-20}$$

式中 Δh_i——各测压管计算的检压液液面高度变化值（mm）；

Δh——温度压力对照管中检压液液面高度变化值（取 2 套温压校正装置读数的平均值）（mm）；

$$\Delta h = \frac{\Delta h_1 + \Delta h_2}{2} \tag{4-21}$$

其中：

$$\Delta h_1 = h_{1(t_2)} - h_{1(t_1)} \tag{4-22}$$

$$\Delta h_2 = h_{2(t_2)} - h_{2(t_1)} \tag{4-23}$$

$\Delta h'_i$——各测压管实测的检压液液面高度变化值（mm）。

$$\Delta h'_i = h'_{i(t_2)} - h'_{i(t_1)} \tag{4-24}$$

$$X'_i = K_i \Delta h_i \tag{4-25}$$

或

$$X_i = 1.429 K_i \Delta h_i \tag{4-26}$$

式中 X'_i——耗氧量（mL）；

X_i——耗氧量（mg）；

1.429——氧的容量（g/L）；

K_i——各反应瓶的体积常数，已给出，测法及计算见《瓦呼仪的使用》一书。

$$C_i = \frac{X_i}{S_i} \tag{4-27}$$

式中 C_i——各反应瓶不同时刻，单位质量活性污泥的耗氧量（$mgO_2/mgMLSS$）；

X_i——各反应瓶不同时间的耗氧量（mg）；

S_i——各反应瓶中的活性污泥质量（mg）。

（2）以时间为横坐标，C_i 为纵坐标，绘制内源呼吸线及不同含硫污水生化呼吸线，进行比较。分析含硫浓度对生化呼吸过程的影响及生物处理可允许的含硫浓度。

【思考题】

（1）简述瓦勃氏呼吸仪的构造、操作步骤及使用注意事项。

（2）利用瓦勃氏呼吸仪为何能判定某种污水可生化性？

(3) 何为内源呼吸,何为生物耗氧?
(4) 利用瓦勃氏呼吸仪还可进行哪些有关实验?

4.5 活性污泥活性测定实验

在活性污泥法的净化功能中,起主导作用的是活性污泥,活性污泥性能的优劣,对活性污泥系统的净化功能有决定性的作用,活性污泥是由大量微生物凝聚而成,具有很大的表面积,性能优良的活性污泥应具有很强的吸附性能和氧化分解有机污染物的能力。并具有良好的沉淀性能,因此,活性污泥的活性即指吸附性能、生物降解能力和污泥凝聚沉淀性能。

由于污泥凝聚沉淀性能可由污泥容积指数 SVI 值和污泥成层沉降的沉速反映,故本节只考虑活性污泥的活性吸附性能与生物降解能力的测定。

4.5.1 吸附性能测定实验

进行活性污泥吸附性能的测定,不仅可以判断污泥再生效果,不同运行条件、方式、水质等状况下污泥性能的好坏,还可以选择污水处理运行方式,确定吸附、再生段适宜比值,在科研及生产运行中具有重要的意义。

22. 活性污泥吸附性能实验视频

23. 活性污泥吸附性能实验全过程

1. 目的

(1) 加深理解污水生物处理及吸附再生时曝气池的特点,吸附段与污泥再生段的作用。

(2) 掌握活性污泥吸附性能测定方法。

2. 原理

任何物质都有一定的吸附性能,活性污泥由于单位体积的表面积很大,特别是再生良好的活性污泥具有很强的吸附性能,故此污水与活性污泥接触初期,由于吸附作用,而使污水中底物得以大量去除,即所谓初期去除;随着外酶作用,某些被吸附物质经水解后,又进入水中,使污水中底物浓度又有所上升,随后由于微生物对底物的降解作用,污水中底物浓度随时间而逐渐缓慢地降低,整个过程如图 4-20 所示。

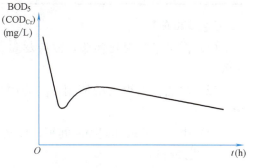

图 4-20 活性污泥吸附曲线

3. 设备及用具

(1) 有机玻璃反应罐 2 个,如图 4-21 所示。

(2) 100mL 量筒及烧杯、三角瓶、秒表、玻璃棒、漏斗等。

(3) 离心机、水分快速测定仪。

(4) COD_{Cr} 回流装置或 BOD_5 测定装置。

4. 步骤及记录

(1) 制取活性污泥

1) 取运行曝气池再生段末端及回流污泥,或普通空气曝气池与氧气曝气池回流污泥,经离心机脱水，倾去上清液。

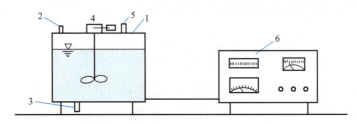

图 4-21　吸附性能测定实验装置示意图
1—反应罐；2—进样孔；3—取样及放空孔；4—搅拌器；5—通气管；6—控制仪表

2) 称取一定质量的污泥，配制罐内混合液浓度 MLSS＝2～3g/L，在烧杯中用待测水搅匀，分别放入反应罐内并编号，注意两罐内的浓度应保持一致。

(2) 将待测定水注入反应罐内，容积在 15L 左右，同时取原水样测定 COD_{Cr} 或 BOD_5 值。

(3) 打开搅拌器开关，在第 0.5min、1.0min、2.0min、3.0min、5.0min、10min、20min、40min、70min，分别取出一个 200mL 左右混合液和一个 100mL 混合液。

(4) 将上述所取水样静沉 30min 或过滤，取其上清液或滤液，测定其 COD_{Cr} 或 BOD_5 值等，用 100mL 混合液测其污泥浓度。

(5) 记录见表 4-10。

BOD_5 或 COD_{Cr}(mg/L) 吸附性能测定记录　　　　　　　表 4-10

污泥种类	吸附时间(min)								
	0.5	1.0	1.5	2.0	3.0	5.0	10	20	40	70
吸附段										
再生段										

【注意事项】

(1) 因是平行对比实验，故应尽量保证两反应罐内污泥浓度的一致和水样的均匀一致。

(2) 注意仪器设备的使用，实验中保持两搅拌罐运行条件，尤其是搅拌强度的一致性。

(3) 由于实验取样间隔时间短，样又多，准备工作要充分，不要弄乱。

5. 成果整理

以吸附时间为横坐标，以水样 BOD_5 或 COD_{Cr} 值为纵坐标绘图。

【思考题】

(1) 活性污泥吸附性能对污水底物的去除性能有何影响，试举例说明。

(2) 影响活性污泥吸附性能的因素有哪些？

(3) 简述测定活性污泥吸附性能的意义。

(4) 试对比分析吸附段、再生段污泥吸附曲线区别（曲线低点的数值与出现时间）及其原因。

4.5.2 生物降解能力测定实验

污泥活性生物降解能力的测定,是活性污泥法的科研、设计中常用的一种测试方法。它不仅可用来判断污泥性能,也可用来指导选择生物处理方法、运行方式、条件,对生产厂(站)的运行管理工作也有一定的指导作用。

1. 目的

(1) 加深对活性污泥性能,特别是污泥活性的理解。

(2) 掌握不同的测定活性污泥活性的方法。

(3) 测定活性污泥对底物的降解能力,并比较不同活性污泥的活性。

2. 污泥活性测定——瓦勃氏呼吸仪测定实验

(1) 原理

水中微生物在降解有机物时,需要氧作为受氢体,最终产物为 CO_2 和 H_2O。生化反应越快,耗氧速率也越快,从而根据活性污泥耗氧曲线,可以评定污泥的降解能力及其活性。

利用瓦勃氏呼吸仪测定污泥在降解有机物时的耗氧量,其原理见本章 4.4 实验中有关内容。

(2) 设备及用具

见本章 4.4 实验中有关内容。

(3) 步骤及记录

1) 活性污泥制备

① 取生产运行中曝气方式不同或运行方式不同的曝气池中之活性污泥,分别编号为 1 号、2 号污泥,用纱布过滤去除较大颗粒物质,以免影响实验的准确性。

② 将上述混合液空曝 24h 后,或将混合液在康氏振荡器上振荡 1h,而后用离心机、蒸馏水或生理盐水(用 NaCl 加到蒸馏水中配制而成)反复洗涤三次即可,这种活性污泥要当天制备当天用。配制的不同性质的活性污泥,浓度应一致,最好 MLSS=2g/L 左右。

2) 底物用待测定之污水。

3) 取清洁干燥反应瓶 10 套,温度、压力对照用两套,两种活性污泥内源呼吸各用两套,两种活性污泥在同一负荷下对同一底物的降解呼吸耗氧测定各用两套。反应瓶内各种溶液数量见表 4-11。

反应瓶内各种溶液数量　　　　　表 4-11

反应瓶编号(号)	反应瓶内液体体积(mL)			中央小杯20% KOH 溶液	液体总容积 (mL)	备注
	蒸馏水	活性污泥悬浮液	底物			
1、2	3	0	0	0.2	3.2	温度、压力对照
3、4	2	1.0	0	0.2	3.2	1号污泥内源呼吸
5、6	2	1.0	0	0.2	3.2	2号污泥内源呼吸
7、8		1.0	2	0.2	3.2	1号污泥耗氧
9、10		1.0	2	0.2	3.2	2号污泥耗氧

4) 反应瓶内 KOH、底物、污泥的投加。

5) 测压管与反应瓶的连接安装。

6) 实验及记录。

7) 实验结束后仪器的洗涤。

以上 4)~7) 步骤参见本章 4.4 实验中有关内容。

(4) 成果整理

1) 计算污泥耗氧量。

2) 以时间为横坐标，耗氧量为纵坐标绘图，绘污泥耗氧曲线。

3. 污泥活性测定二——摇床生物降解实验

(1) 原理

在底物与氧气充足的条件下，由于微生物的新陈代谢作用，将不断地消耗污水中的底物，使其数量逐渐减少，活性良好、降解能力强的污泥其底物降低的更快。因此用单位时间、单位质量污泥对底物降解的数量，可以反映活性污泥活性，即生物降解能力。本实验也可用来判断污水的可生化性。

(2) 设备及用具

1) 康氏振荡器 1 台，或磁力搅拌器 2 台。

2) 离心机 1 台，水分快速测定仪。

3) 分析天平。

4) 纱布及三角瓶、烧杯等有关玻璃器皿。

5) COD_{Cr} 或 BOD_5 及其他指标所需的分析仪器及试剂药品。

(3) 步骤及记录

1) 活性污泥的制备取不同曝气方式或不同运行方式的活性污泥系统的回流污泥，用纱布过滤，而后用离心机脱水。

2) 测定脱水后污泥质量。

3) 用分析天平称取干重为 0.20g（可根据需要增减）经上述处理后的污泥，放入 250mL 三角瓶中，加入一定量待处理的污水，配制成相同污泥负荷的混合液，负荷为 0.2~0.03kg/(kg·d)。

4) 将三角瓶放到摇床上，振荡 1~2h（或将上述混合液放到烧杯内，在磁力搅拌器上搅拌），实验时温度保持在 20~30℃之间。

5) 将振荡后水样静沉 30min，取其上清液。

6) 测定实验前后水样的 COD_{Cr} 值，或其他有关指标。

【注意事项】

1) 该实验为单一条件实验，改变任一条件，结果不同，因此作为对比实验，两组实验的条件负荷、水温、搅拌强度一定要严格控制一致。

2) 三角瓶放在摇床上，要用泡沫塑料挤紧，以免振荡时倾倒或破碎。

(4) 成果整理

计算活性污泥对底物的降解能力 G：

$$G = \frac{(C_1 - C_2)V}{qt} \times 10^{-6} \quad kg/(kg \cdot h) \tag{4-28}$$

式中 C_1、C_2——污水实验前后 COD_{Cr} 或 BOD_5 等指标的浓度（mg/L）；

V——底物的体积（mL）；

q——活性污泥干重（g）；

t——振荡时间（h）。

【思考题】

(1) 何谓活性污泥的活性？通过什么方法测定比较？

(2) 你还能找出另外的方法，来定性和定量地说明鼓风曝气与表面曝气两种不同曝气方式污泥降解底物的快慢吗？

(3) 影响污泥活性的因素有哪些？

(4) 为何用瓦勃氏呼吸仪测定时，配制的污泥浓度应一致，且要保持在 2g/L 左右？

(5) 利用瓦勃氏呼吸仪测定纯氧曝气及普通曝气的活性污泥的活性时应注意哪些问题？

(6) 分析对比两种不同污泥对底物降解能力。

4.6 好氧生物处理实验

好氧生物处理中，在微生物降解有机物的同时，污泥也在增长，而这整个过程都是在有充足溶解氧的条件下进行的。整个过程变化规律如何，正是生化反应动力学所要解决的问题。因此，对污水生化反应进行动力学分析不仅能够掌握曝气池内生化反应的规律，还可用以指导活性污泥系统的设计和处理厂（站）的运行。

实验研究结果说明，曝气池内所进行的底物降解、污泥增长、氧的消耗，因微生物处于不同生长阶段而有着不同特点。

实践还证明，决定底物降解、污泥增长、氧的消耗的主要因素是污泥负荷 F/M 值。

因此，生化反应动力学的实质就是以曝气池内生化反应这一过程为基础，通过数学模式建立起活性污泥负荷 F/M 与底物降解速率，污泥增长速率，耗氧速率间的定量关系，从而根据这些关系来指导活性污泥系统的设计与运行。

对生化反应动力学的研究分为稳态与动态两类，以稳态生化反应动力学较为成熟，基于研究方法、出发点、基础的不同又分为不同学派，本书主要阐述埃肯费尔德的生化反应动力学模式。

要反映生化需氧量与污泥负荷间关系，必须要掌握曝气池混合液耗氧速率，因此，本部分实验主要有 3 个内容：(1) 曝气池混合液耗氧速率测定；(2) 完全混合生化反应动力学系数的测定；(3) 活性污泥处理系统基本方程式 5 个系数的测定。

4.6.1 曝气池混合液比耗氧速率测定实验

混合液比耗氧速率（简称 SOUR，一般称 OUR）的测定，是推求完全混合曝气池底物降解与需氧量间关系，求其底物降解中用于产生能量的那一部分比值 a' 和内源呼吸耗氧率 b' 的重要前提，也可用以判断污水可生化性，因此该测定方法也是科研、设计与运行管理工程技术人员必须掌握的基本方法之一。

1. 目的

(1) 加深理解活性污泥的比耗氧速率、耗氧量的概念，以及它们之间的相互关系。

(2) 掌握测定污泥比耗氧速率的方法。

24. 比耗氧速率实验视频

25. 比耗氧速率实验全过程

(3) 测定某处理厂曝气池混合液的比耗氧速率。

2. 原理

污水好氧生物处理中,微生物对有机物的降解过程不断耗氧,在 F/M、温度、混合等条件不变的情况下,其耗氧速率不变。根据这一性质,取曝气池混合液于一密闭容器内,在搅拌情况下,测定混合液溶解氧值随时间变化关系,直线斜率的绝对值即为比耗氧速率,如图 4-22 所示。

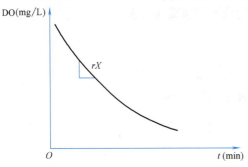

图 4-22 耗氧速率变化曲线

3. 设备及用具

(1) 密闭搅拌罐、控制仪、微型空压机。
(2) 溶解氧测定仪、记录仪、秒表。
(3) 水分快速测定仪或万分之一天平、烘箱等。
(4) 烧杯、三角瓶、100mL 量筒、漏斗、滤纸等。

实验装置如图 4-23 所示。

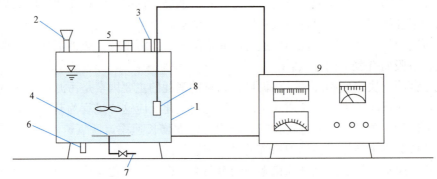

图 4-23 比耗氧速率测定实验装置示意图
1—搅拌罐;2—进样口;3—排气孔;4—布气管;5—搅拌器;
6—放空管;7—进气管;8—溶解氧探头;9—控制仪表

4. 步骤及记录

(1) 打开排气孔 3 的阀门,将生产运行或实验曝气池内之混合液通过进样口 2 加入密闭罐内 6~8L。同时测定混合液浓度。

(2) 开动空压机进行曝气,待溶解氧值达到 4~5mg/L 时关闭空压机与进气阀门。

(3) 取下漏斗,堵死进口,关闭排气孔 3 的阀门,开动搅拌装置,待溶解氧测定仪读数稳定后,按表 4-12 记录时间和溶解氧值,或将溶解氧测定仪与记录仪接通自动记录。

污泥比耗氧速率测定原始记录　　　　　　　　　　表 4-12

时间 t (min)	0	0.5	1.0	1.5	2.0	2.5	3.0	3.5	4.0	5	6.5	7	8	10	12	14	20
DO (mg/L)																	

【注意事项】

(1) 熟悉溶解氧仪的使用及维护方法，实验前应接通电源预热，并调好溶解氧仪零点及满度，具体使用详见溶解氧仪说明书。

(2) 取出曝气池之混合液，当溶解氧值不足 4～5mg/L 时，宜曝气充氧，当溶解氧值 DO＝4～5mg/L 时，可直接进行测试。

(3) 探头在罐内位置要适中，不要贴壁，以防水流流速过小影响溶解氧值的测定。

(4) 处理厂（站）实测曝气池内耗氧速率时，完全混合曝气池内由于各点状态基本一致，可测几点取其均值。推流式曝气池则不同，由于池内各点负荷等状态不同，各点耗氧速率也不同。

5. 成果整理

(1) 根据实验记录，以时间 t 为横坐标，溶解氧值为纵坐标，在普通直角坐标纸上绘图。

(2) 根据所得直线，或用数理统计的回归分析方法求解比耗氧速率 mg(O_2)/(L·h) 或 mg(O_2)/(gMLSS·h)。

【思考题】

(1) 测定污泥比耗氧速率的意义何在？

(2) 当污泥负荷不同时，污泥比耗氧速率相同吗？应当如何变化？

(3) 当负荷一样，而混合液来自两个不同运转条件的曝气池时（如曝气方式不同，或运转方式不同，水质相同），污泥比耗氧速率一样吗？为什么？

(4) 本实验装入密闭罐内混合液的容积要记录吗？为什么？

(5) 当没有溶解氧测定仪时，如何完成上述实验？

(6) 判断推流池内沿池各点污泥比耗氧速率如何变化？

4.6.2 完全混合生化反应动力学系数测定实验

活性污泥法是污水生物处理中使用最为广泛的一项处理技术。正确地理解生物处理机理，合理地进行曝气池的设计，均与本实验有着密切的关系。本实验的内容是间歇与连续流完全混合曝气池生物处理实验及所得数据的分析、处理。

1. 实验目的

(1) 通过本实验进一步加深对污水生物处理的机理及生化反应动力学的理解。

(2) 掌握用间歇式生化反应求定活性污泥反应动力学系数的方法。

(3) 探讨污泥降解与污泥负荷 F/M 之间的关系，求底物降解常数 K_2。

(4) 探讨污泥增长与污泥负荷 F/M 之间的关系，求底物降解的污泥产率系数 a（或称为污泥转换率）和衰减系数 b（或称为污泥内源呼吸系数）。

(5) 探讨底物降解与需氧量之间的关系，求底物降解中用于产生能量的那一部分所占比值 a' 和内源呼吸耗氧率 b'。

(6) 了解并掌握求定生物处理主要设计运行参数的方法。

2. 间歇式生化反应动力学系数的测定

(1) 原理

多年来污水生物处理系统的设计、运行多是按经验进行的，近年来国际上污水生物处理研究深入地探讨了底物降解和微生物增殖的规律，提出了生化反应动力学公式，并据此进行生物处理系统的设计与运行管理。

生化反应动力学主要包括：

底物降解动力学，主要描述决定底物降解速度的各项因素及其相互间的关系。

微生物增殖动力学，主要描述决定微生物量增殖速率的各项因素及其相互间的关系。

为了简化实验研究过程，设定：整个处理系统处于稳定状态；各项参数保持不变；反应器内物料是完全混合的；进水底物为溶解性的，不含微生物，且浓度不变；二次沉淀池内不产生微生物对底物的代谢作用；污泥沉淀性能良好。实验研究过程以使处理水中有机物浓度最小为目的。

1）底物降解动力学方程式

1942年法国的莫诺特将米—门酶促反应式应用到纯底物、纯菌种培养的微生物增殖方面，用以描述微生物的比增殖速率与底物浓度间的关系，即：

$$\mu = \mu_{max} \frac{S}{K_s + S} \tag{4-29}$$

式中 μ——微生物比增殖速率，即单位生物量的增殖速率 $\mu = \frac{dX_V}{X_V dt}$ （t^{-1}）；

μ_{max}——饱和浓度下微生物最大比增殖速率（t^{-1}）；

S——底物浓度（mg/L）；

K_s——米氏常数或饱和常数，其值为 $\mu = \frac{\mu_{max}}{2}$ 时的底物浓度（mg/L）。

将此关系式用于污水生物处理，用多菌种混合群体的活性污泥对混合底物进行实验，其规律也基本符合。由于底物降解与污泥增长间存在如下关系：

$$-\frac{dS}{dt} Y = \frac{dX_V}{dt} \tag{4-30}$$

将式(4-29)代入式(4-30)，并经变换，可得：

$$-\frac{dS}{X_V dt} = \frac{\mu_{max}}{Y} \cdot \frac{S}{K_s + S}$$

或

$$v = v_{max} \frac{S}{K_s + S} \tag{4-31}$$

式中 $v = -\frac{dS}{X_V dt}$——比底物降解速率，即单位污泥对底物的降解速率，工程中此值即为污泥有机负荷 N_S（t^{-1}）；

v_{max}——饱和浓度下底物的最大比降解速率（t^{-1}）；

X_V——曝气池内活性污泥浓度 MLVSS（mg/L）；

Y——微生物产率系数或转换系数（mg/mg）。

此即为底物降解动力学方程式。式中的 v_{max}、K_s 在水质和污泥性能一定的条件下为常数。取式(4-31)的倒数，可转化为一元线性方程：

$$\frac{1}{v} = \frac{K_s}{v_{max}} \cdot \frac{1}{S} + \frac{1}{v_{max}} \tag{4-32}$$

在直角坐标系中，以 $1/v$ 为纵坐标、以 $1/S$ 为横坐标，所得直线截距为 $1/v_{max}$、斜率为 K_s/v_{max}，如图 4-24 所示。

通过实验，采用作图法或利用线性回归分析方法可求得 v_{max}、K_s 值。

2) 微生物增殖动力学方程式

曝气池内微生物在分解有机物的同时，将一部分物质合成为自身原生质，本身不断增殖，同时微生物由于内源呼吸作用又自身衰减，因此曝气池内微生物的实际增殖速率为：

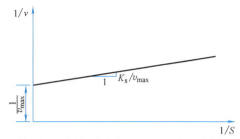

图 4-24 图解法确定 v_{max}、K_s 的示意图

$$\frac{dX_V}{dt} = Y\frac{dS}{dt} - K_d X_V \tag{4-33}$$

式中 $\dfrac{dX_V}{dt}$ ——微生物净增殖速率 [mg/(L·d)]；

$\dfrac{dS}{dt}$ ——底物生物降解速率 [mg/(L·d)]；

K_d ——微生物内源呼吸速率，即自身氧化系数或衰减系数 (d^{-1})；

X_V ——曝气池内活性污泥浓度 MLVSS (mg/L)。

在进行底物降解动力学的实验中，每天测定污泥增长量 ΔX_V，并定义

$$\frac{\Delta X_V}{V} = \frac{dX_V}{dt}$$

$$\frac{Q(S_0 - S_e)}{V} = \frac{dS}{dt}$$

式中 V ——反应器容积；

Q ——污水流量。

将上两式代入式(4-33)，则得：

$$\frac{\Delta X_V}{V} = Y\frac{Q(S_0 - S_e)}{V} - K_d X_V$$

等式两侧除以 X_V 则得：
$$\frac{\Delta X_V}{VX_V} = Y\frac{Q(S_0 - S_e)}{VX_V} - K_d$$

因为污泥龄 $\theta_c(d)$ 可表示成：
$$\frac{VX_V}{\Delta X_V} = \theta_c$$

污泥负荷 N_s 可表示成：
$$N_s = \frac{Q(S_0 - S_e)}{VX_V}$$

所以有：
$$\frac{1}{\theta_c} = YN_s - K_d \tag{4-34}$$

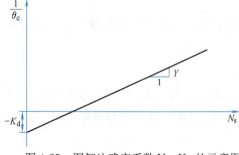

图 4-25 图解法确定系数 Y、K_d 的示意图

控制实验设备中水样浓度 S_0 或池内活性污泥浓度 X_V，测定相应污泥龄 θ_c，通过作图法或利用回归分析方法可求得式(4-34) 中的直线斜率 Y 和截距 $-K_d$，如图 4-25 所示。

(2) 设备与用具

实验装置由 5 个反应器及配水、投配系统和空压机等组成，如图 4-26 所示。

1) 生化反应器为五组有机玻璃柱，内径

$D=190$mm、高 $H=600$mm，池底装有十字形布置、孔眼 0.5mm 的穿孔曝气器，池顶有 10cm 保护高，有效容积为 14.2L。

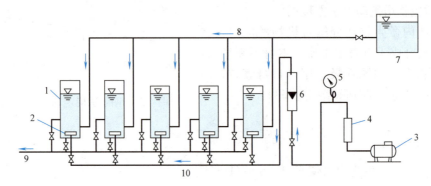

图 4-26　间歇式生化反应动力学常数测定实验装置示意图
1—反应器；2—布气头；3—空压机；4—过滤器；5—压力表；6—气体转子流量计；
7—配水箱；8—配水管；9—排水与放空管；10—进气管

2）配水与投配系统。

3）空压机。

4）SS、COD_{Cr}、BOD_5 测定仪器、玻璃器皿、有关化学药剂等。

（3）步骤及记录

1）按表 4-13 配制污水，以避免因进水引起的水质波动对实验产生影响。

人工配制污水的方案　　　　　　　　　　　　表 4-13

药剂	投加浓度(mg/L)	药剂	投加浓度(mg/L)
葡萄糖	200～650	三氯化铁	0.8～2.5
硫酸铵	72～215	氯化钙	0.2～0.5
磷酸二氢钾	12.5～37.5	硫酸镁	0.2～0.5

若 $BOD_5/COD_{Cr}=0.71$，每次按比例将药品溶解后配成 15L 原液，并加 5 倍自来水稀释，放入配水箱内，每天配水一次。

2）采用接种培养法，培养驯化活性污泥，即由运行正常的城市污水处理厂中取回的活性污泥，浓缩后投入反应器内，保持其活性污泥浓度 $X_V=2.5$g/L 左右。

3）加入人工配制污水。

4）进行曝气充氧。

5）曝气 20h 左右，按污泥龄 $\theta_c=\dfrac{VX_V}{\Delta X_V}$ 为 7d、6d、5d、4d、3d，用虹吸法排去池内混合液。

6）将反应器内剩余混合液静沉 1.0h。

7）去除上清液，重复步骤 3）~6）继续实验，并取样测定原水 S_0 及反应器的上清液 S_e、SS、污泥浓度 x，连续运行 15d 左右，S_0、S_e 可用 COD_{Cr} 也可用 BOD_5 表示。

实验记录见表 4-14。

确定间歇式生化反应动力学系数的实验记录及成果整理　　　　　表 4-14

反应器编号	日期	原水		反应器内				出水		排泥量	污泥负荷	泥龄
号	日/月	Q (L/d)	pH	S_0 (mg/L)	pH	水温 (℃)	DO (mg/L)	X_V (mg/L)	S_e (mg/L)	SS (mg/L)	V_ω (L/d)	N_S[kg/(kg·d)]	θ_c (d)
⋮	⋮	⋮	⋮	⋮	⋮	⋮	⋮	⋮	⋮	⋮	⋮	⋮	⋮

(4) 成果整理

1) 计算 S_0、S_e、X_V、N_s、θ_c 值，其中：

$$N_s = \frac{Q(S_0 - S_e)}{VX_V}$$

$$\theta_c = \frac{VX_V}{\Delta X_V}$$

$$\Delta X_V = V_\omega X_V$$

式中　V_ω——生化反应器有效容积。

2) 利用式(4-32)，以 $\dfrac{1}{S_e}$ 为横坐标，$\dfrac{1}{v}$ 为纵坐标，通过作图法或一元线性回归分析方法，可求出 v_{max}、K_S 值。

3) 利用式(4-34) 以 N_S 为横坐标，$\dfrac{1}{\theta_c}$ 为纵坐标，通过作图法或一元线性回归分析方法，可求出 Y、K_d 值。

3. 活性污泥处理系统基本方程式中 5 个系数测定实验

(1) 原理

活性污泥在供氧充足条件下进行好氧分解时，一方面进行底物降解，另一方面污泥又在不断增长，如图 4-27 所示。整个过程中，底物降解速率、污泥增长速率、氧的消耗速率虽然与很多因素有关，但最主要的因素是污泥负荷。污泥负荷不同，它们的值也不同，有如下一些关系式。

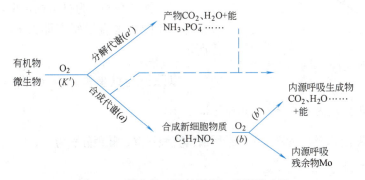

图 4-27　微生物（活性污泥）代谢模式图

1) 底物降解与污泥负荷间关系

$$\frac{Q(S_0-S_e)}{VX_V}=K_2 S_e \tag{4-35}$$

$$N_s=K_2 S_e \tag{4-36}$$

2) 污泥增长与污泥负荷间关系

$$\Delta X_V=aQ(S_0-S_e)-bVX_V \tag{4-37}$$

$$\frac{\Delta X_V}{VX_V}=aN_s-b \tag{4-38}$$

3) 生化需氧量与污泥负荷间关系

$$O_2=a'Q(S_0-S_e)+b'VX_V \tag{4-39}$$

$$\frac{O_2}{VX_V}=a'N_s+b' \tag{4-40}$$

式中　S_0、S_e——进出水底物浓度，以 BOD_5 计（mg/L 或 kg/m^3）；

V——曝气池容积（m^3）；

X_V——曝气池混合液挥发性污泥浓度（mg/L 或 kg/m^3）；

Q——处理水量（m^3/d）；

ΔX_V——每日增长挥发性污泥量（kg/d）；

O_2——生化需氧量[kg(O_2)/d]；

N_s——污泥负荷[kg/(kg·d)]；

K_2——底物降解常数（1/d）；

a——污泥转换系数；

b——衰减系数（1/d）；

a'——底物降解中用于产生能量的那一部分比值；

b'——内源呼吸耗氧率（1/d）。

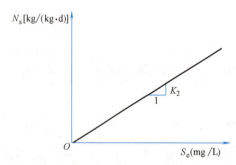

图 4-28　N_s 与 S_e 关系的图示

通过控制进水水质不变，改变四个不同进水流量的实验，测定不同负荷时的进水水质、池内挥发性污泥浓度、池容、进水流量、出水水质、剩余污泥量和耗氧速率，按式(4-36)、式(4-38)和式(4-40)进行计算。

以污泥负荷 N_s 为纵坐标，出水水质 S_e 为横坐标，绘图所得直线斜率即为 K_2 值，如图 4-28 所示。

以 $\dfrac{\Delta X_V}{VX_V}$ 为纵坐标，N_s 为横坐标，绘图所得直线斜率、截距分别为 a、$-b$，如图 4-29 所示。

以 $\dfrac{O_2}{VX_V}$ 为纵坐标，N_s 为横坐标，绘图所得直线斜率、截距分别为 a'、b'，如图 4-30 所示。

(2) 设备及用具

1) 生物处理设备 4 套，其中有机玻璃曝气柱内径 $D=200$mm，$H=2.7$m，有机玻璃沉淀池，平面尺寸 $a \times b = 0.3\text{m} \times 0.3\text{m}$，$H = 0.2\text{m}$，锥部：底面 $0.04\text{m} \times 0.04\text{m}$，高 $H = 0.2\text{m}$，装置如图 4-31 所示。

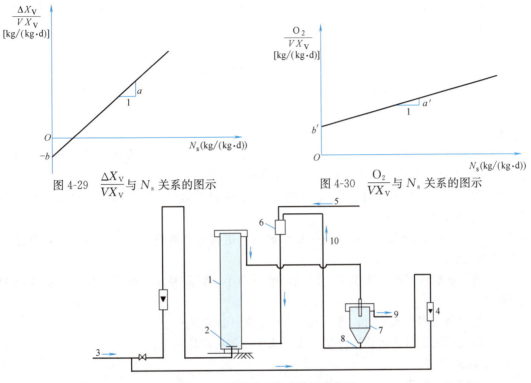

图 4-29 $\dfrac{\Delta X_V}{V X_V}$ 与 N_s 关系的图示   图 4-30 $\dfrac{O_2}{V X_V}$ 与 N_s 关系的图示

图 4-31 生物处理实验装置示意图

1—曝气柱；2—布气管；3—压缩空气；4—气体转子流量计；5—进水；6—投配槽；
7—沉淀池；8—提升器（三通）；9—出水；10—回流污泥

2) 供气系统：空压机、贮气罐、减压阀、输送管路及计量布气装置。

3) 配水系统：集水池、搅拌器、加压泵、恒位水槽、配水管及计量装置。

4) 污泥耗氧速率测定装置。

5) 水分快速测定仪、马福炉、定时钟。

6) BOD_5、COD_{Cr}、SS 等指标分析仪器、玻璃器皿、药品、滤纸、瓷盘等。

(3) 步骤及记录

1) 活性污泥培养及驯化，可采用生活污水加入少量粪便水的闷曝法，也可采用连续法培养和驯化。在有条件的地方最好由已运行的活性污泥池接种。

2) 4 套装置中采用不同进水量，每套装置内污泥浓度保持在 $X_V = 2.5\text{g/L}$ 左右，其污泥负荷分别为 $0.15\text{kgBOD}_5/(\text{kgMLSS} \cdot \text{d})$、$0.30\text{kgBOD}_5/(\text{kgMLSS} \cdot \text{d})$、$0.45\text{kgBOD}_5/(\text{kgMLSS} \cdot \text{d})$、$0.60\text{kgBOD}_5/(\text{kgMLSS} \cdot \text{d})$ 左右。

3) 连续运行数天至运行稳定，污泥浓度基本一致，而且具有一定去除效果作微生物相镜检，菌胶团状态良好，原生动物活跃，柱内污泥浓度正常时，开始进入正式实验。整个运行中，维持四套设备 MLVSS、水温、池内溶解氧浓度基本一致。

4) 每天根据需要及可能的条件进行测定，其中水质分析可取 24h 混合样或三班瞬间样与混合样测定。

① 进水流量(进水流量少时,可用容积法或计量泵等计量)、进出水 BOD_5、COD_{Cr}、SS 等。

② 曝气池内混合液 30min 沉降比 SV,污泥浓度 MLSS,挥发性污泥浓度 MLVSS,池内溶解氧 DO,供气量等。

③ 每天排除污泥量及污泥浓度。

④ 曝气池混合液耗氧速率,视人员及条件确定测试次数,逐时测最好。

5) 24h 连续运行,运行 15~30d 便可结束。

6) 对实验数据进行处理及分析。

【注意事项】

1) 本实验测试内容多、工作量大,参加测试人员也多,实验前必须做好充分准备工作,使每个人熟悉实验目的、实验原理及人员分工情况。

2) 为保证实验结果准确与可靠,建议 4 套设备同时运行,以此可维持进水水样的一致性,并可加快实验进度。

3) 操作运行管理人员,至少应每小时进行一次检查,调整进水量、进风量,并进行运行操作记录。

4) 由于实验设备小,进水量、污泥回流量均小,管路易发生堵塞,操作人员应特别给予重视。

5) 测定全天混合水样时,逐时所取水样应置于冰箱内保存。

6) 每天排泥量可用体积法计量,排泥浓度搅匀后取样测定。

(4) 成果整理

1) 实验数据整理。

2) 底物降解与污泥负荷的关系。

将每组连续运行数据进行归纳整理,可得出一个负荷 N_S 和一个出水水质 S_e。

以 N_S 为纵坐标,S_e 为横坐标,将 4 组结果点绘直线,斜率为 K_2,或者将 4 组数据利用回归分析方法,求解 K_2 值。

3) 污泥增长与污泥负荷关系

将每组连续运行数据进行整理,以 $\dfrac{\Delta X_V}{VX_V}=\dfrac{1}{\theta_c}$ 为纵坐标,N_S 为横坐标绘图,直线斜率为污泥产率系数 a,纵轴截距的绝对值为衰减系数 b。或将 4 组数据利用回归分析法求解 a、b 值。

4) 污泥比耗氧量与污泥负荷间的关系

将上述 4 组数据进行数据整理后,以 $\dfrac{O_2}{VX_V}$ 为纵坐标,以 N_S 为横坐标,绘图。直线斜率为 a',即底物转换成能量的那一部分比值,与纵坐标截距 b',即污泥内源呼吸系数。

【思考题】

(1) 试推导污泥负荷与底物降解、污泥增长、生化耗氧量间关系式。

(2) 说明系数 K_2、a、b、a'、b' 的含义及其在生物处理厂(站)设计及运行中的作用。

(3) 温度不同对上述系数有何影响,如何进行修正?

(4) 每天排泥量是否即为剩余污泥量,剩余污泥量应如何计算?

4.7 曝气充氧实验

曝气是活性污泥系统的一个重要环节，它的作用是向池内充氧，保证微生物生化作用所需之氧，同时保持池内微生物、有机物、溶解氧，即泥、水、气三者的充分混合，为微生物降解创造有利条件。因此了解掌握曝气设备充氧性能，不同污水充氧修正系数 α、β 值及其测定方法，不仅对工程设计人员，而且对污水处理厂（站）运行管理人员也至关重要。此外，二级生物处理厂（站）中，曝气充氧电耗占全厂动力消耗的 60%～70%，因而高效节能型曝气设备的研制是当前污水生物处理技术领域面临的一个重要课题。因此本实验是水处理实验中一个重要实验项目。

4.7.1 曝气设备清水充氧性能测定实验

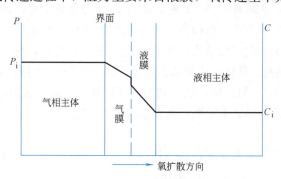

26. 清水曝气充氧实验视频　27. 清水曝气充氧实验全过程

1. 目的

(1) 加深理解曝气充氧的机理及影响因素。
(2) 掌握曝气设备清水充氧性能测定的方法。
(3) 测定几种不同形式的曝气设备氧的总转移系数 $K_{La(20)}$、氧利用率 E_A、动力效率 E_P 等，并进行比较。

2. 原理

曝气是人为地通过一些设备向水中加速传递氧的过程，常用的曝气设备分为机械曝气与鼓风曝气两大类，无论哪一种曝气设备，其充氧过程均属传质过程，氧传递机理为双膜理论，如图 4-32 在氧传递过程中，阻力主要来自液膜，氧传递基本方程式为：

图 4-32　双膜理论模式示意图

$$\frac{dC}{dt}=K_{La}(C_s-C_b) \tag{4-41}$$

式中　$\dfrac{dC}{dt}$——液体中溶解氧浓度变化速率 [$kgO_2/(m^3 \cdot h)$]；

C_s——液膜处饱和溶解氧浓度（mg/L）；

C_b——液相主体中溶解氧浓度（mg/L）；

C_s-C_b——氧传质推动力（mg/L）；

K_{La}——氧总转移系数，$K_{La}=\dfrac{D_L A}{X_L V}$（1/h）；

D_L——液膜中氧分子扩散系数（m^2/h）；
X_L——液膜厚度（m）；
A——气、液两相接触面积（m^2）；
V——曝气液体积（m^3）。

由于液膜厚度 X_L 和液体流态有关，而且实验中无法测定与计算，同样气液接触面积 A 的大小也无法测定与计算，故用氧总转移系数 K_{La} 代替。

将式(4-41)积分整理后得曝气设备氧总转移系数 K_{La} 计算式：

$$K_{La} = \frac{1}{t-t_0} \ln \frac{C_s - C_0}{C_s - C_t} \tag{4-42}$$

式中 K_{La}——氧总转移系数（1/min 或 1/h）；
t_0、t——曝气时间（min）；
C_0——曝气开始时池内溶解氧浓度（$t_0 = 0$ 时，$C_0 = 0mg/L$）（mg/L）；
C_s——曝气池内液体饱和溶解氧值（mg/L）；
C_t——曝气某一时刻 t 时，池内液体溶解氧浓度（mg/L）。

由式（4-42）可知，影响氧传递速率 K_{La} 的因素很多，除了曝气设备本身结构尺寸、运行条件外，还与水质、水温等有关。为了进行互相比较，以及向设计、使用部门提供产品性能参数，故产品给出的充氧性能均为标准状态下，即清水（一般多为自来水）、一个大气压、20℃下的充氧性能。常用指标有氧总转移系数 $K_{La(20)}$、充氧能力 E_L、动力效率 E_P 和氧转移效率 E_A。

曝气设备充氧性能测定实验有两种方法，一种是间歇非稳态测定法，即实验时池水不进不出，池内溶解氧浓度随时间而变；另一种是连续稳态测定法，即实验时池内连续进出水，池内溶解氧浓度保持不变。目前国内外多用间歇非稳态测定法，即向池内注满所需水后，将待曝气之水以无水亚硫酸钠为脱氧剂，氯化钴为催化剂，脱氧至零后开始曝气，液体中溶解氧浓度逐渐提高。液体中溶解氧的浓度 C 是时间 t 的函数，曝气后每隔一定时间 t 取曝气水样，测定水中溶解氧浓度，从而利用上式计算 K_{La} 值，或是以亏氧量 $(C_s - C_t)$ 为纵坐标，在半自然对数坐标纸上绘图，直线斜率即为 K_{La} 值。

3. 设备及用具

(1) 自吸式射流曝气清水充氧设备（图 4-33）。

1) 曝气池：钢制 $0.8m \times 1.0m \times 4.3m$。

2) 射流曝气设备：喷嘴直径 $d = 14mm$，喉管直径 $d = 32mm$，喉管长 $L = 2975mm$。

3) 水循环系统，吸水池、塑料泵。

4) 计量装置：转子流量计、压力表、真空表、热球式测风仪和秒表。

5) 溶解氧测定仪。

6) 无水亚硫酸钠、氯化钴。

(2) 穿孔管鼓风曝气清水充氧设备（图 4-34）。

1) 有机玻璃柱：内径 $D150mm$（三套）、内径 $D200mm$（一套）、$H = 3.2m$。

2) 穿孔管布气装置：孔眼直径 $0.5mm$，与垂直线呈 45°夹角，两排交错排列。

3) 空气压缩机、贮气罐。

(3) 平板叶轮表面曝气清水充氧实验设备（图 4-35）。

1) 有机玻璃平板叶轮完全混合式曝气池，电动搅拌机调速器。
2) 溶解氧测定仪、记录仪。

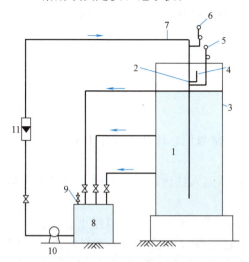

图 4-33　自吸式射流曝气清水充氧实验装置示意图
1—曝气水池；2—射流器；3—取样孔；4—进气口；
5—真空表；6—压力表；7—温度计；8—吸水池
（密封）；9—放气口；10—水泵；11—水转子流量计

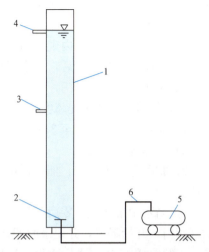

图 4-34　穿孔管鼓风曝气清水充氧实验装置示意图
1—有机玻璃曝气柱；2—穿孔管布气；
3—取样孔或探头插口；4—溢流孔；
5—空压机；6—进气管

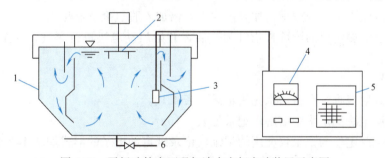

图 4-35　平板叶轮表面曝气清水充氧实验装置示意图
1—完全混合合建式曝气池；2—平板叶轮；3—探头；4—溶解氧浓度测定仪；5—记录仪；6—放空管

4. 步骤及记录

（1）自吸式射流曝气设备清水充氧实验步骤

1) 关闭所有阀门，向曝气池内注入清水（自来水）至 4.2m，取水样测定水中溶解氧值，并计算池内溶解氧含量 $G=CV$。

2) 计算投药量

a. 脱氧剂采用无水亚硫酸钠。

根据　　　$2Na_2SO_3+O_2=2Na_2SO_4$

则投药量 $g=(1.1\sim1.5)\times 8G$，$1.1\sim1.5$ 值是为脱氧完全而取的系数。

b. 催化剂采用氯化钴，投加浓度为 0.1mg/L，将称得的药剂用温水化开，由池顶倒入池内，通少量空气搅拌后，约 10min，取水样、测其溶解氧。

3) 当池内水脱氧至零后，打开吸水池的回水阀门和放气阀门，向吸水池灌水排气。

4) 关闭水泵出水阀门，启动水泵，然后，缓慢打开阀门，至池顶压力表读数为

0.15MPa 为止。

5）开启水泵后，由观察孔观察射流器出口处，当有气泡出现时，开始计时，同时每隔 1min（前 3 个间隔）和 0.5min（后几个间隔）开始取样，连续取 15 个水样。

6）计量水泵流量、水压、风速（m/s）（进气管 $d=32$mm）。

7）观察曝气时喉管内现象和池内现象。

8）关闭进气管闸门后，记录真空表读数。

9）关闭水泵出水阀门，停泵。

（2）鼓风曝气清水充氧实验步骤

1）向柱内注入清水至 3.1m 处时，测定水中溶解氧值，计算池内溶氧量 $G=CV$。

2）计算投药量。

3）将称量的脱氧剂、催化剂用温水化开由柱顶倒入柱内，几分钟后，测定水中溶解氧值。

4）当水中溶解氧为零后，打开空压机，向贮气罐内充气。空压机停止运行后，打开供气阀门，开始曝气，并记录时间；同时每隔一定时间（1min）取一次样，测定溶解氧值，连续取样 10~15 个；而后，拉长间隔，直至水中溶解氧不再增长（达到饱和）为止；随后，关闭进气阀门。

5）实验中计量风量、风压、室外温度，并观察曝气时柱内现象。

（3）平板叶轮表面曝气清水充氧实验步骤

1）向池内注满清水，按理论加药量的 1.5 倍加入脱氧剂及催化剂。

2）当溶解氧测定仪的读数或指针为 0 后，开始启动电机进行曝气，直至池内溶解氧达到稳定值为止。

（4）记录

1）自吸式射流曝气设备清水充氧记录见表 4-15。

2）化学滴定法测定水中溶解氧记录见表 4-16。

3）溶解氧测定仪与记录仪配用的记录，记录纸自动记录的形式如图 4-36 所示。

自吸式射流曝气清水充氧实验记录　　　　　　表 4-15

水温	曝气池平面尺寸（m²）	泵水流量（m³/h）	进风量			气水比（体积比）
			风压	风速	风量	

进水压力（MPa）	池内水深（m）	喷嘴直径 d（mm）	喉管直径（mm）	喉管长度 L（mm）	面积比 D^2/d^2	长径比 L/D

水中溶解氧测定记录表　　　　　　表 4-16

瓶号	取样点	$\bar{V}$(mL)	V(mL)	C(mg/L)	瓶号	取样点	$\bar{V}$(mL)	V(mL)	C(mg/L)

$Na_2S_2O_3$（$N=$　　）

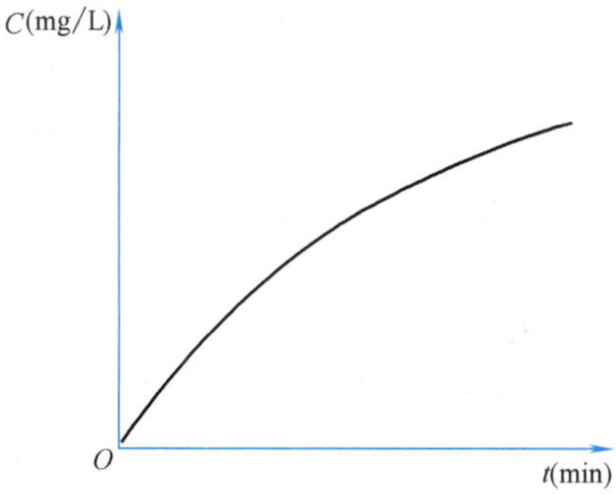

【注意事项】

(1) 每个实验所用设备、仪器较多,事前必须熟悉设备、仪器的使用方法及注意事项。

(2) 加药时,将脱氧剂与催化剂用温水化开后,从柱或池顶,均匀加入。

(3) 如无溶解氧测定仪,在曝气初期,取样时间间隔宜短。

(4) 实测饱和溶解氧值时,一定要等到溶解氧值稳定后进行。

(5) 水温、风温(送风管内空气温度)宜取开始、中间、结束时实测值的平均值。

图 4-36 C 与 t 关系曲线

5. 成果整理

(1) 参数选用

因清水充氧实验给出的是标准状态下氧总转移系数 $K_{La(20)}$,即清水(本实验用的是自来水)在 1atm、20℃下的充氧性能,而实验过程中曝气充氧的条件并非是 1atm、20℃,但这些条件都对充氧性能有影响,故引入了压力、温度修正系数。

1) 温度修正系数 K

$$K = 1.024^{20-T} \tag{4-43}$$

修正后的氧总转移速率为:

$$K_{La(20)} = KK_{La(T)} = 1.024^{20-T} K_{La(T)} \tag{4-44}$$

此为经验式,它考虑了水温对水的黏滞性和饱和溶解氧值的影响,国内外大多采用此式,本实验也以此进行温度修正。

2) 水中饱和溶解氧值的修正

由于水中饱和溶解氧值受其中压力和所含无机盐种类及数量的影响,所以式(4-42)中的饱和溶解氧最好用实测值,即曝气池内的溶解氧达到稳定时的数值。另外也可以用理论公式对饱和溶解氧标准值进行修正。

式(4-42)中饱和溶解氧值 C_s 用下式求得:

$$C_{sm} = C_s P \tag{4-45}$$

式中 C_{sm}——清水充氧实验池内经修正后的饱和溶解氧值(mg/L);

C_s——1atm、某温度下氧饱和度理论值(mg/L);

P——压力修正系数。

用埃肯费尔德公式确定压力修正系数:

$$P = \frac{P_b}{0.206} + \frac{Q_t}{42} \tag{4-46}$$

式中 P_b——空气释放点处的绝对压力;

$$P_b = P_a + \frac{H}{10 \times 10} \quad (\text{MPa}) \tag{4-47}$$

P_a——大气压力(0.1MPa);

H——空气释放点距水面高度(m);

Q_t——空气中氧的质量百分比；

$$Q_t = \frac{21(1-E_A)}{79+21(1-E_A)} \times 100\% \tag{4-48}$$

E_A——曝气设备氧的利用率（%）。

（2）氧总转移系数 $K_{La(20)}$ 是指在标准状态下单位传质推动力的作用下，在单位时间、向单位曝气液体中所充入的氧量。它的倒数 $1/K_{La(20)}$ 单位是时间，表示将满池水从溶解氧为零充到饱和值时所用时间，因此 $K_{La(20)}$ 是反映氧传递速率的一个重要指标。

$K_{La(20)}$ 的计算首先是根据实验记录，或溶解氧测定记录仪的记录和式（4-42），按表 4-17 计算，或者是在半自然对数坐标纸上，以 $(C_{sm}-C_t)$ 为纵坐标，以时间 t 为横坐标绘图求 $K_{La(T)}$ 值。

氧总转移系数 $K_{La(T)}$ 计算表　　　　　　　　表 4-17

$t-t_0$ (min)	C_t (mg/L)	C_s-C_t (mg/L)	$\dfrac{C_s}{C_s-C_t}$	$\ln\dfrac{C_s}{C_s-C_t}$	$\tan a = \dfrac{1}{t-t_0}$	$K_{La(T)}$ (1/min)

求得 $K_{La(T)}$ 值后，利用式(4-44)求得 $K_{La(20)}$ 值。

（3）氧转移速率 R_o

氧转移速率是反映曝气设备在单位时间内向单位液体中充入的氧量，R_o 可用下式计算：

$$R_o = K_{La(20)} C_s \quad [\text{kgO}_2/(\text{m}^3 \cdot \text{h})] \tag{4-49}$$

式中　$K_{La(20)}$——氧总转移系数（标准状态）（1/h 或 1/min）；

　　　C_s——1atm 下，20℃时氧饱和值，$C_s=9.17\text{mg/L}$。

（4）动力效率 E_p

E_p 是指曝气设备每消耗一度电时转移到曝气液体的氧量。由此可见，动力效率将曝气供氧与所消耗的动力联系在一起，是一个经济评价指标，它的高低将影响活性污泥处理厂（站）的运行费用。

$$E_p = \frac{R_o V}{N} \quad [\text{kg}/(\text{kW} \cdot \text{h})] \tag{4-50}$$

式中　N——理论功率，即不计管路损失，不计风机和电机的效率，只计算曝气充氧所耗有用功（kW）；

　　　V——曝气池有效体积（m³）。

$$N = \frac{\gamma Q_b H_b}{1000} \quad (\text{kW}) \tag{4-51}$$

式中　γ——空气重度（N/m³）；

　　　Q_b——修正后的气体实际流量（m³/s）；

　　　H_b——风压（m）。

$$Q_b = Q_{b0} \sqrt{\frac{P_{b0} T_b}{P_b T_{b0}}} \quad \text{（引自转子流量计说明书）} \tag{4-52}$$

由于供风时计量条件与所用转子流量计标定时的条件相差较大，而要进行如上修正。

式中 Q_{b0}——仪表的刻度流量（m³/h）；
P_{b0}——标定时气体的绝对压力（0.1MPa）；
T_{b0}——标定时气体的绝对温度，293K；
P_b——被测气体的实际绝对压力（MPa）；
T_b——被测气体的实际绝对温度（273+t℃，K）。

（5）氧转移效率 E_A

$$E_A = \frac{R_0 V}{Q \times 0.28} \times 100\% \tag{4-53}$$

式中 Q——标准状态下（1atm、293K 时）的气量。

$$Q = \frac{Q_b P_b T_a}{T_b P_a} \tag{4-54}$$

式中 P_a——1atm；
T_a——293K。

标准状态下 1m³ 空气中所含氧的质量为 0.28kg。

【思考题】
(1) 论述曝气在生物处理中的作用。
(2) 曝气充氧原理及其影响因素是什么？
(3) 温度修正、压力修正系数的意义如何？如何进行公式推导？
(4) 常见曝气设备类型、动力效率及各自优缺点是什么？
(5) 氧总转移系数 K_{La} 的意义是什么？怎样计算？
(6) 曝气设备充氧性能指标为何均是清水？标准状态下的值是多少？
(7) 鼓风曝气设备与机械曝气设备充氧性能指标有何不同？

4.7.2 污水充氧修正系数 α、β 值测定实验

1. 目的
(1) 了解测定 α、β 值的实验设备，掌握测试方法。
(2) 进一步加深理解生物处理曝气过程及 α、β 值在设计选用曝气设备时的意义。

2. 原理
由于氧的转移受到水中溶解有机物、无机物等的影响，造成同一曝气设备在同样曝气条件下清水与污水中氧的转移速率不同，水中氧的饱和浓度不同，而曝气设备充氧性能指标又均为清水中之值，为此引入修正系数 α、β 值。

$$\alpha = \frac{K_{Law}}{K_{La}} \tag{4-55}$$

$$\beta = \frac{C_{sw}}{C_s} \tag{4-56}$$

式中 K_{Law}、K_{La}——在曝气设备相同的条件下，污水和清水中曝气充氧时氧总转移系数（1/min 或 1/h）；
C_{sw}、C_s——曝气设备向污水中充氧时水中氧的饱和浓度值，同温度下清水中氧饱和浓度理论值（mg/L）。

由此可知，α、β 的测定实际上就是分别测定同一曝气设备在清水和污水中充氧的氧总转移系数及溶解氧饱和值。

（1）对曝气液体内无生物耗氧物质的清水、曝气池的上清液等，曝气池存在如下关系式：

$$\frac{dC}{dt}=K_{La}(C_s-C) \tag{4-57}$$

（2）对曝气池混合液曝气充氧时，由于有生物耗氧物质，池内存在如下关系式：

$$\frac{dC}{dt}=K_{Law}(C_{sw}-C)-rx \tag{4-58}$$

式中 $\dfrac{dC}{dt}$——曝气液体内溶解氧浓度随时间的变化率；

K_{Law}——污水中曝气设备氧总转移系数；

C_{sw}，C——污水中氧饱和浓度及 t 时刻的溶解氧浓度；

r——污泥比耗氧速率；

x——污泥浓度。

实验采用间歇非稳态方法进行，当水样为污水或曝气池上清液时，在相同条件下按照清水充氧实验方法，分别进行清水与污水充氧实验，求出清水充氧的 K_{La}、C_s 和污水充氧的 K_{Law}、C_{sw}，并按式(4-55)、式(4-56)求出 α、β 值。

当水样为曝气池内混合液时，除在同一条件下先进行数组清水充氧实验，求得曝气设备的清水充氧的 K_{La}、C_s 外，对混合液的实验要利用式(4-58)进行测定。

首先向曝气罐内曝气到罐内溶解氧达到稳定后停止曝气，同时开启搅拌装置，此时由于不曝气，故：

$$K_{Law}(C_s-C)=0$$

式(4-58)有如下形式：

$$\frac{dC}{dt}=-rx \tag{4-59}$$

由于罐内活性污泥不断消耗溶解氧，造成溶解氧值的降低，其变化如图4-37（a）所示。由式(4-59)可知，直线斜率即为 $-rx$，在内源呼吸期，污泥比耗氧速率 r 值可看作一常量。

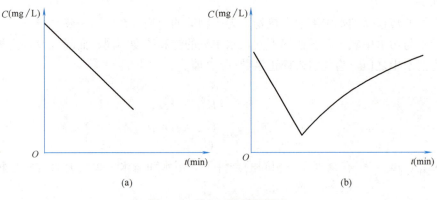

图 4-37　C 与 t 关系的图示
(a) 停曝气；(b) 停曝气之后再次曝气

当罐内溶解氧值降到 $C=1\sim 2\mathrm{mg/L}$ 时，再次曝气，并测定罐内溶解氧值随时间的变化，如图 4-37（b）所示。将式(4-58)变换后得：

$$C=C_{sw}-\frac{1}{K_{Law}}\left(\frac{dC}{dt}+rx\right) \quad (4-60)$$

以 $\frac{dC}{dt}+rx$ 为横坐标，以 C 为纵坐标绘图，直线斜率为 $-\frac{1}{K_{Law}}$，截距为 C_{sw}，如图 4-38 所示。或用回归分析方法，求解 K_{Law} 与 C_{sw} 值。

3. 设备与用具

实验设备如图 4-39 所示。

(1) 曝气罐：有机玻璃内径 25cm，容积 10L，内设工字形布气管，孔径 0.75mm，热电偶测温计，搅拌装置，溶解氧测定仪探头等。

(2) 仪器控制箱：内有溶解氧测定仪、转子流量计、电压表（控制叶片转速）、温度表、可控硅电压调整器（控制恒温装置）、溶解氧记录仪等。

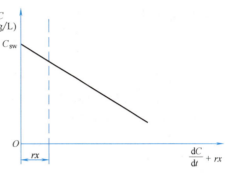

图 4-38　C 与 $\left(\dfrac{dC}{dt}+rx\right)$ 关系的图示

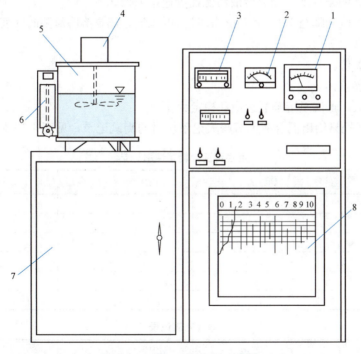

图 4-39　α、β 测定仪示意图

1—溶解氧测定仪；2—搅拌强度计；3—温度控制仪；4—搅拌电机；5—曝气罐；6—转子流量计；7—鼓风机柜；8—自动记录仪

(3) 小型空气压缩机。

4. 步骤及记录

(1) 方法

采用较为普遍、简单的间歇非稳态的测试法。

（2）步骤

【α 值测定步骤】

1) 自来水、初次沉淀池进水、出水、二次沉淀池出水的测试。

a. 预热溶解氧测定仪，调整溶解氧仪零度、满度。

b. 向曝气罐内投加待测曝气液体。

c. 测定液体溶解氧值并计算投加无水亚硫酸钠和氯化钴的数量，以消除水中溶解氧。

d. 调节叶片转速以满足溶解氧探头所需流速，而后开动风机，充氧，用转子流量计调节所需风量。打开记录仪开关。

e. 当溶解氧测定仪指针（或读数）从零点启动时，开始计时，至溶解氧达饱和指针（或读数）稳定不动为止。

2) 曝气池内混合液的测试

a. 预热溶解氧测定仪。

b. 取生产或实验曝气池内混合液，其中污泥浓度 X 和停留时间 t 要尽量与生产运行结果一致，注入曝气柱或罐内，并测定混合液浓度 $X(g/L)$。

c. 开动空压机充氧至溶解氧量稳定时，停止供风。

d. 在有搅拌的条件下，测混合液污泥耗氧速率 r 值。

e. 当溶解氧值下降至 1.0~2.0mg/L 时，再曝气，记录溶解氧随时间变化过程。

【β 值测定步骤】

a. 预热溶氧仪。

b. 加入待测液体。

c. 开动风机，曝气至溶解氧达饱和稳定为止。

实验记录本处只给出混合液无溶解氧记录仪时的测试记录，见表 4-18 和表 4-19。

活性污泥比耗氧速率记录　　　　　　　表 4-18

序　号	时间(min)	罐内溶解氧 C_1 (mg/L)	备　注
1	0.5		
2	1.0		
3	1.5		
4	2.0		
5	3.0		
6	t	C_2	C_2 应在 1~2mg/L

曝气充氧记录　　　　　　　表 4-19

序　号	时间(min)	罐内溶解氧(mg/L)	备　注
1	0		
2	1		
3	2		
4	3		
5	4		
6	5		
7	6		

【注意事项】

(1) 认真调试仪器设备，特别是溶解氧测定仪，要定时更换探头内电解液，使用前标定零点及满度。

(2) 溶解氧测定仪探头的位置对实验影响较大，要保证位置的固定不变，探头应保持与被测溶液有一定相对流速，一般在 20～30cm/s，测试中应避免气泡和探头直接接触，引起表针（或数显）跳动而影响读数。

(3) 应严格控制各项基本实验条件，如水温、搅拌强度、供风风量等，尤其是对比实验更应严格控制。

(4) 所取曝气池混合液浓度，应为正常条件（设计或正常运行）下的污泥浓度。

(5) 罐内液体搅动强度应尽可能与生产池相一致。

5. 成果整理

(1) 利用清水充氧计算方法，分别计算自来水、初次沉淀池进水、出水，二次沉淀池出水的 K_{La} 及 C_s 值。

(2) 计算混合液曝气时的 K_{Law} 及 C_{sw} 值。

1) 以时间 t 为横坐标，溶解氧值为纵坐标，将关闭风机后罐内溶解氧值与相应时间逐一点绘，如图 4-37（a）所示，直线斜率为 $-rx$ 值。

2) 将再次曝气后，各不同时间 t 和相应溶解氧值点绘在图中，如图 4-37（b）所示，并用作图法求定曲线上各点 C 的切线斜率 $\dfrac{dC}{dt}$ 值，至少 5 个点以上。

3) 以 $\left(\dfrac{dC}{dt}+rx\right)$ 为横坐标，以 C 为纵坐标绘图，直线斜率即为 $-\dfrac{1}{K_{Law}}$，纵轴截距即为 C_{sw} 值，如图 4-38 所示。

(3) 根据清水充氧求得的 K_{La}、C_s 和各水样充氧求得的 K_{Law}、C_{sw} 值，可求得：

$$\alpha = \frac{K_{Law}}{K_{La}} \qquad \beta = \frac{C_{sw}}{C_s}$$

【思考题】

(1) α、β 值的测定有何意义？影响 α、β 的因素有哪些？

(2) 测定时，为何使用的混合液浓度及它们的停留时间，要与生产池尽量一致？

(3) 比较同一曝气池混合液及其混合液的上清液所得的 α、β 值是否相同？为什么？

(4) 有机物为何影响 α 值，无机盐类为何影响 β 值？

(5) 推流式曝气池内 α 值沿池长如何变化？

4.8 间歇式活性污泥法（SBR 法）实验

1. 目的

(1) 了解 SBR 法系统的特点。

(2) 加深对 SBR 法工艺及运行过程的认识。

2. 原理

间歇式活性污泥法，又称序批式活性污泥法（Sequencing Batch Reactor Activated Sludge Process，简称 SBR）是一种不

28. 间歇式活性污泥法实验视频

29. 间歇式活性污泥法实验全过程

同于传统的连续流活性污泥法的活性污泥处理工艺。SBR法实际上并不是一种新工艺，1914年英国的Alden和Lockett首创活性污泥法时，采用的就是间歇式。当时由于曝气器和自控设备的限制，该法未能广泛应用。随着计算机的发展和自动控制仪表、阀门的广泛应用，近年来该法又得到了重视和应用。

SBR工艺作为活性污泥法的一种，其去除有机物的机理与传统的活性污泥法相同，即都是通过活性污泥的絮凝、吸附、沉淀等过程来实现有机污染物的去除，所不同的只是其运行方式。SBR法具有工艺简单，运行方式也较灵活，脱氮除磷效果好，SVI值较低污泥易于沉淀，可防止污泥膨胀，耐冲击负荷和所需费用较低，不需要二沉池和污泥回流设备等优点。

SBR法系统包含预处理池、一个或几个反应池及污泥处理设施。反应池兼有调节池和沉淀池的功能。该工艺被称为序批间歇式，它有两个含义：一是其运行操作在空间上按序排列；二是每个SBR的运行操作在时间上也是按序进行。

SBR工作过程通常包括5个阶段：进水阶段（加入基质）；反应阶段（基质降解）；沉淀阶段（泥水分离）；排放阶段（排上清液）；闲置阶段（恢复活性）。这5个阶段都是在曝气池内完成，从第一次进水开始到第二次进水开始称为一个工作周期。每一个工作周期中的各阶段的运行时间、运行状态可根据污水性质、排放规律和出水要求等进行调整。对各个阶段若采用一些特殊的手段，又可以达到脱氮、除磷，抑制污泥膨胀等目的。SBR法典型运行模式如图4-40所示。

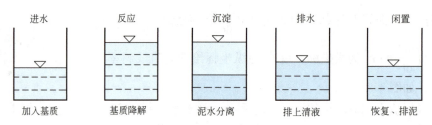

图4-40 SBR法典型运行模式示意图

3. 设备及用具

(1) SBR法实验装置及计算机控制系统1套，如图4-41所示。

(2) 水泵。

(3) 水箱。

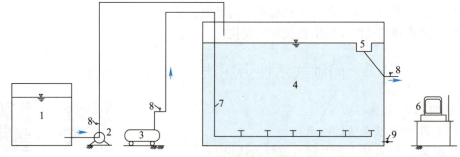

图4-41 SBR法实验装置示意图
1—原水箱；2—水泵；3—空压机；4—反应器；5—滗水器；
6—计算机；7—空气管；8—电磁阀；9—放空阀

(4) 空气压缩机。

(5) DO 仪。

(6) COD_{Cr} 测定仪或测定装置及相关药剂。

4. 步骤及记录

(1) 打开计算机并设置各阶段控制时间（填入表 4-20 中），启动控制程序。

SBR 法实验记录　　　　　表 4-20

进水时间 （h）	曝气时间 （h）	静沉时间 （h）	滗水时间 （h）	闲置时间 （h）	进水 COD_{Cr} （mg/L）	出水 COD_{Cr} （mg/L）

(2) 水泵将原水送入反应器，达到设计水位后停泵（由水位继电器控制）。

(3) 打开气阀开始曝气，达到设定时间后停止曝气，关闭气阀。

(4) 反应器内的混合液开始静沉，达到设定静沉时间后，滗水器开始工作，排出反应器内的上清液。

(5) 滗水器停止工作，反应器处于闲置阶段。

(6) 准备开始进行下一个工作周期。

5. 成果整理

计算在给定条件下 SBR 法的有机物去除率 η：

$$\eta = \frac{S_a - S_e}{S_a} \times 100\% \tag{4-61}$$

式中　S_a——进水有机物浓度（mg/L）；

S_e——出水有机物浓度（mg/L）。

【思考题】

(1) 简述 SBR 法与传统活性污泥法的区别。

(2) 简述 SBR 法工艺上的特点及滗水器的作用。

(3) 如果对脱氮除磷有要求，应怎样调整各阶段的控制时间？

4.9　高负荷生物滤池实验

生物滤池是生物膜法的主要处理构筑物，各种生物膜处理工艺的原理基本相同，掌握了高负荷生物滤池的实验方法，其他工艺也就易于解决了。

1. 目的

(1) 了解掌握高负荷生物滤池的实验方法。

(2) 加深理解生物滤池的生物处理机理。

(3) 通过实验求解污水生物滤池处理基本数学模式中常数 n 及 K_0 值。

2. 原理

生物滤池由布水系统、滤床、排水系统所组成，当污水均匀地洒布到滤池表面后，在污水自上而下流经滤料表面时，空气由下而上与污水相向流经滤池，在滤料表面会逐渐形成一层薄而透明的、对有机污染物具有降解作用的黏膜——生物膜。高负荷生物滤池法就是利用生物膜降解水中溶解及胶体有机污染物的一种处理方法。影响处理效果的因素主要有滤料、池深、水力负荷、通风等。1963年埃肯费尔德假定高负荷生物滤池是一种推流反应器，BOD_5 的降解遵循一级反应动力学关系式，提出 BOD_5 去除率和滤池深度、水力负荷之间存在如下的关系式：

$$\frac{S_e}{S_0} = e^{-K_0 \frac{H}{q^n}} \tag{4-62}$$

该式即为生物滤池的基本数学模式，它反映了剩余 BOD_5 百分数 S_e/S_0 和滤池深 H、水力负荷 q 之间的关系。

式中 S_0、S_e——进、出水 BOD_5 值（mg/L）；

H——滤池深度（m）；

q——水力负荷 $[m^3/(m^2 \cdot d)]$；

n——与滤料特性有关的常数；

K_0——底物降解速率常数（d^{-1}），反映有机物的降解难易、快慢程度，受温度影响，有如下关系式：

$$K_{0(T)} = K_{0(20)} \times 1.035^{T-20} \tag{4-63}$$

当有回流时，上式可改写为：

$$\frac{S_e}{S_0} = \frac{e^{-K_0 \frac{H}{q^n}}}{(1+R) - R \cdot e^{-K_0 \frac{H}{q^n}}} \tag{4-64}$$

式中 R——回流比。

其他符号意义同前。

3. 常数 n 及 K_0 值求解方法。

（1）n 值的确定

根据式(4-62)，将公式两边取自然对数后可得：

$$\ln \frac{S_e}{S_0} = -\left(\frac{K_0}{q^n}\right) H \tag{4-65}$$

在半自然对数坐标纸上，以滤池深度（H）为横坐标，以剩余 BOD_5 百分数 $\left(\frac{S_e}{S_0} \times 100\right)$ 为纵坐标绘图，如图4-42所示。

观察图4-42，每一水力负荷 q 下可得一直线，直线斜率 r 即为 $-\frac{K_0}{q^n}$ 值，即：

$$r = -\frac{K_0}{q^n} = -K_0 q^{-n}$$

上式两边取绝对值后，可得：

$$|r| = K_0 q^{-n}$$

再对上式两边取自然对数，得：

$$\ln|r| = \ln(K_0 q^{-n})$$
$$= \ln K_0 - n \ln q \tag{4-66}$$

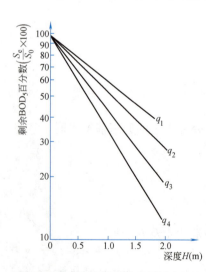

图 4-42 半自然对数坐标系中 $\frac{S_e}{S_0} \times 100$ 与 H 关系图

以 $\ln q$ 为横坐标，以 $\ln|r|$ 值为纵坐标绘图 (图 4-43)，所得直线斜率即为 $-n$ 值，即可求出 n 值。

(2) K_0 值的确定

根据式 (4-66) 通过作图求得的 n 值，计算出各水力负荷下的不同滤料深度处的 $\dfrac{H}{q^n}$ 值。

根据式 (4-65)，在半自然对数坐标系上，以 $\dfrac{H}{q^n}$ 为横坐标，以 $\dfrac{S_e}{S_0} \times 100$ 为纵坐标绘图，如图 4-44 所示，所得直线斜率为 $-K_0$，从而求得 K_0 值。

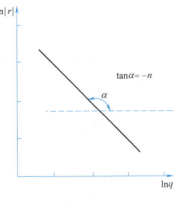

图 4-43 普通直角坐标系中 $\ln|r|$ 与 $\ln q$ 的关系图示

4. 设备及用具

实验装置如图 4-45 所示。主要设备有：

(1) 有机玻璃生物滤池模型，内径 $D=230\text{mm}$，高 $H=2.2\text{m}$，内装瓷环或蜂窝式滤料 $H=2.0\text{m}$。

(2) 贮水池、沉淀池（钢板或塑料板焊接制成）。

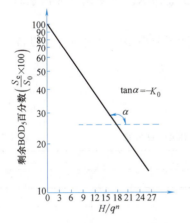

图 4-44 半自然对数坐标系中 $\dfrac{S_e}{S_0} \times 100$ 与 H/q^n 的关系图

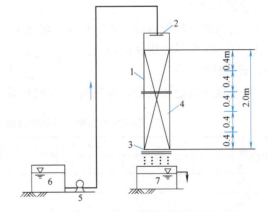

图 4-45 高负荷生物滤池实验装置示意图
1—生物滤池模型；2—旋转布水器；3—格栅；
4—取样口；5—计量泵；6—贮水池；7—沉淀池

(3) 计量泵。

(4) 测定 BOD_5 的玻璃器皿、药剂等。

(5) 显微镜。

5. 步骤及记录

(1) 生物膜培养：采用接种培养法，将某正常运行的污水处理厂的活性污泥与水样混合后，连续由滤池上部喷洒，经过半个月左右，滤料上即可出现薄而透明的生物膜。当滤池深度方向生物膜的垂直分布均衡、生物膜里的微生物生态系达到平衡，并对有机物有一定降解能力后，生物膜培养便结束，可进入正式实验阶段。

(2) 选择 4 个不同的水力负荷，当进水 $BOD_5=200\text{mg/L}$ 左右时，可选 $q=10\sim$

$40m^3/(m^2 \cdot d)$。

(3) 各水力负荷在进入稳定运行后，分别由不同深度的取样口取样，测定进、出水的 BOD_5 值，进水 Q、pH、水温等，连续稳定运行 10d 左右，再改变为另一水力负荷。

(4) 实验记录见表 4-21。

高负荷生物滤池实验记录　　　　表 4-21

日期	进水				出水				
月、日	流量 $Q(m^3/h)$	BOD_5 (mg/L)	水温 (℃)	pH	BOD_5 (mg/L)				
					1号	2号	3号	4号	5号
均值									

【注意事项】

(1) 生物膜的培养最好采用接种法，当无菌种时，也可由生活污水自行培养，但时间要长些。

(2) 污水可用生活污水或城市污水，也可用某种工业污水。当采用工业污水时，生物膜要经过驯化阶段。

(3) 污水的投加设备可选用计量泵、输液泵、磁性泵等小型污水提升计量设备。

(4) 污水水质尽可能保持稳定。

6. 成果整理

(1) 根据原始记录数据，并按表 4-22 整理计算。

不同水力负荷、不同池深的剩余 BOD_5 百分数　　　　表 4-22

滤池深（m）	水力负荷 q（$m^3/(m^2 \cdot d)$）			
	q_1	q_2	q_3	q_4
H_1				
H_2				
H_3				
H_4				

(2) 根据式(4-65)绘制不同水力负荷的 $\ln\dfrac{S_e}{S_0}$ 与 H 的关系曲线，并求出各直线斜率 $-\dfrac{K_0}{q^n}$ 值。

(3) 根据求得的各斜率的绝对值 $\dfrac{K_0}{q^n}$，绘制 $\ln\dfrac{K_0}{q^n}$ 与 $\ln q$ 关系的图形，则直线斜率为 $-n$ 值。

(4) 按式(4-65)将求得的 n 值代入并计算各水力负荷时，所需不同池深处的 $\dfrac{H}{q^n}$ 值和相应 $\dfrac{S_e}{S_0}$ 值，见表 4-23。

(5) 绘制 $\ln\dfrac{S_e}{S_0}$ 与 $\dfrac{H}{q^n}$ 关系线,则直线斜率为 $-K_0$,即可求出 K_0 值。

【思考题】

(1) 时间从 0 到 t,进出水底物浓度分别为 S_0 和 S_e,利用有机物生化降解一级反应动力学公式和污水在滤池内与滤料接触时间的经验式推导出式(4-62)。

不同水力负荷不同池深的 H/q^n 及相应 S_e/S_0 值　　　　表 4-23

池深（m）	水力负荷 q（m³/(m²·d)）	q^n	H/q^n	S_e/S_0

(2) 本实验结果与工程设计有何关系?

(3) 影响生物滤池负荷率的因素有哪些?为什么?

(4) 说明生物滤池数学式中常数 n、K_0 值的意义及影响因素。

4.10　污水处理动态模型实验

污水处理构筑物动态模型实验的目的是配合《水质工程学》教材所讲授的相关内容,使学生能直观了解构筑物形式、内部构造及水在构筑物内的流动轨迹,加深对所学内容的理解。

4.10.1　完全混合型活性污泥法曝气沉淀池实验

1. 目的

(1) 通过观察完全混合型活性污泥法处理系统的运行,加深对该处理系统特点及运行规律的认识。

(2) 通过对模型实验系统的调试和控制,初步培养进行小型模拟实验的基本技能。

(3) 熟悉和了解活性污泥法处理系统的控制方法,进一步理解污泥负荷、污泥龄、溶解氧浓度等控制参数及在实际运行中的作用。

2. 原理

活性污泥法是污水处理的主要方法之一。从国内外的污水处理现状来看,95%以上的城市污水和几乎所有的有机工业废水都采用活性污泥法来处理。因此,了解和掌握活性污泥处理系统的特点和运行规律以及实验方法是很重要的。

活性污泥法处理系统中完全混合式曝气沉淀池具有抗冲击负荷能力强、曝气池内水质均匀、需氧速率均衡、污泥负荷相等、微生物组成相近和能耗较低等优点,但微生物对有机物降解力低、易产生污泥膨胀、出水水质稍差。

3. 控制参数

对于特定的处理系统在一定的环境下,运行的控制参数有污泥负荷、污水停留时间、曝气池中溶解氧浓度(可用气水比来控制)、污泥排放量等,这些参数也是设计污水处理厂的重要参考数据。在小型的活性污泥实验的运行中，必须严格控制以下几个参数。

(1) 污泥负荷（N_s）

污泥负荷是活性污泥生物处理系统在设计运行上的最主要的一项参数，一般 $N_s=0.1\sim0.4$ kgCOD/(kgMLSS·d)。

(2) 污泥龄（θ_c）

污泥龄是指曝气池内活性污泥总量与每日排泥量之比，表示活性污泥在曝气池内的平均停留时间，一般可控制在 2~10d。

(3) 溶解氧浓度（DO）

一般应控制在 1.0~2.5mg/L 之间。

4. 设备及用具

(1) 完全混合式曝气沉淀池实验装置 1 套（图 4-46）。

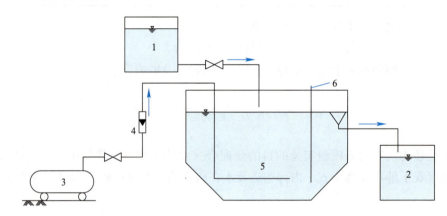

图 4-46　完全混合式曝气沉淀池实验装置示意图
1—高位水箱；2—出水池；3—空压机；4—气体流量计；5—空气扩散管；6—挡板

(2) DO 仪 1 台。

(3) 空气压缩机 1 台。

(4) 酸度计 1 台或 pH 试纸。

(5) 气体流量计 1 个，体积法计量水流量容器。

(6) 秒表 1 块。

(7) COD_{Cr} 分析装置或仪器。

(8) 分析天平。

(9) 烘箱。

5. 步骤及记录

(1) 活性污泥培养和驯化。最好用污水处理厂曝气池内的活性污泥接种，若没有条件则可在实验室内培养。

(2) 将待处理污水注入水箱，将培养好的活性污泥装入曝气池内。调节污泥回流缝大小和挡板高度。

(3) 用容积法调节进水流量，$Q=0.5\sim0.7$ mL/s。

(4) 观察曝气池中气水混合、沉淀池中污泥沉降过程及污泥通过回流缝回流至曝气池的情况。

(5) 测定曝气池内水温、pH、DO、COD_{Cr} 和 MLSS。
(6) 测定进水、出水的 COD_{Cr}。
(7) 测定剩余污泥浓度。
(8) 将实验记录填入表 4-24。

完全混合型活性污泥法实验记录　　　　　表 4-24

水温 (℃)	pH	进水流量 (mL/s)	曝气池 DO (mg/L)	进水 COD_{Cr} (mg/L)	出水 COD_{Cr} (mg/L)	曝气池 MLSS (mg/L)	剩余污泥浓度 (mg/L)

6. 成果整理

根据实验控制条件计算在给定条件（N_s、θ_c）下的有机物去除率 η：

$$\eta = \frac{S_a - S_e}{S_a} \times 100\%$$

$$N_s = \frac{QS_a}{XV} \tag{4-67}$$

$$\theta_c = \frac{VX}{Q_w X_r}$$

式中　N_s——污泥负荷 [kgCOD/(kgMLSS·d)]；
　　　Q——污水流量（m^3/d）；
　　　S_a——进水中有机物浓度（mg/L）；
　　　S_e——沉淀池出水有机物浓度（mg/L）；
　　　X——曝气池内悬浮固体浓度（mg/L）；
　　　V——曝气池有效容积（m^3）；
　　　θ_c——污泥龄（d）；
　　　Q_w——剩余污泥排放量（m^3/d）；
　　　X_r——剩余污泥浓度（mg/L）。

【思考题】
(1) 简述完全混合式活性污泥法处理系统的特点。
(2) 影响完全混合式活性污泥法处理系统的因素有哪些？
(3) 实验装置中两块调节挡板的作用是什么？

4.10.2　生物转盘实验

1. 目的
(1) 了解并掌握生物转盘的构造及工作原理。
(2) 加深对生物转盘净化污水机理的理解。

2. 原理

生物转盘也是生物膜法的一种形式，其净化污水机理是生物转盘盘片在转动过程中，盘片上生长的微生物与空气和污水交替接触，完成从空气中吸收氧气、从污水中吸附有机物的过程。在这过程中微生物将吸附的有机物分解且自身得以增殖，污水得以净化。在转动盘片与水之间产生剪切力的作用下，老化的生物膜脱落，生物膜得到更新。

生物转盘具有如下特点：运行稳定、抗冲击负荷能力强、运行方式灵活、出水水质好、产泥量少、能耗低、噪声低、运行维护简单，但低温时处理效果差、不宜处理含有毒性挥发气体的污水。

生物转盘运行时的控制条件：转盘转速 0.8～3.0r/min，盘片边缘线速度在 15～18m/min 之间。转轴与槽内水面之间的距离不宜小于 150mm，盘片面积应有 40%～45%浸没在氧化槽内的污水中。

3. 设备及用具

(1) 生物转盘实验装置 1 套（单轴 3 级），如图 4-47 所示。

(2) 水箱 1 个。

(3) 水泵 1 台。

(4) 转子流量计、温度计。

(5) 酸度计或 pH 试纸。

(6) COD_{Cr} 测定仪或测定装置及相关药剂。

4. 步骤及记录

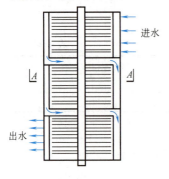
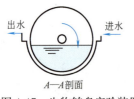

图 4-47 生物转盘实验装置示意图

(1) 盘片挂膜。接种培养生物膜成功后即可开始实验。

(2) 通电使生物转盘转动，开泵将水箱内的原水经计量打入生物转盘氧化槽内。可根据污水处理程度调节进水流量。

(3) 运行一段时间系统稳定后，分别测定各级的水温、pH、进出水 COD_{Cr} 值。

(4) 将实验数据填入表 4-25 内。

生物转盘实验记录　　　　　　　表 4-25

COD_{Cr}(mg/L)				备注
第1级进水	第1级出水	第2级出水	第3级出水	
				转速： 进水水温： 进水 pH： 出水 pH：

5. 成果整理

计算在给定条件下各级生物转盘有机物去除率 η_i 和总的有机物去除率 η：

$$\eta_i = \frac{S_{ai} - S_{ei}}{S_{ai}} \times 100\% \tag{4-68a}$$

$$\eta = \frac{S_a - S_e}{S_a} \times 100\% \tag{4-68b}$$

式中　S_a——进水有机物浓度（mg/L）；

S_e——出水有机物浓度（mg/L）；

S_{ai}——第 i 级进水有机物浓度（mg/L）；

S_{ei}——第 i 级出水有机物浓度（mg/L）。

【思考题】
(1) 简述生物转盘净化污水的机理。
(2) 生物转盘构造及运行特点是什么？
(3) 生物转盘的转速过大或过小有什么问题？

4.10.3 塔式生物滤池实验

1. 目的

(1) 了解塔式生物滤池的构造及工作原理。
(2) 通过实验加深对生物膜法处理污水机理和特征的认识。

2. 原理

塔式生物滤池是污水生物处理方法中生物膜法的一种形式，是生物滤池的一种变形。其特点是：塔体高、占地面积小、污水处理量大、自然通风能力强、供氧充分、运行费用低、容积负荷高、抗有机物冲击负荷和毒性物质能力强、污泥量少。但其缺点是：有机物去除率低、基建投资较大。

3. 设备及用具

(1) 塔式生物滤池实验装置1套，内径 $D=120\text{mm}$，$H=2.0\text{m}$，如图4-48所示。

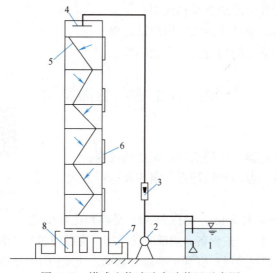

图4-48 塔式生物滤池实验装置示意图
1—水池；2—水泵；3—流量计；4—布水器；5—填料；6—检查口；7—集水渠；8—通风孔

(2) 贮水箱。
(3) 水泵。
(4) 转子流量计。
(5) 沉淀池。
(6) 温度计、pH计。
(7) COD_{Cr}测定仪或测定装置和相关药剂。

4. 步骤及记录

(1) 生物膜的培养。需15～30d。

(2) 计算确定塔式生物滤池的容积负荷率，启动水泵，将原水通过塔顶布水管喷洒到塔内填料上。

(3) 系统运行稳定后测定水温、pH，进、出水 COD_{Cr}。

(4) 实验数据记录在表 4-26 内。

塔式生物滤池实验记录　　　　　　　　　　　表 4-26

进水水温（℃）	进水 pH	进水 COD_{Cr}（mg/L）	塔滤出水 COD_{Cr}（mg/L）	沉淀池出水 COD_{Cr}（mg/L）

5. 成果整理

计算在给定条件下塔式生物滤池有机物去除率 η：

$$\eta = \frac{S_a - S_e}{S_a} \times 100\% \tag{4-69}$$

式中　S_a——进水有机物浓度（mg/L）；

S_e——出水有机物浓度（mg/L）。

【思考题】

(1) 生物膜法与活性污泥法有哪些区别？

(2) 简述塔式生物滤池净化污水的原理及过程。

(3) 简述塔式生物滤池的构造及工艺上的特点。

4.11 膜生物反应器实验

1. 目的

(1) 了解膜生物反应器与传统活性污泥法的区别。

(2) 掌握膜生物反应器的构造特点、组成及运行方式。

2. 原理

膜反应器（Membrane Reactor，简称 MBR）是膜和化学反应

30. 一体式生物膜反应器实验视频

31. 膜生物反应器实验全过程

或生物化学反应相结合的系统或设备，膜反应技术即是在反应过程中使用膜的技术。膜反应器有以下优点：有效的相间接触；有利于平衡的移动；快反应中扩散阻力的消除；反应、分离、浓缩的一体化；热交换与催化反应的组合；不相容反应物的控制接触；副反应的消除；复杂反应体系反应进程的调控；串联或平行多步反应的耦合；催化剂中毒的缓解。

膜反应器的分类方法有：按反应体系分类；按膜的形状分类；按膜的结构和属性分类；按催化剂的形态分类；按物质传递的方式分类。

膜生物反应器最早在微生物发酵工业中应用，在废水处理领域中的应用研究始于 20 世纪 60 年代的美国，随后由于新型膜材料技术和制造技术的迅速发展，膜生物反应器的研究与开发逐步成为热点，膜分离技术被誉为 21 世纪的技术。污水处理中的膜生物反应器是指将超滤膜组件或微滤膜组件与生物反应器相结合的处理系统。其特点有：容积负荷高；反应器体积小；污染物去除率高；出水水质好；污泥量极少；泥龄长；有一定的脱氮功能。但膜易污染、单位面积的膜透水量小、膜成本较高、一次性投资大。

根据膜组件和生物反应器的组合方式不同,膜生物反应器可分为分置式和一体式两大类,如图 4-49 所示。

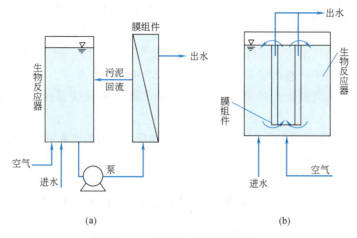

图 4-49 膜生物反应器示意图
(a) 分置式 MBR;(b) 一体式 MBR

3. 设备及用具

(1) 分置式膜生物反应器和一体式膜生物反应器实验装置各 1 套,如图 4-50 所示。

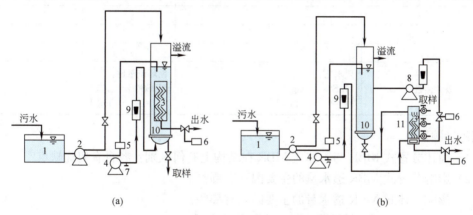

图 4-50 膜生物反应器实验装置示意图
(a) 常规一体式 MBR;(b) 旋流式 MBR
1—调节水箱;2—进水泵;3—膜组件;4—空压机;5—液位自控仪;6—流量自控装置;7—减压阀;
8—循环水泵;9—气体流量计;10—生物反应器;11—膜分离器

(2) 水箱。

(3) 水泵。

(4) 空气压缩机。

(5) 水和气体转子流量计。

(6) 时间继电器、电磁阀。

(7) 100mL 量筒、秒表。

(8) DO 仪。

(9) 污泥浓度计或天平、烘箱。

(10) COD_{Cr} 测定仪或测定装置及相关药剂。

4. 步骤及记录

(1) 测定清水中膜的透水量：用容积法测定不同时间膜的透水量。

(2) 活性污泥的培养与驯化，污泥达到一定浓度后即可开始实验。

(3) 根据一定的气水比、循环水流量和污泥负荷运行条件，测定分置式和一体式膜生物反应器在不同时间膜的透水量及 COD_{Cr} 和 MLSS 值。

(4) 改变循环水流量运行稳定后，测定分置式膜生物反应器膜的透水量、COD_{Cr} 和 MLSS 值。

(5) 改变气水比运行稳定后，测定一体式膜生物反应器膜的透水量、COD_{Cr} 值和 MLSS。

(6) 实验数据分别填入表 4-27 中。

5. 成果整理

根据表 4-27 中的实验数据绘制透水量与时间关系的图形及 COD_{Cr} 去除率与时间关系的图形。

MBR 实验数据 表 4-27

时间 (min)	进水 COD_{Cr} (mg/L)	一体式 MBR		分置式 MBR	
		透水量(mL/s)	出水 COD_{Cr}(mg/L)	透水量(mL/s)	出水 COD_{Cr}(mg/L)
备 注		气水比： MLSS= g/L DO= mg/L		循环流量比： MLSS= g/L DO= mg/L	

【思考题】

(1) 简述分置式 MBR 与一体式 MBR 在结构上有何区别？各自有何优缺点？

(2) 影响分置式 MBR 透水量的主要因素有哪些？

(3) 影响一体式 MBR 透水量的主要因素有哪些？

(4) 膜受到污染透水量下降后如何恢复其透水量？

4.12　污水和污泥厌氧消化实验

本项实验用于选择污水、污泥消化处理工艺和确定设计参数，是污水处理中的一项重要实验。采用小型厌氧发酵罐进行实验。可进行不同工艺（如污泥二级、二相、高速消化）、不同条件（如温度、投配比）的污泥厌氧消化实验。还可进行污水厌氧处理实验。

1. 目的

(1) 加深对厌氧消化机理的理解。

(2) 初步掌握使污水、污泥消化设备正常运行的能力。

(3) 掌握厌氧消化实验方法及各项指标的测定分析方法。

(4) 掌握污水厌氧消化实验数据的处理方法。

(5) 对不同消化工艺进行对比实验,确定有机物分解率、产气率与投配比关系(中温常规消化与中温两级消化)。

2. 原理

厌氧消化是在无氧条件下,借助于厌氧菌的新陈代谢使有机物被分解,整个消化过程分两个阶段、三个过程进行,即:

酸性发酵阶段:包括两个过程,一是水解过程,在微生物外酶作用下将不溶有机物水解成溶解的小分子的有机物;二是酸化过程,在产酸菌作用下将复杂的有机物分解为低级有机酸。

碱性发酵阶段:在甲烷菌作用下,将酸性发酵阶段的产物——有机酸等分解为 CH_4、CO_2 等最终产物,这个过程因其最终产物是气态的甲烷和二氧化碳等,故又称为气化过程。

厌氧消化分解过程模式如图 4-51 所示。

图 4-51 厌氧消化分解过程示意图

在间歇式厌氧消化池内,厌氧消化经历上述的整个过程。消化过程开始后,池内 pH 值逐渐降低,在第一阶段基本完毕进入第二阶段后,pH 又有所上升,同时产气速率不断增大,在 30d 左右达到最大值,有机物分解率则不断提高。由于间歇式厌氧消化效率低、占地大,故生产中采用较少。连续式厌氧消化法采用较多,这种方法池内酸性与碱性发酵处于平衡状态。

在厌氧消化过程中,由于甲烷的繁殖世代时间长,专一性强,对 pH 及温度变化的适应性较弱,因此甲烷消化阶段控制着厌氧消化的整个过程。为了保持厌氧消化的正常进行,维持酸碱平衡,应当严格控制厌氧消化环境,主要有以下几点。

(1) 消化池内温度:温度影响消化时间,也影响产气量,如图 4-52 和图 4-53 所示。

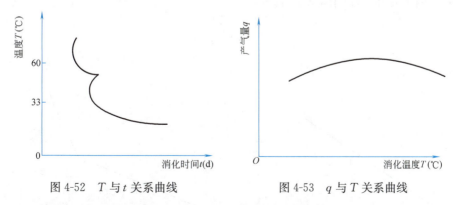

图 4-52 T 与 t 关系曲线 图 4-53 q 与 T 关系曲线

一般中温消化池内温度控制在 33~35℃,高温消化池内温度控制在 55±1℃。

(2) 污泥消化时应注意生污泥的性质,其含水率应在 96%~97%,pH 应为 6.5~

8.0，不应含有害、有毒物质。

(3) 搅拌作用。既可以间歇搅拌，也可以连续搅拌，对池内温度、有机物及厌氧菌的混合、均匀分布影响重大，同时还具有破碎浮渣层的作用。

(4) 营养。为了使产酸和甲烷两个阶段保持平衡关系，有机物的投加负荷应当适宜，此外还应保持 C/N 在 $(10\sim20):1$ 的范围内，低于此值，不仅会影响消化作用，而且会造成铵盐的过剩积累，抑制消化的进程。

(5) 厌氧条件。甲烷菌是专性厌氧菌，因此绝对厌氧是厌氧消化正常进行的重要条件，空气的进入会抑制厌氧菌的代谢作用。

(6) pH。池内 pH 应保持在 $6.6\sim7.6$ 之间。要求池内有一定碱度，碱度在 $2000\sim5000\mathrm{mg/L}$ 为佳，当 pH 偏低时，可投加碳酸氢钠或石灰加以调节。

虽然厌氧消化时厌氧菌代谢产生的能量较少，对有机物分解速率较慢，但是有机物的降解过程仍符合好氧生化反应动力学关系式。

有机物的去除特性可表示为：

$$\frac{S_0-S_e}{X_V t}=KS_e \tag{4-70}$$

式中　S_0、S_e——分别为进、出水中有机物浓度 COD_{Cr} 或 BOD_5（mg/L）；

　　　X_V——挥发性悬浮固体浓度（mg/L）；

　　　K——有机物降解反应速率常数（时间$^{-1}$）；

　　　t——反应时间。

由于厌氧处理的消化速率主要取决于碱性消化阶段，所以研究对象多是针对碱性消化阶段的各项参数。

在实验设备达到稳定运行后，控制 S_0、X_V 值不变，改变进水流量，使停留时间在一定范围内变化并测定每次出水的 S_e 值。以 S_e 值为横坐标，$\dfrac{S_0-S_e}{X_V t}$ 为纵坐标绘图，直线斜率即为 K 值，如图 4-54 所示。

但在厌氧处理中，由于厌氧消化时酸性消化与碱性消化的速率不同，所以存在着两条斜率不同的直线，如图 4-55 所示。但工程设计中均采用碱性消化阶段的 K_2 值及其他参数。

厌氧池内挥发性悬浮固体 X_V 为：

$$X_V=\frac{YS_r}{1+K_d t} \tag{4-71}$$

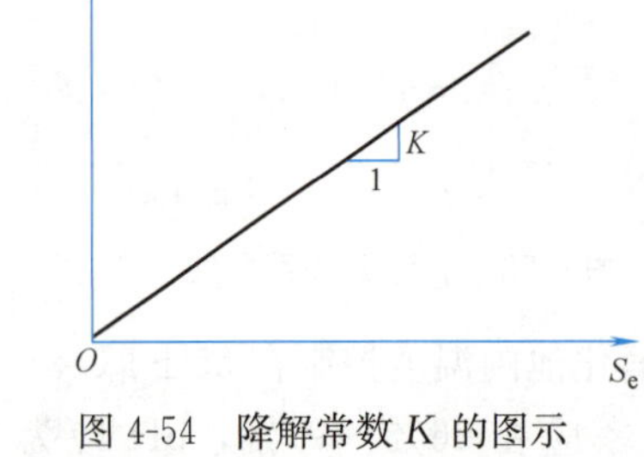

图 4-54　降解常数 K 的图示

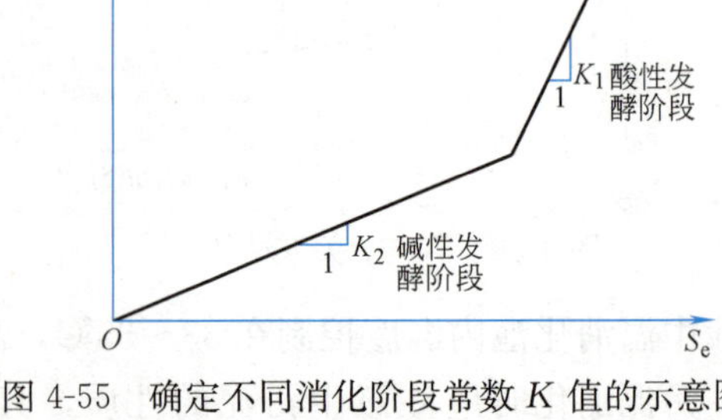

图 4-55　确定不同消化阶段常数 K 值的示意图

式中　$S_r = S_0 - S_e$——微生物降解有机物量（mg/L）；
　　　Y——产率系数；
　　　K_d——内源呼吸速率。

Y、K_d 系数可由上式变换后求得。

$$\frac{S_r}{X_V} = \frac{1}{Y} + \frac{K_d}{Y} t \tag{4-72}$$

以 $\dfrac{S_0 - S_e}{X_V}$ 为纵坐标，以 t 为横坐标，绘制图 4-56，得两条直线，由于甲烷发酵控制着整个厌氧消化，故以甲烷发酵阶段的 Y、K_d 系数作为工程设计数据使用。

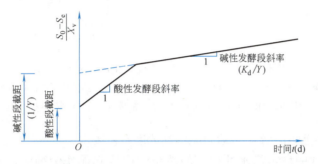

图 4-56　图解法确定厌氧消化中 Y/K_d 系数的示意图

3. 设备及用具

(1) 厌氧消化器。
(2) 厌氧消化自动控制设备。
(3) 贮气罐—肺活量仪，或湿式气体流量计。
(4) 酸度计、水浴、烘箱、坩埚、马弗炉。
(5) 气体分析器。
(6) 脂肪酸、COD_{Cr}、BOD_5、SS 等分析仪器，玻璃器皿及化学药品等。
(7) 污水连续流厌氧消化实验装置，如图 4-57 所示。污泥一级与二级厌氧消化实验装置，如图 4-58 所示。

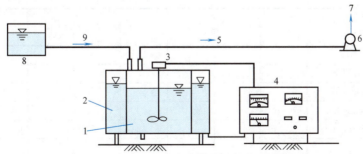

图 4-57　污水连续流厌氧消化实验装置示意图
1—厌氧消化器；2—水浴；3—搅拌装置；4—温度、搅拌控制仪；
5—甲烷气；6—湿式燃气表；7—排气；8—贮水池；9—进水

4. 步骤及记录

(1) 污水连续流厌氧消化实验

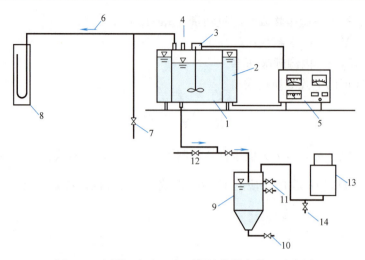

图 4-58 污泥一级与二级厌氧消化设备装置示意图

1—一级污泥消化罐；2—水浴；3—搅拌器；4—进料口；5—温度、搅拌控制仪；6—甲烷气；7—放气口；
8—U 形测压管；9—二级污泥消化罐；10—排泥；11—上清液排放口；12—取样口；13—贮气罐；14—放气阀

1) 人工配制实验用污水，或取自某些高浓度有机废水。

2) 由运行正常的城市污水处理厂的消化池中取熟泥作为种泥，放入消化器内，以 1~2℃/h 的升温速度逐步加温到 33±1℃。

3) 反应器内温度升至 33℃后，稳定运行 12~24h，而后按实验要求进水，进水流量变化使水力停留时间 $t\left(t=\dfrac{V}{Q}\right)$ 约为 0.5d、1d、1.5d、2d、3d、4d、8d、12d、16d、20d、24d。

4) 在产气后即按上述要求连续进、出水，同时连续搅拌。加料速度应控制在 30kgBOD$_5$/(m^3·d) 以下。

5) 每一水力停留时间下，在消化反应器进入稳定运行后应连续运行 7d 以上。

每天记录、分析进、出水 pH、COD$_{Cr}$（或 BOD$_5$）、产气量、CH$_4$ 含量等。注意池内 pH 变化，当 pH<6.6 时，应加碱调整 pH。记录项目见表 4-28。

某一水力停留时间下厌氧消化记录　　表 4-28

时间 t(d) 项目内容	1	2	3	4	5	6	7	8
进水量(L/d)								
进水 COD$_{Cr}$(mg/L)								
出水 COD$_{Cr}$(mg/L)								
池内混合液 SS(mg/L)								
池内混合液 VSS(mg/L)								
产气量(L/d)								
甲烷 CH$_4$ 含量(%)								

(2) 污泥厌氧消化实验

1) 由正常运行的处理厂（站）消化池取熟泥作为种泥，加入消化罐内，以 1~2℃/h 升温速度逐步加温到 33±1℃。

2) 达到中温（33~35℃）后稳定运行 12~24h，而后按投配比 3%~5%投加生污泥。

3) 常规法操作运行

① 每天早 8：00 开动搅拌装置，搅动 15~20min。

② 在搅动 10min 后开始排出消化罐内混合液，其体积与投加的生污泥量相同，取泥样进行分析测定。

③ 然后按所要求的投配比，一次投入新泥。

④ 每 4h 搅拌一次，并记录温度、罐内压力、产气量等。

⑤ 每天上午 10：30 放掉贮气罐内气体，并取样分析气体成分。

4) 二级消化法运行操作

① 每天早 8：00 开始搅动，一级消化池搅拌 15~20min。

② 在一级消化池开始搅动后，由二级消化池排出上清液，其体积约为排出总量的 3/4，由池底排出消化污泥，其体积为排出总量的 1/4（取上清液、底泥及两者按比例混合后的泥样进行化验分析），而后再由一级消化池向二级消化池内排入同体积的污泥，并再排出约 200mL 混合液（作为一级消化污泥样品，用于化验分析）。

③ 按要求并考虑一级消化池取样体积，向一级消化池内一次投入生污泥。

其他操作同常规法。

5) 当罐内有机物分解率达 40%，产气量在 10m³/m³ 泥，CH_4 含量达 50%且稳定时，即可进入正式实验。

6) 四套实验设备中两套按常规消化运行、两套按二级消化运行，其投配比分别为 3%、5%、7%、10%。

7) 每天取样分析：pH、碱度、污泥含水率、有机物含量百分比、脂肪酸、气体成分 COD_{Cr}、BOD_5 和 SS 等。

8) 实验记录见表 4-29。

污泥消化实验操作记录表　　　　表 4-29

日期		消化控制条件						消化泥（出泥）成分分析				产气		气体成分		罐内压力(mm水柱)	有机物分解率(%)	污泥负荷[kg/(d·m³)]
		消化运行控制条件			进泥成分分析													
月	日	温度(℃)	投配比$n(\%)$	搅拌(min)	pH	含水率(%)	有机物(%)	pH	挥发性脂肪酸	含水率(%)	有机物(%)	总量(mL)	产气率(mL/g)	CH_4(%)	CO_2(%)			

【注意事项】

(1) 为保证实验的可比性，生污泥应一次取足，在冰箱 2~4℃的条件下保存。

(2) 每次配制生污泥，其含水率应相近。

(3) 操作运行中要严防漏气和进气。

(4) 每天应分析脂肪酸值和产气率变化曲线，当出现反常现象时，应及时分析查找原因，采取相应补救措施。

5. 成果整理

(1) 污水连续流厌氧消化实验成果整理

1) 将实验数据整理分析后，填入表 4-30，并按表 4-31 进行计算分析。

污水厌氧消化实验成果整理表   表 4-30

项 目 内 容	水力停留时间 t (d)								
	0.5	1	2	3	4	8	12	16	20	24
进水流量(L/d)										
进水 COD_{Cr}(mg/L)										
出水 COD_{Cr}(mg/L)										
池内混合液 SS(mg/L)										
池内混合液 VSS(mg/L)										
产气量(L/d)										
CH_4 含量(%)										

污泥厌氧消化成果整理表   表 4-31

停留时间 t(d)	进水 $S_0(COD_{Cr})$ (mg/L)	出水 $S_e(COD_{Cr})$ (mg/L)	S_0-S_e (mg/L)	X_V (mg/L)	$\dfrac{S_0-S_e}{X_V}$	$\dfrac{S_0-S_e}{X_V t}$	去除 COD_{Cr} (kg/d)	产气量 (m^3/d)	产气率 ($m^3 \cdot kg\ COD_{Cr} \cdot d$)

2) 利用线性回归分析方法或作图法求定碱性消化阶段的 K 值。

3) 利用线性回归分析方法或作图法求碱性消化阶段的 Y、K_d 值。

(2) 污泥厌氧消化实验成果整理

1) 计算各投配率下每天的污泥负荷、有机物分解率、产气率。

① 计算污泥容积负荷 N_s：

$$N_s = \frac{进泥中有机物含量(kg/d)}{消化池有效容积(m^3)}$$

② 计算有机物分解率 η：

$$\eta = 100\left(1 - \frac{\alpha\beta_1}{\alpha_1\beta}\right) \tag{4-73}$$

式中 η——污泥中有机物分解百分数（%）；

α、α_1——消化与生泥中有机物含量（%）；

β、β_1——消化与生泥中无机物含量（%）。

③ 计算产气量 q：

$$q = \frac{产气量(mL/d)}{进泥中有机物含量(g/d)}$$

2) 以污泥负荷或投配率为横坐标，分别以有机物分解率、产气率、CH_4 成分含量为纵坐标绘图，并加以分析。

3) 以污泥负荷或投配率为横坐标，分别以挥发性脂肪、碱度为纵坐标绘图，并加以分析。

4) 分析比较常规污泥与二级消化污泥的含水率。
5) 分析比较常规污泥与二级消化工艺的优缺点。

【思考题】

(1) 影响厌氧消化的因素有哪些？实验中如何加以控制才能保证正常进行？

(2) 当所要投加的生污泥在实验现场不能每天由运行设备取得时，怎样才能保证污泥样品的一致性？为什么？控制生污泥哪几个指标才能减少对实验的影响？

(3) 试分析有机物分解率、产气率、CH_4 成分随投配率变化的规律及其原因。

(4) 取来熟污泥后加温时，为何要控制加温速度？

4.13 污泥脱水性能实验

比阻与滤叶虽然是小型实验，但对工程实践却具有重要意义。通过这一实验能够测定污泥脱水性能，以此作为选定脱水工艺流程和脱水机械型号的根据，也可作为确定药剂种类、用量及运行条件的依据。

4.13.1 污泥比阻测定实验

32. 污泥比阻实验视频

33. 污泥比阻实验全过程

1. 目的

(1) 进一步加深理解污泥比阻的概念。
(2) 评价污泥脱水性能。
(3) 选择污泥脱水的药剂种类、浓度、投药量。

2. 原理

污泥经重力浓缩或消化后，含水率约在97%，体积大、不便于运输。因此一般多采用机械脱水，以减小污泥体积。常用的脱水方法有真空过滤、压滤、离心等方法。

污泥机械脱水是以过滤介质两侧的压力差作为动力，达到泥水分离、污泥浓缩的目的。根据压力差来源的不同，分为真空过滤法（抽真空造成介质两侧压力差），压缩法（介质一侧对污泥加压，造成两侧压力差）。

影响污泥脱水的因素较多，主要有：

(1) 污泥浓度，取决于污泥性质及过滤前浓缩程度。
(2) 污泥性质、含水率。
(3) 污泥预处理方法。
(4) 压力差大小。
(5) 过滤介质种类、性质等。

经过实验推导出过滤基本方程式：

$$\frac{t}{V}=\frac{\mu r \omega}{2PA^2}V+\frac{\mu R_f}{PA} \tag{4-74}$$

式中　t——过滤时间（s）；
　　　V——滤液体积（m^3）；
　　　P——过滤压力（kg/m^2）；
　　　A——过滤面积（m^2）；

μ——滤液的动力黏滞度（$kg \cdot s/m^2$）；
ω——滤过单位体积的滤液在过滤介质上截留的固体质量（kg/m^3）；
r——污泥比阻（s^2/g 或 m/kg）；
R_f——过滤介质阻抗（$1/m$）。

公式给出了在一定压力的条件下过滤时，滤液的体积 V 与时间 t 的函数关系，指出了过滤面积 A、压力 P、污泥性能 μ、r 值等对过滤的影响。

污泥比阻 r 是表示污泥过滤特性的综合指标。其物理意义是：单位质量的污泥在一定压力下过滤时，在单位过滤面积上的阻力，即单位过滤面积上滤饼单位干重所具有的阻力，其大小根据过滤基本方程有：

$$r = \frac{2PA^2}{\mu} \cdot \frac{b}{\omega} \quad (m/kg) \tag{4-75}$$

由式（4-75）可知比阻是反映污泥脱水性能的重要指标。但由于式（4-75）是由实验推导而来，参数 b、ω 均要通过实验测定，不能用公式直接计算。而 b 为过滤基本方程式(4-74)所得 t/V 与 V 直线的斜率，且有：

$$b = \frac{\mu \omega r}{2PA^2} \tag{4-76}$$

故以定压下抽滤实验为基础，测定一系列的 t 与 V 数据，即测定不同过滤时间 t 时滤液量 V，并以滤液量 V 为横坐标，以 t/V 为纵坐标，所得直线的斜率即为 b。

根据定义，按下式可求得 ω 值：

$$\omega = \frac{(Q_0 - Q_y)C_g}{Q_y} \tag{4-77}$$

式中　Q_0——污泥量（mL）；
　　　Q_y——滤液量（mL）；
　　　C_g——滤饼中固体物浓度（g/mL）。

由式(4-75)可求得 r 值，一般认为，比阻为 $1 \times 10^9 \sim 1 \times 10^8 s^2/g$ 的污泥为难过滤的，比阻在 $(0.5 \sim 0.9) \times 10^9 s^2/g$ 的污泥为中等，比阻小于 $0.4 \times 10^9 s^2/g$ 的污泥则易于过滤。

在污泥脱水中，往往需要进行化学调节，即向污泥中投加混凝剂的方法降低污泥比阻 r 值，达到改善污泥脱水性能的目的，而影响化学调节的因素，除污泥本身的性质外，一般还有混凝剂的种类、浓度、投加量和化学反应时间。在相同实验条件下，采用不同药剂、浓度、投量、反应时间，可以通过污泥比阻实验选择最佳条件。

3. 设备及用具

(1) 实验装置如图 4-59 所示。
(2) 水分快速测定仪。
(3) 秒表、滤纸。
(4) 烘箱。
(5) $FeCl_3$、$FeSO_4$、$Al_2(SO_4)_3$ 混凝剂。

4. 步骤及记录

(1) 准备待测污泥（消化后的污泥）。
(2) 按表 4-32 所给出的因素、水平表，利用正交表 $L_9(3^4)$ 安排污泥比阻实验。

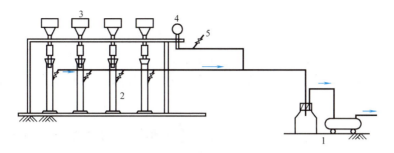

图 4-59　比阻实验装置示意图
1—真空泵或电动吸引器；2—量筒；3—布氏漏斗；4—真空表；5—补气阀

测定某消化污泥比阻的因素水平表　　　　　　　　　　　　　表 4-32

水平	因　　素			
	混凝剂种类	加药浓度质量百分比(%)	加药体积(mL)	反应时间(s)
1	$FeCl_3$	10	9	20
2	$FeSO_4$	5	5	40
3	$Al_2(SO_4)_3$	15	1	60

（3）按正交表给出的实验内容进行污泥比阻测定，步骤如下：

1）测定污泥含水率，求其污泥浓度；

2）布氏漏斗中放置滤纸，用水喷湿。开动真空泵，使量筒中成为负压，滤纸紧贴漏斗，关闭真空泵；

3）把 100mL 调节好的泥样倒入漏斗，再次开动真空泵，调节吸气阀门的开度，使污泥在一定负压条件下过滤脱水；

4）记录不同过滤时间 t 的滤液体积 V 值；

5）记录当过滤至泥面出现皲裂，或滤液达到 85mL 时所需要的时间 t 时，此指标也可以用来衡量污泥过滤性能的好坏；

6）测定滤饼浓度；

7）记录见表 4-33。

污泥比阻实验记录　　　　　　　　　　　　　表 4-33

时间 t (s)	计量管内滤液 V_1 (mL)	滤液量 $V=V_1-V_0$ (mL)	t/V (s/mL)

【注意事项】

（1）滤纸烘干称重，放到布氏漏斗内，要先用蒸馏水湿润，而后再用真空泵抽吸一下，滤纸一定要贴紧，不能漏气。

（2）污泥倒入布氏漏斗内有部分滤液流入量筒，所以在正常开始实验时，应记录量筒

内滤液体积 V_0 值。

5. 成果整理

(1) 将实验记录进行整理，t 与 t/V 相对应。

(2) 以 V 为横坐标，以 t/V 为纵坐标绘图，求 b，如图 4-60 所示。或利用线性回归分析方法求解 b 值。

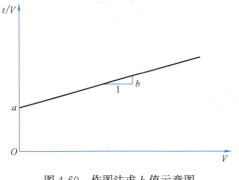

图 4-60　作图法求 b 值示意图

(3) 根据 $\omega = \dfrac{C_0 C_b}{C_b - C_0}$，求 ω 值。

或

$$\omega = \dfrac{(Q_0 - Q_y) C_b}{Q_y} \tag{4-78}$$

式中　Q_0——过滤污泥量（mL）；

Q_y——滤液量（mL）；

C_b——滤饼浓度（g/mL）；

C_0——原污泥浓度（g/mL）。

(4) 按式(4-75)求各组污泥比阻值。

(5) 对正交实验设计结果进行直观分析与方差分析，确定出因素的主次顺序和较佳的工艺条件。

【思考题】

(1) 判断生污泥、消化污泥脱水性能好坏，分析其原因。

(2) 在上述实验结果条件下，重新编排一张因素水平表，进行正交实验设计，以便通过实验能得到更好的污泥脱水条件。

4.13.2　污泥滤叶过滤实验

1. 目的

(1) 加深理解污泥机械脱水的原理。

(2) 加深理解真空过滤机脱水的原理及脱水过程。

(3) 确定真空过滤机的产率，最佳滤布类型及真空过滤机的运行参数（吸滤时间 t_f，吸干时间 t_d）。

2. 原理

叶片吸滤实验是使用与生产中相同的过滤介质，并模拟真空过滤机的工作过程，即吸滤、吸干、卸饼与淋洗滤布各工序。通过多次不同条件的实验，确定实验污泥的机械脱水性能，以及机械脱水设备的设计、运行参数。此实验方法接近生产实际，结果较为准确，是目前国外常用的实验方法。

3. 设备及用具

(1) 2～3L 烧杯、量筒、真空表、电动吸引器、电磁搅拌器。

(2) 滤叶，为有机玻璃制成，直径 10cm，圆片上开有 ϕ2mm 的小孔。

图 4-61 所示为滤叶实验装置。

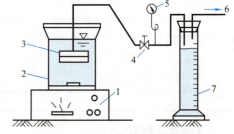

图 4-61　滤叶实验装置示意图

1—电磁搅拌器；2—烧杯；

3—过滤叶片；4—调节阀门；5—真空表；

6—接电动吸引器；7—量筒

4. 步骤及记录

(1) 按表 4-34 给出的因素、水平，利用正交表 $L_9(4^3)$ 编排实验。

叶片吸滤实验因素、水平表　　　　表 4-34

水平	因素		
	吸滤时间(min)	吸干时间(min)	滤布种类
1	0.5	1.0	a
2	1.0	1.5	b
3	1.5	2.0	c

注：a—尼龙 6501～5226；b—涤纶小帆布；c—尼龙 6501～5236。

(2) 各组叶片吸滤实验步骤

1) 将滤布固定在滤叶上。

2) 按照污泥比阻实验所选定的药剂、浓度配制混凝剂。

3) 测定污泥干固体浓度，量取 2L 污泥注入烧杯中，将烧杯放在磁力搅拌器上。

4) 将配好的混凝剂按所需的投加量投入污泥中，开动磁力搅拌器进行搅拌。

5) 拧紧夹子 1 后，开启电动吸引器，调整真空表至所需真空值，一般为 59994Pa (450mm 汞柱)。

6) 将滤叶置于烧杯中泥面下 3～5cm 处，打开调节阀门，调整真空度达所需值，开始计时，吸滤 30s。吸滤时应不断搅拌。

7) 30s 后，慢慢提起滤叶，倒置并保持垂直，在大气中持续 60s，吸干滤饼。在整个抽吸过程中，应保持真空值不变。

8) 关闭电动吸引器，让连管内的滤液全部流入量筒内。

9) 剥离全部滤饼，测定其干固体浓度及滤饼总质量，并测定滤液量及悬浮物浓度。

【注意事项】

(1) 一定要将滤布卡紧，准确地测量直径。

(2) 实验中注意调整真空值，保持稳定。

5. 成果整理

(1) 计算过滤产率 q：

$$q = \frac{3600W}{TA} \tag{4-79}$$

式中　q——过滤产率 [$kg/(m^2 \cdot h)$]；

　　　W——滤饼干重 (kg)；

　　　T——过滤周期（包括滤饼成形、干化、脱落的全部时间）(s)；

　　　A——过滤叶片面积 (m^2)。

(2) 对正交实验设计结果进行直观分析与方差分析，指出主要影响因素及较佳脱水条件。

【思考题】

(1) 污泥机械脱水有几种类型？各有何优缺点？

(2) 滤叶实验主要解决什么问题？在工程实践中有何意义？

4.14 气浮实验

气浮实验是研究相对密度接近或小于1的悬浮颗粒与气泡粘附上升,从而起到水质净化作用的规律的实验,测定工程中所需的有关设计参数,选择药剂种类、加药量等,以便为设计运行提供一定的理论依据。

1. 目的

(1) 进一步了解和掌握气浮净水方法的原理及其工艺流程。

(2) 掌握气浮法设计参数气固比及释气量的测定方法及整个实验的操作技术。

2. 原理

气浮法是使空气以微小气泡的形式出现于水中并慢慢自下而上地上升,在上升过程中,气泡与水中污染物质接触,并把污染物质粘附于气泡上(或气泡附于污染物上),从而形成相对密度小于水的气水结合物,浮升到水面,使污染物质从水中分离出去。

产生相对密度小于水的气、水结合物的主要条件是:

(1) 水中污染物质具有足够的憎水性。

(2) 加入水中的空气所形成气泡的平均直径不宜大于 $70\mu m$。

(3) 气泡与水中污染物质应有足够的接触时间。

气浮净水方法是目前给水排水工程中广泛应用的一种水处理方法。该法主要用于处理水中相对密度小于或接近于1的悬浮杂质,如藻类、乳化油、羊毛脂、纤维以及其他各种有机或无机的悬浮絮体等。因此气浮法在自来水厂、城市污水处理厂以及炼油厂、食品加工厂、造纸厂、毛纺厂、印染厂、化工厂等的处理中都有所应用。

气浮法具有处理效果好、周期短、占地面积小以及处理后的浮渣中固体物质含量较高等优点。但也存在设备多、操作复杂、动力消耗大的缺点。

气浮法按水中气泡产生的方法可分为布气气浮法、溶气气浮法和电解气浮法3种。由于布气气浮一般气泡直径较大,气浮效果较差,而电解气浮气泡直径虽不大但耗电较大,因此在目前应用气浮法的工程中,以加压溶气气浮法居多。

加压溶气气浮法是使空气在一定压力的作用下溶解于水,并达到饱和状态,然后使加压水的压力突然减到常压,此时溶解于水中的空气便以微小气泡的形式从水中逸出,产生供气浮用的合格的微小气泡。

加压溶气气浮法根据进入溶气罐水的来源,又分为无回流系统加压溶气气浮法与有回流系统加压溶气气浮法,目前生产中广泛采用后者。其流程如图 4-62 所示。

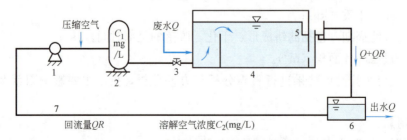

图 4-62 有回流系统加压溶气气浮法工艺流程示意图

1—加压泵;2—溶气罐;3—减压阀;4—气浮池;5—浮渣槽;6—贮水池;7—回流水管

影响加压溶气气浮的因素很多，如空气在水中溶解量、气泡直径的大小、气浮时间、水质、药剂种类、加药量、表面活性物质种类和数量等。因此，采用气浮法进行水质处理时，需通过实验测定相关的设计运行参数。

本实验主要介绍由加压溶气气浮法求设计参数气固比以及测定加压水中空气溶解效率释气量的实验方法。

4.14.1 气固比实验

1. 原理

气固比（A_a/S）是设计气浮系统时经常使用的一个基本参数，是溶解空气质量（A_a）与原水中悬浮固体物质量（S）的比值，无量纲。定义为：

$$a = A_a/S = \frac{\text{减压释放的气体量(kg/d)}}{\text{进水的固体总量(kg/d)}}$$

对于有回流系统的加压溶气气浮法，其气固比可表示如下：

a. 气体以质量浓度 C(mg/L) 表示时：

$$A_a/S = R\left(\frac{C_1 - C_2}{S_0}\right) \tag{4-80a}$$

b. 气体以体积浓度 C_S(cm³/L) 表示时：

$$A_a/S = R\frac{1.2C_S(fP-1)}{S_0} \tag{4-80b}$$

式中 C_1、C_2——分别为系统中 2、7 处气体在水中的浓度 (mg/L)；

R——回流比；

S_0——进水悬浮物浓度 (mg/L)；

C_S——空气在水中溶解度 (cm³/L)，$C = C_S\gamma_a$；

γ_a——空气密度，当 20℃，1 个 atm 时，$\gamma_a = 1205$mg/L；

P——溶气罐内绝对压力 (MPa)；

f——比值因素，在溶气罐内压力为 $P = (0.2 \sim 0.4)$MPa，温度为 20℃ 时，$f = 0.5$。

气固比不同，水中空气量不同，不仅影响出水水质（SS 值），而且也影响处理费用。本实验通过改变不同的气固比 A_a/S，测出水 SS 值，并绘制出 A_a/S 与出水 SS 关系曲线进而根据出水 SS 值确定气浮系统的 A_a/S 值，如图 4-63、图 4-64 所示。

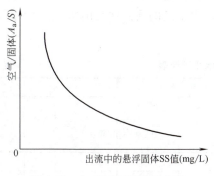

图 4-63 A_a/S 与 SS 关系曲线

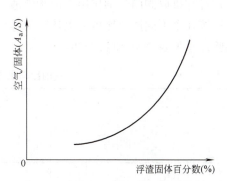

图 4-64 A_a/S 与浮渣率 η 关系曲线

2. 实验装置及主要设备

实验装置如图 4-65 所示。

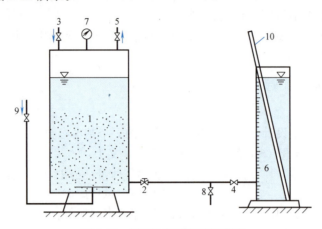

图 4-65　气固比实验装置示意图

1—压力溶气罐；2—减压阀或释放器；3—加压水进水口；4—入流阀；5—排气口；
6—反应量筒（1000～1500mL）；7—压力表（1.5级 0.6MPa）；8—放空阀；9—压缩空气进气阀；10—搅拌棒

3. 步骤及记录

（1）将某污水加混凝剂并沉淀，然后取压力溶气罐 2/3 倍体积的上清液加入压力溶气罐。

（2）开进气阀门使压缩空气进入加压溶气罐，待罐内压力达到预定压力时（一般为 0.3～0.4MPa），关进气阀门并静置 10min，使罐内水中溶解空气达到饱和。

（3）测定加压溶气水的释气量以确定加压溶气水是否合格（一般释气量与理论饱和值之比为 0.9 以上即可）。

（4）将 500mL 已加药并混合好的某污水倒入反应量筒（加药量按混凝实验定），并测原污水中的悬浮物浓度。

（5）当反应量筒内已见微小絮体时，开减压阀（或释放器）按预定流量往反应量筒内加溶气水（其流量可根据所需回流比而定），同时用搅拌棒搅拌 0.5min，使气泡分布均匀。

（6）观察并记录反应筒中随时间而上升的浮渣界面高度并求其分离速度。

（7）静止分离 10～30min 后分别记录清液与浮渣的体积。

（8）打开排放阀门分别排出清液和浮渣，并测定清液和浮渣中的悬浮物浓度。

（9）按几个不同回流比重复上述实验即可得出不同的气固比与出水水质 SS 值关系。

实验记录见表 4-35 和表 4-36。

气固比与出水水质记录表　　　　　　　　表 4-35

内容	原污水					压力溶气水					出水		浮渣	
实验号	水温（℃）	pH	体积 V_e (mL)	加药名称	加药量（%）	悬浮物 (mg/L)	体积 (mL)	压力 (MPa)	释气量 (mL)	气固比 A_a/S	回流比 R	SS (mg/L)	去除率（%）	体积 V_1 (mL)	体积 V_2 (mL)	SS (mg/L)

浮渣高度与分离时间记录表　　　　　　　　　表 4-36

t(min)						
h(cm)						
$H-h$(cm)						
V_2(L)						
$V_2/V_1\times100\%$						

表 4-35 中气固比为气体质量/固体质量，质量单位为克，即每去除 1 克固体所需的气体质量。一般为了简化计算也可用 $V_{气体}/m_{悬浮物}$ 表示，计算公式如下：

$$A_a/S = \frac{V \cdot a}{SS \cdot Q} \tag{4-81}$$

式中　A_a——总释气量（L）；

　　　S——总悬浮物量（g）；

　　　a——单位溶气水的释气量（L 气/L 水）；

　　　V——溶气水的体积（L）；

　　　SS——原水中的悬浮物浓度（g/L）；

　　　Q——原水体积（L）。

4. 成果整理

(1) 绘制气固比与出水水质关系曲线，并进行回归分析。

(2) 绘制气固比与浮渣中固体浓度关系曲线。

4.14.2　释气量实验

影响加压溶气气浮的因素很多，其中溶解空气量的多少，释放的气泡直径大小，是重要的影响因素。空气的加压溶解过程虽然遵从亨利定律，但是由于溶气罐形式的不同，溶解时间、污水性质的不同，其过程也有所不同。此外，由于减压装置的不同，溶解气体释放的数量，气泡直径的大小也不同。因此进行释气实验对溶气系统、释气系统的设计、运行均具有重要意义。

1. 实验设备及用具

实验装置如图 4-66 所示。

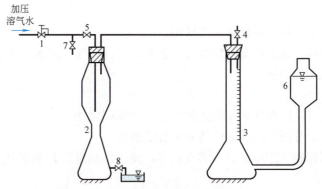

图 4-66　释气量实验装置示意图

1—减压阀或释放器；2—释气瓶；3—气体计量瓶；4—排气阀；5—入流阀；6—水位调节瓶；7—分流阀；8—排放阀

2. 步骤与记录

(1) 打开气体计量瓶的排气阀,将释气瓶注入清水至计量刻度,上下移动水位调节瓶,将气体计量瓶内液位调至零刻度,然后关闭排气阀。

(2) 当加压溶气罐运行正常后,打开减压阀和分流阀,使加压溶气水从分流口流出,在确认流出的加压溶气正常后,打开入流阀,关闭分流阀,使加压溶气水进入释气瓶内。

(3) 当释气瓶内增加的水达到100~200mL后,关减压阀和入流阀并轻轻摇晃释气瓶,使加压溶气水中释放出的气体全部从水中分离出来。

(4) 打开释气瓶的排放阀,使气体计量瓶中液位降回到计量刻度,同时准确计量排出液的体积。

(5) 上下移动水位调节瓶,使调节瓶中液位与气体计量瓶中的液位处于同一水平线上,此时记录的气体增加量即所排入释放瓶中加压溶气水的释气量 V_1。

实验记录见表 4-37。

释气量实验记录　　　　　表 4-37

内容实验号	加压溶气水				释　气	
	压力 (MPa)	体积 (mL)	水温 (℃)	理论释气量 V (mL/L)	释气量 V_1 (mL)	溶气效率 (%)

注:表中理论释气量 $V=K_T P$;释气量 $V_1=K_T PV$　(mL)

式中　P——空气所受的绝对压力(MPa);
　　　V——加压溶气水的体积(L);
　　　K_T——空气在水中的溶解常数,见表 4-38。

不同温度时的 K_T 值　　　　　表 4-38

温度(℃)	0	10	20	30	40	50
K_T	0.038	0.029	0.024	0.021	0.018	0.016

$$溶气效率\ \eta = \frac{释气量}{理论释气量} \times 100\% \tag{4-82}$$

3. 成果整理

(1) 完成释气量实验,并计算溶气效率。

(2) 有条件的话,利用正交实验设计方法组织安排释气量实验,并进行方差分析,指出影响溶气效率的主要因素。

【思考题】

(1) 气浮法与沉淀法有什么相同之处?有什么不同之处?

(2) 气固比成果分析中的两条曲线各有什么意义?

(3) 选定气固比和工作压力以及溶气效率,试推出回流比 R 的公式。

4.15 活性炭吸附实验

活性炭吸附是目前国内外应用较多的一种水处理工艺，由于活性炭种类多，可去除物质复杂，因此掌握间歇法与连续流法确定活性炭吸附工艺设计参数的方法，对水处理工程技术人员至关重要。

1. 目的

(1) 通过实验进一步了解活性炭的吸附工艺及性能，并熟悉整个实验过程的操作。

(2) 掌握用间歇法、连续流法确定活性炭处理污水的设计参数的方法。

2. 原理

活性炭吸附是目前国内外应用较多的一种水处理手段，由于活性炭对水中大部分污染物都有较好的吸附作用，因此活性炭吸附应用于水处理时往往具有出水水质稳定、适用于多种污水的优点。活性炭吸附常用来处理某些工业污水，在有些特殊情况下也用于给水处理。比如当给水水源中含有某些不易去除而且含量较少的污染物时，当某些偏远小居住区尚无自来水厂需临时安装一小型自来水生产装置时，往往使用活性炭吸附装置。但由于活性炭的造价较高，再生过程较复杂，所以活性炭吸附的应用尚具有一定的局限性。

活性炭吸附就是利用活性炭的固体表面对水中一种或多种物质的吸附作用，以达到净化水质的目的。活性炭的吸附作用产生于两个方面，一个是活性炭内部分子在各个方向都受着同等大小的力而在表面的分子则受到不平衡的力，这就使其他分子吸附于其表面上，此为物理吸附；另一个是活性炭与被吸附物质之间的化学作用，此为化学吸附。活性炭的吸附是上述二种吸附综合作用的结果。当活性炭在溶液中的吸附速率和解吸速率相等时，达到了动平衡，称为活性炭吸附平衡，此时被吸附物质在溶液中的浓度称为平衡浓度。活性炭的吸附能力以吸附量 q_e 表示：

$$q_e = \frac{V(C_0 - C_e)}{m} \text{(mg/g)} \tag{4-83}$$

式中 q_e——活性炭吸附量，即单位质量的吸附剂所吸附的溶质量（mg/g）；

V——污水体积（L）；

C_0、C_e——分别为吸附前原水中溶质浓度和吸附平衡时水中的溶质浓度（mg/L）；

m——活性炭投量（g）。

在温度一定的条件下，活性炭的吸附量随被吸附物质平衡浓度的提高而提高，两者之间的变化曲线称为吸附等温线，通常用费兰德利希（FreundLich）经验式加以表达：

$$q_e = K C_e^{\frac{1}{n}} \tag{4-84}$$

式中 q_e——活性炭吸附容量（mg/g）；

C_e——被吸附物质的平衡浓度（mg/L）；

K、n——与溶液的温度、pH 以及吸附剂和被吸附物质的性质有关的常数。

K、n 值求法：通过间歇式活性炭吸附实验测得 q_e、C_e 值，将式(4-84) 两边取常用对数后变形为下式：

$$\lg q_e = \lg K + \frac{1}{n} \lg C_e \tag{4-85}$$

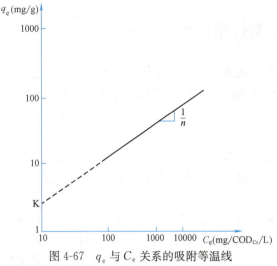

图 4-67　q_e 与 C_e 关系的吸附等温线

将 q_e、C_e 相应值点绘在双对数坐标纸上，所得直线的斜率为 $\dfrac{1}{n}$，截距则为 K，如图 4-67 所示。

由于间歇式静态吸附法处理能力低、设备多，故在工程中多采用连续流活性炭吸附法，即活性炭动态吸附法。

采用连续流方式的活性炭层吸附性能可用勃哈特（Bohart）和亚当斯（Adams）所提出的关系式来表达，即：

$$\ln\left[\dfrac{C_0}{C_B}-1\right]=\ln\left[\exp\left(\dfrac{KN_0H}{v}\right)-1\right]-KC_0t \tag{4-86}$$

式中　t——工作时间（h）；

　　　v——流速（m/h）；

　　　H——活性炭层厚度（m）；

　　　K——流速常数［L/(mg·h)］；

　　N_0——吸附容量，即达到饱和时被吸附物质的吸附量（mg/L）；

　　C_0——进水中被吸附物质浓度（mg/L）；

　　C_B——允许出水溶质浓度（mg/L）。

因为 $\exp\left(\dfrac{KN_0H}{v}\right)\gg 1$，式（4-86）等号右边括号内的 1 可忽略不计，则工作时间 t 可简化为：

$$t=\dfrac{N_0}{C_0 v}H-\dfrac{1}{C_0 K}\ln\left(\dfrac{C_0}{C_B}-1\right) \tag{4-87}$$

当工作时间 $t=0$ 时，能使出水溶质浓度小于 C_B 的炭层理论深度称为活性炭层的临界深度 H_0，其值由式（4-87）$t=0$ 推出：

$$H_0=\dfrac{v}{KN_0}\ln\left(\dfrac{C_0}{C_B}-1\right) \tag{4-88}$$

炭柱的吸附容量（N_0）和流速常数（K），可通过连续流活性炭吸附实验并利用式（4-87）中 t 与 H 的一元线性回归方程或作图法求出。

3. 设备及用具

(1) 间歇式活性炭吸附实验装置如图 4-68 所示。

(2) 连续流活性炭吸附实验装置如图 4-69 所示。

(3) 间歇与连续流实验所需设备及用具。

1）康氏振荡器一台。

2）500mL 三角杯烧杯 6 个。

3）烘箱。

4）COD_{Cr}、SS 等测定分析装置，玻璃器皿、滤纸等。

5）有机玻璃柱 $d=20\sim 30$mm，$H=1.0$m。

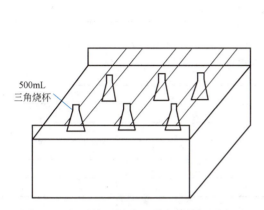

图 4-68 间歇式活性炭吸附实验装置示意图　　图 4-69 连续流活性炭吸附实验装置示意图

6) 活性炭。

7) 配水及投配系统。

4. 步骤及记录

(1) 间歇式活性炭吸附实验

1) 将某污水用滤布过滤，去除水中悬浮物，或自配污水，测定该污水的 COD_{Cr}、pH、SS 等值。

2) 将活性炭放在蒸馏水中浸 24h，然后放在 105℃烘箱内烘至恒重，再将烘干后的活性炭压碎，使其成为能通过 200 目以下筛孔的粉状炭。因为粒状活性炭要达到吸附平衡耗时太长，往往需要数日或数周，为了使实验能在短时间内结束，所以多用粉状炭。

3) 在 6 个 500mL 的三角烧瓶中分别投加 0、100mg、200mg、300mg、400mg、500mg 粉状活性炭。

4) 在每个三角烧瓶中投加同体积的过滤后的污水，使每个烧瓶中的 COD_{Cr} 浓度与活性炭浓度的比值在 0.05~5.0 之间（没有投加活性炭的烧瓶除外）。

5) 测定水温，将三角烧瓶放在振荡器上振荡，当达到吸附平衡时即可停止振荡（振荡时间一般为 30min 以上）。

6) 过滤各三角烧瓶中的污水，测定其剩余 COD_{Cr} 值，求出吸附量 x。

实验记录见表 4-39。

活性炭间歇吸附实验记录　　　　表 4-39

序号	原污水				出水			污水体积 (mL)	活性炭投加量 (mg)	COD_{Cr} 去除率 (%)	备注
	COD_{Cr} (mg/L)	pH	水温 (℃)	SS (mg/L)	COD_{Cr} (mg/L)	pH	SS (mg/L)				

(2) 连续流活性炭吸附实验

1) 将某污水过滤或配制一种污水,测定该污水的 COD_{Cr}、pH、SS、水温等各项指标并记入表 4-40 中。

连续流炭柱吸附实验记录　　　　　表 4-40

原水 COD 浓度 (mg/L) =		允许出水浓度 C_B (mg/L) =	
水　　　温 T (℃) =		pH=　　　SS=　　　(mg/L)	
进流率 q [m³/(m²·h)] =		滤池 v (m/h) =	
炭柱厚 (m) H_1 =	H_2 =	H_3 =	

工作时间	出水水质 (mg/L)		
t (h)	柱1	柱2	柱3

2) 在内径为 20~30mm,高为 1000mm 的有机玻璃管或玻璃管中装入 500~750mm 高的经水洗及烘干后的活性炭。

3) 以 40~200mL/min 的流量(具体可参考水质条件而定),按升流或降流的方式运行(运行时炭层中不应有空气气泡)。本实验装置为降流式。实验至少要用 3 种以上的不同流速 v 进行。

4) 在每一流速运行稳定后,每隔 10~30min 由各炭柱取水样,测定出水 COD_{Cr} 值,直至出水 COD_{Cr} 达到进水 COD_{Cr} 的 0.9~0.95 为止,并将结果记于表 4-40 中。

5. 成果整理

(1) 间歇式活性炭吸附实验

1) 按表 4-39 记录的原始数据进行计算。

2) 按式(4-83)计算吸附量 q_e。

3) 利用 q_e 与 C_e 相应数据和式(4-84),用回归分析方法求出 K、n 值或利用作图法将 C_e 和相应的 q_e 值在双常用对数坐标纸上绘制出 q_e 与 C_e 关系的吸附等温线,直线斜率为 $\frac{1}{n}$、截距为 K。

$\frac{1}{n}$ 值越小,活性炭吸附性能越好,一般认为,当 $\frac{1}{n}=0.1\sim0.5$ 时,水中欲去除杂质易被吸附;$\frac{1}{n}>2$ 时,难以吸附。当 $\frac{1}{n}$ 较小时,多采用间歇式活性炭吸附操作,当 $\frac{1}{n}$ 较大时,最好采用连续式活性炭吸附操作。

(2) 连续流活性炭吸附实验

求各流速下 K、N_0 值。

a. 根据表 4-40 实验数据及 t 与 C 关系,确定当出水 COD_{Cr} 浓度等于 C_B 时各柱的工作时间 t_1、t_2、t_3。

b. 根据式(4-87)以时间 t 为纵坐标,以炭层厚 H 为横坐标,点绘 t、H 值,直线截距 b 为:

$$b = -\frac{\ln\left(\frac{C_0}{C_B}-1\right)}{KC_0} \qquad (4\text{-}89)$$

斜率 $k = N_0/(C_0 v)$，如图 4-70 所示。

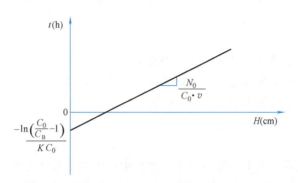

图 4-70　确定 b、k 方法示意图

c. 将已知 C_0、C_B、v 等数值代入，求出流速常数 K 和吸附容量 N_0 值。

d. 根据式(4-88)求出每一流速下炭层临界深度 H_0 值。

e. 按表 4-41 给出各滤速下炭吸附设计参数 K、H_0、N_0 值，或绘制成如图 4-71 所示的图，以供活性炭吸附设备设计时参考。

活性炭吸附实验结果　　　　　　　　　　　　表 4-41

流速 v (m/h)	N_0 (mg/L)	K (L/(mg·h))	H_0 (m)

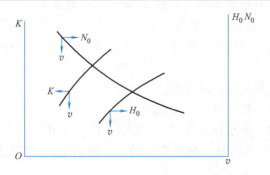

图 4-71　v 与 N_0、H_0 和 K 关系曲线

【思考题】

(1) 吸附等温线有什么现实意义，作吸附等温线时为什么要用粉状炭？

(2) 连续流的升流式和降流式运行方式各有什么缺点？

4.16 酸性污水升流式过滤中和及吹脱实验

升流式过滤中和处理酸性污水，是中和处理方法的一种，掌握其测定技术，对选择工艺设计参数及运行管理，具有重要意义。

1. 目的

（1）了解掌握酸性污水过滤中和原理及工艺。

（2）测定升流式石灰石滤池在不同滤速时的中和效果。

（3）测定不同形式的吹脱设备（鼓风曝气吹脱、瓷环填料吹脱、筛板塔等）去除水中游离CO_2的效果。

2. 原理

机械制造、电镀、化工、化纤等工业生产中排出大量酸性污水，若不加处理直接排放将会造成水体污染，腐蚀管道，毁坏农作物，危害渔业生产，破坏污水生物处理系统的正常运行。目前常用的处理方法有酸、碱污水混合中和、药剂中和、过滤中和。

由于过滤中和法设备简单、造价低、不需药剂配制和投加系统，耐冲击负荷，故目前生产中应用较多，其中广泛使用的是升流式膨胀过滤中和滤池，其原理是化学工业中应用较多的流化床。由于所用滤料直径很小（$d=0.5\sim3mm$），因此单位容积滤料表面积很大，酸性污水与滤料所需中和反应时间大大缩短，故滤速可大幅度提高，从而使滤料呈悬浮状态，造成滤料相互碰撞摩擦，这更适用于中和处理后所生成的盐类溶解度小的一类酸性污水。如：

$$H_2SO_4+CaCO_3 = CaSO_4+H_2O+CO_2\uparrow$$

该工艺反应时间短，并减小了硫酸钙结垢对石灰石滤料活性影响的问题，因而被广泛地用于酸性污水处理。

由于中和后出水中含有大量CO_2，使污水pH偏低，为提高污水pH，可采用吹脱法作为后续处理。

3. 设备及用具

（1）升流式滤池：有机玻璃管，内径$\phi 70mm$，有效高$H=2.3m$，内装石灰石滤料，粒径$d=0.5\sim3mm$，起始装填高度约1m。

（2）吹脱设备：有机玻璃管，内径$\phi 100mm$，有效高$H=2.3m$，分别为鼓风曝气式、瓷环填料式、筛板塔式。

（3）防腐水池、塑料泵、循环管路。

（4）空气系统：空压机一台，布气管路。

（5）计量设备：转子流量计LZB—25，LZB—10，气用LZB—4。

（6）水样测定设备：pH计，酸度滴定设备，游离CO_2测定装置及有关药品，玻璃器皿。

（7）配制浓度约2g/L的硫酸溶液。

实验装置如图4-72所示。

4. 步骤及记录

（1）每组实验时，选定4种滤速40（50），60（70），80（90），100（110）m/h，进

行中和实验。

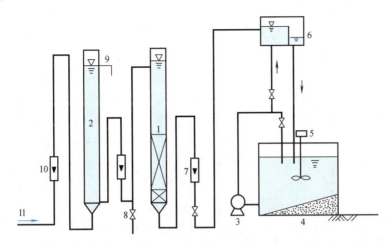

图 4-72 酸性污水中和、吹脱实验装置示意图
1—升流式滤柱；2—吹脱柱；3—水泵；4—配水池；5—搅拌器；6—恒位水箱；7—水转子流量计；
8—排水、取样口；9—出水口；10—气体转子流量计；11—压缩空气

(2) 自配硫酸溶液，浓度 1.5～2g/L，搅拌均匀，取水样测定 pH、酸度。

(3) 将搅拌均匀之酸性污水，泵入升流式滤池，用阀门调整滤速至要求值，待稳定流动 10min 后，取中和后出水水样一瓶 300～400mL，要取满不留空隙，测 pH、酸度、游离 CO_2 含量。

(4) 将中和后出水或先排掉一部分再引入不同吹脱设备内，用闸门调整风量到合适程度（控制 $5m^3$ 气/m^3 水左右）进行吹脱。中和出水 5min 后取样，再取吹脱后水样一瓶 300～400mL，取满不留空隙，测定 pH、酸度、游离 CO_2 含量。

(5) 改变滤速，重复上述实验。

(6) 各组可采用不同滤速，整理实验成果时，可利用各组测试数据。

(7) 记录见表 4-42。

【注意事项】

(1) 配制硫酸污水时，应先将池内水放到计算位置，而后慢慢加入所需浓硫酸，并缓慢加以搅动，注意不要烧伤手、脚及衣服。

(2) 取样时，取样瓶一定要装满，不留空隙，以免气体逸出和溶入，影响测定结果。

5. 成果整理

(1) 根据实验记录计算出膨胀率、中和效率、气水比和吹脱效率。

(2) 在直角坐标系中以滤速为横坐标，分别以出水 pH、酸度为纵坐标绘图。

(3) 分析实验中所观察到的现象。

【思考题】

(1) 说明酸性污水处理的原理，写出本实验化学反应方程式。

(2) 叙述酸性污水处理的方法。

(3) 升流式石灰石滤池处理酸性污水的优缺点及存在问题是什么？

(4) 酸性污水中和处理对进水硫酸浓度是否有要求？原因是什么？

表 4-42 中和实验记录

原水样		酸性水		石灰石滤料			中和后出水			吹脱水		气量		吹脱后出水		
组号	pH	流量 (L/h)	滤速 (m/h)	装填高 h_1 (cm)	膨胀高 h_2 (cm)	膨胀率 e (h_2/h_1)	酸度 C_1 (mol/L)	pH	游离 CO_2 (mol/L)	中和效率 (%)	流量 (L/h)	流速 (m/h)	气量 (m^3/h)	气水比 (V_1/V_2)	酸度 (mol/L)	pH	CO_2 吹脱效率 (%)
酸度 (mol/L)																	

4.17 生物接触氧化实验

生物接触氧化池又称淹没式生物滤池，不仅是生物膜法处理工艺，也同时具有活性污泥法的特点。

1. 实验目的

(1) 了解生物接触氧化反应器与生物滤池反应器的区别。
(2) 掌握生物接触氧化反应器的工艺流程、构造特征和运行方式。
(3) 选择不同工艺参数，评价污水处理性能。

2. 实验原理

在生物接触氧化池中填料完全浸没在污水中，污水以一定的流速经过填料表面，经过底部曝气使水流在池体内搅动，两者作用下污水与填料广泛接触。在固体填料表面，形成一定厚度的生物膜，污水中有机污染物质在好氧的情况下经过生物膜上微生物生长和繁殖得到去除。随着生物膜逐渐加厚，逐渐开始形成厌氧层，这种好氧厌氧过渡交替的环境下，聚磷菌、硝化菌与反硝化菌在同一位置不同生物膜深度下生长，因此达到同步脱氮和除磷的效果。产生的 N_2 不断穿过生物膜扩散到污水中，最后从水面进入大气，使生物膜出现许多孔隙，随着细胞体老化死亡，生物膜在填料上的附着力下降，最后在曝气水力剪切力的作用下从填料表面脱落，被新的生物膜所替代，整个接触氧化系统具有持续的污染物净化效果。

该方法不需要污泥回流、污泥产生量小，广泛用于污泥减量方面的研究，但如果设计和运行不当，容易引起滤料堵塞。

常用的填料有三种类型：硬性填料、弹性填料和软性填料，其中弹性填料具有比表面积大、孔隙率高、充氧性好的特点，国内接触氧化池采用较多；软性填料不易堵塞、价格低廉，但纤维束容易结块和产生断丝，影响处理效果。填料的亲水性能影响挂膜状况。

生物接触氧化技术依据 F/M 值和处理水质等要求，一般分为一段式（图 4-73）、二段式和多段式（图 4-74）。

3. 设备与用具

(1) 多段生物接触氧化装置 1 套，如图 4-75 所示。
(2) 污水溶氧仪 1 台。
(3) 多参数水质测量仪 1 台。
(4) 便携式 pH 测试仪 1 台。
(5) 电子天平 1 台。
(6) 烘箱 1 台。
(7) 玻璃量筒、烧杯及相关药剂。
(8) 水样：城市污水、人工配制水样。

4. 步骤及记录

(1) 自主设计的填料种类、填料容积负荷 M、有效接触时间 t（确定流量）及每个单元格内溶解氧 DO（确定曝气量）等工艺参数，并根据工艺参数，组装填料，按设计流量运行系统。

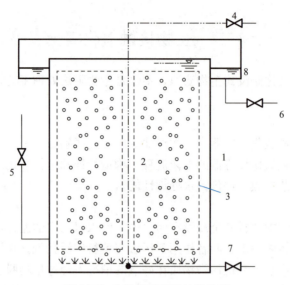

图 4-73 生物接触氧化池构造图

1—池体；2—填料；3—支架；4—曝气系统；5—进水管线；6—出水管线；7—排泥管线；8—出水渠

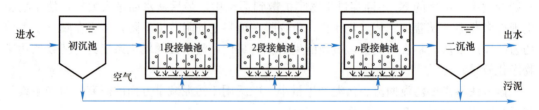

图 4-74 多段式生物接触氧化法构造图

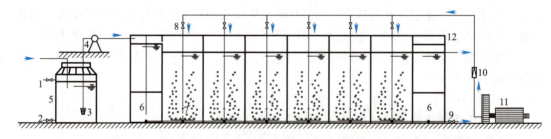

图 4-75 多段生物接触氧化实验装置示意图

1—进水罐溢流管；2—进水罐排泥管；3—不锈钢筛网；4—计量泵；5—进水罐；6—斜板泥斗；7—圆形曝气盘；8—气量控制阀门；9—反应器排泥管；10—转子流量计；11—罗茨鼓风机；12—生化反应器

(2) 填料挂膜：可采用动态培养自然挂膜法、活性污泥接种法和人工接种培养法进行生物膜培养，一般当 COD_{Cr} 去除效果趋于稳定（大于 80%），即表示挂膜成功。利用活性污泥接种法进行挂膜，一般至少需要 7~10 天。

(3) 按设计参数开始实验，将运行实验数据填入表 4-43 中。

(4) 若出水不能达标，调节运行参数，提高系统污染物去除率，使出水满足城镇污水处理厂水污染物排放标准规定。

(5) 探索提高出水水质的方法。

5. 成果整理

（1）根据表 1 中的实验数据绘制氨氮、COD_{Cr}、TP 等水质参数与时间关系的图形，并绘制去除率与时间关系的图形。

（2）整理工艺参数与去除效果之间的关系。

生物接触氧化实验记录　　　　　　　　　　表 4-43

水质指标	运行时间（d）	取样点					去除率（%）
		原水	1 级出水	2 级出水	……	n 级出水	
COD_{Cr}（mg/L）	1						
	3						
	7						
	10						
	14						
NH_3-N（mg/L）	1						
	3						
	7						
	10						
	14						
TP（mg/L）	1						
	3						
	7						
	10						
	14						
DO（mg/L）	1						
	3						
	7						
	10						
	14						

6. 思考题

（1）简述生物接触氧化法与生物滤池在工艺上有何区别，各自有何优缺点？

（2）影响生物接触氧化法的主要因素有哪些？

（3）生物填料的种类有哪些？各自有何优缺点？

（4）生物接触氧化工艺有哪些？

第 5 章　实验室安全及仪器设备使用说明

5.1　实验室安全

5.1.1　实验室一般安全

1. 进入实验室必须遵守规章制度，严格执行操作规程，做好各类记录。
2. 实验室安全坚持"以人为本、安全第一、预防为主、综合治理"的方针，坚持"谁使用、谁负责，谁主管、谁负责"的原则，未经审核通过的人员禁止使用实验室。
3. 进入实验室的人员均要参加实验室安全知识培训，并经考核合格后方可进入实验室工作。在实验过程中，应有指导老师在场指导实验；特殊岗位和特种设备操作者，需经相应培训，持证上岗。
4. 进入实验室应了解潜在的安全隐患和应急方法，选择适当的安全防护措施。
5. 化学类或易燃易爆场所进行实验工作时必须穿棉质工作服，不能穿露脚趾的鞋（如拖鞋）、短裤，女生不能穿裙子，并需将长发束好。进行有危险的实验时，要佩戴防护用具，如护目镜、口罩、手套等。
6. 在实验过程中，须严格按照实验操作规程进行实验；对于有危险的实验项目或操作危化品时须至少有 2 人在场进行实验或操作。
7. 禁止在实验室内吸烟、进食或把食品带进室内、使用燃烧型蚊香、睡觉、过夜等；禁止在实验室内放置与实验无关的物品。
8. 实验室内不得大声喧哗、追逐、打闹。
9. 使用化学药品前，要仔细阅读化学品安全技术说明书（Safety Data Sheet），严格执行操作规程。禁止直接用手取用化学药品，如手上有伤口一定要包扎好后才能进行实验。
10. 凡进行有毒、有恶臭气体、挥发性有机物的实验，须在通风橱内进行操作，禁止有害气体在室内泄漏。
11. 实验室内所有试剂必须贴有明显的与内容物相符的标签，配置溶液须粘贴标签（包括名称、浓度、配置人、储存条件、危险性、配置日期等信息），严禁回用试剂空瓶。
12. 实验过程中产生的废弃物须分类回收处理，不得直接倒入下水道或垃圾箱。
13. 实验结束后，应及时清理实验场地，离开实验室前，应关闭水、电、压缩空气及天然气，并关好门窗。
14. 实验室一旦发生安全事故，要保持镇定，及时拨打相应的报警电话进行报告，并启动应急预案。

5.1.2　实验人员安全

1. 师生进入实验室，应遵守实验室各项规章制度，认真阅读安全教育资料，掌握安全知识，严格按照仪器设备规范进行操作。

2. 了解实验室布局和安全防护、应急措施，即熟悉在紧急情况下的逃离路线和紧急疏散预案，清楚灭火器、急救箱、灭火毯、紧急冲淋及洗眼器、燃气阀门的位置和使用方法，铭记急救电话。

3. 穿着要满足实验室一般要求；进行实验时要按规定做好个人防护，选择合适的防护用品。

4. 使用化学品前应仔细阅读化学品安全技术说明书（Safety Data Sheet），了解化学品所有的物理、化学、生物等方面的危险性和应急处理方法。

5. 实验过程中保持桌面和地面的清洁、干燥和整齐，与正在进行的实验无关的药品、仪器和杂物等不要放在实验台上，实验室内的一切物品须分类整齐摆放。

6. 禁止往下水道、卫生间、垃圾桶倾倒或丢弃实验废弃物，应按相关规定及时处置实验室废弃物；保持消防通道畅通，便于开、关电源及取用防护用品、消防器材等。

7. 实验过程中实验人员不能脱岗，进行危险性实验或使用危险化学品时须有 2 人及以上人员同时在场。

8. 实验结束后，应及时清理实验场地，离开实验室时，应做好水、电、气和物品的安全处置，并做好个人身体的清洁。

5.1.3 仪器设备安全

1. 使用设备前需熟悉实验步骤和仪器设备的操作程序，规范操作，采取必要的防护措施，如实验服、防护手套、口罩、护目镜等，并满足特殊操作要求，如不能佩戴长项链或者穿过于宽松的衣服。

2. 实验前一定要检查仪器设备的状态是否正常，特别是反应体系压力变化大的实验。

3. 仪器设备运转过程中若出现故障或有杂音及其他不正常的现象时，应立即关机，并通知仪器管理人员处理。

4. 高速离心机操作者使用设备前应详细阅读使用说明书，开机前，检查电压，使用时确保试样等重配平、对称放置，严禁在不平衡状态下进行运转。禁止分离易燃、易爆品及强酸碱、试液密度不大于 $1.2g/cm^3$ 的样品。离心机运转时，30cm 范围内严禁人员倚靠停留。旋转中禁止打开离心机上盖，在转子没有停止前禁止用手触摸转子和试管。

5. 加热设备

（1）加热设备必须按操作规程使用，并采取必要的防护措施，使用人员不得离岗。

（2）不得加热易燃、易爆的化学品；设备周围禁止堆放易燃、易爆的化学品、气体钢瓶和易燃杂物。

（3）设备运行中，禁止操作者身体过于接近或用手触摸温度极高的设备部件和试样，防止烫伤；使用完毕应立即关闭电源，待其冷却至安全温度才能离开。

（4）使用浴锅加热时要加入适量的导热介质，不可加得太满，以免液体外溢造成事故。同时注意观察，避免干烧损坏。

（5）马弗炉应在断电后，炉温降至 200℃ 以下，才能采取安全方式取出样品。

（6）实验室禁止使用明火电炉。

6. 通风橱基本操作规程

(1) 使用通风橱之前先开启风机,排风正常后再进行操作。

(2) 使用通风橱时,必须拉下通风橱玻璃活动挡板至手肘处,使胸部以上受玻璃视窗所屏护,人员的头部以及上半身绝不可伸进通风橱内。

(3) 严禁在通风橱内进行有爆炸性危险的实验。

(4) 进行危险品及有毒害气体的实验必须在通风橱内的操作台进行操作。

(5) 实验操作完毕后,应继续排风1~2min,确保通风橱内残留气体(尤其是有害气体)全部排出。

(6) 实验工作完毕后,关闭所有电源,再对通风橱进行清洁,清除通风橱内的杂物和残留的溶液,最后将玻璃门下拉到底。切勿在带电或电机运转时做清理工作。

(7) 使用通风橱时每2h至少进行10min的开窗通风;如使用时间超过5h,要敞开窗户,避免室内出现负压。

7. 紧急喷淋洗眼器

当实验人员的眼睛或身体接触到有毒、有害以及其他具有腐蚀性化学物质的时候,应对受伤害者的眼睛或身体进行紧急冲洗或者冲淋,然后送医治疗。

(1) 需要喷淋时,向下拉冲淋拉手,冲淋阀开启,出水进行身体喷淋,用后将手拉杆向上推复位。皮肤被污染时,脱去衣物,用流动水冲洗至少15min。

(2) 需要洗眼时,取下防尘罩,用手推开洗眼手推阀或者用脚踏开洗眼阀。

(3) 眼睛靠近出水口,用手指撑开眼睑,用大量细流清水彻底冲洗至少15min。洗涤时不要揉搓眼睛,避免水流直射眼球,如果是碱灼伤,再用20%的硼酸溶液淋洗,如果是酸灼伤,则用3%的碳酸氢钠溶液淋洗。

8. 玻璃仪器(器皿)

(1) 使用前查看玻璃仪器是否有裂纹或破损。

(2) 进行减压蒸馏操作时,为防止蒸馏器皿发生爆炸,引发伤人事故,需要采取适当的防护措施。

(3) 在进行玻璃管连接或将玻璃管插入胶塞时,要戴防刺透手套,玻璃管一端蘸取少量的洗涤灵溶液或水润滑,然后反方向旋转连接。

(4) 破碎的玻璃器皿要收集起来,放入利器盒内统一回收处理,不能扔到其他垃圾箱内。

9. 常压蒸馏装置

(1) 蒸馏前,查阅样品SDS,以防造成爆炸,若有隐患必须采取相应的安全预防措施。

(2) 装入的液体的体积应是蒸馏瓶体积的1/3~2/3,并且加入适量沸石。

(3) 冷却水从冷凝管下口进入,从上口出。

(4) 严格控制加热温度,不能超过沸点最高物质的沸点。

(5) 若进行有机物的蒸馏,必须在通风橱中操作。

(6) 蒸馏装置不能成封闭系统,操作时,要时刻观察蒸馏的进展状况,不能远离实验台,更不能离开实验室。

10. 仪器设备用电安全

(1) 使用设备前,应仔细阅读设备说明书,并按要求正确操作。

(2) 检查电压、实验室电路容量、插座功率等是否满足设备需求;大功率的用电设备需单独配线；导线的安全载流量应大于用电容量。

（3）禁止擅自拆改电源线路、修理电气设备，不得乱拉、乱接电源线，多台大功率电器不得共用一个接线板，接线板不得串接。

（4）设备中的电气部分应具有防水保护性能或措施。

（5）所有用电设备的金属外壳都必须做好保护接地。

（6）设备及其线路必须在漏电保护器的保护范围内工作。

（7）带电加热功能的设备必须加装温控器，带电加热水功能的设备还须加装水位报警器和缺水断电保护系统，防止设备过热或起火。

（8）实验期间，保持接线板和接头部位干燥，防止受潮漏电，严禁使用潮湿的手接触。

（9）实验结束后，应立即断开设备电源。

（10）设备中电气部分达到使用年限后，需及时更换。

5.1.4　化学药品安全

1. 实验之前应阅读实验所涉及化学药品的化学品安全技术说明书（Safety Data Sheet），了解化学品特性，采取必要的防护措施。

2. 使用化学品时不能直接接触药品、品尝药品味道、把鼻子凑到容器口嗅闻药品的气味，不能使用化学溶剂洗手，不慎接触到腐蚀性化学品时，要立即用大量清水冲洗。

3. 严禁在开口容器和密闭体系中，用明火加热有机溶剂。

4. 保持工作环境通风良好。在有易燃易爆危险的工作场所，不要穿化纤衣服或带铁钉的鞋。

5. 有毒气体、易挥发试剂和剧毒药品的操作必须在通风橱内进行，通风装置失效时禁止操作；身上沾有易燃物时要立即清洗，不得靠近明火。

6. 搬运危险化学品要捆扎牢固，盛放容器适宜。

7. 化学品使用过程中，一旦出现事故，应及时采取相应控制措施，并及时向实验室老师或导师报告。

8. 剧毒品使用时必须佩戴个人防护器具，在通风橱中操作，并做好应急处理预案。在有一名在职老师的指导下，由两人以上共同操作。

9. 废弃的危险化学品不能随意丢弃，应分类收集；剧毒品废液和沾染物要进行无毒、减毒化处置，并妥善保管，由有关部门统一处置。

5.2　仪器设备使用说明

5.2.1　BX53 摄影显微镜使用说明

1. 显微镜构造示意（图 5-1 和图 5-2）
2. 观察步骤
（1）打开主开关。
（2）转动亮度调节旋钮，调节照明光强。
（3）推入 LBD 滤色片钮，在光路中使用 LBD 滤色片。

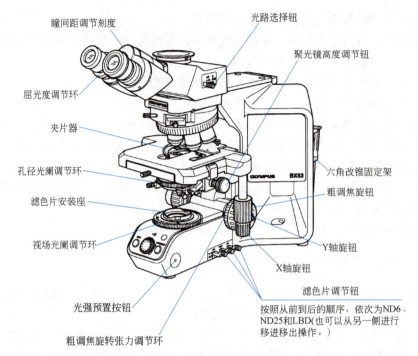

图 5-1　显微镜结构示意图（一）

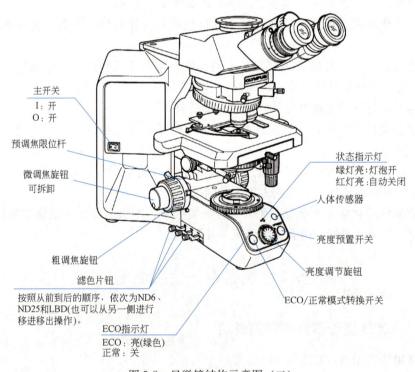

图 5-2　显微镜结构示意图（二）

（4）转动粗、微调焦旋钮，降低载物台。
（5）拉开夹片器，放上样品载玻片。
（6）转动物镜转换器，使 10×物镜置于光路中（注意在此位置可听见咔嗒声）。

(7) 分别转动粗、微调焦旋钮，对样品聚焦，在粗略聚焦后，使用细调焦旋钮进行微调。

(8) 把选择的滤光片推入光路。

(9) 调节视场光阑和孔径光阑。

(10) 开始观察清晰的生物相。

注：① 利用摄像转换器可将显微镜观察内容传递到显示器屏幕上，便于观察生物相。

② 使用数码相机直接对显示器屏幕拍照，制作生物相照片，或利用显微镜专用转换器在观察的同时进行拍照。

5.2.2 BS 224S 电子天平使用说明

1. 仪器结构（图 5-3）

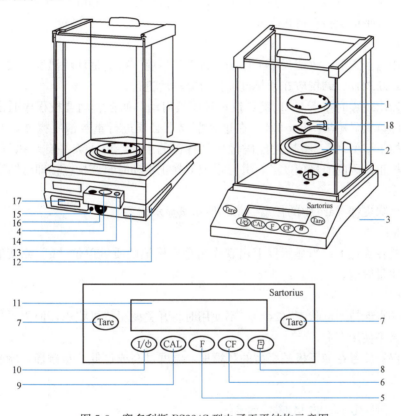

图 5-3 赛多利斯 BS224S 型电子天平结构示意图

1—称盘；2—屏蔽环；3—地脚螺栓；4—水平仪；5—功能键；6—CF 清除键；
7—除皮键；8—打印键（数据输出）；9—调校键；10—开关键；11—显示器；
12—CMC 标签；13—具有 CE 标记的型号牌；14—防盗装置；
15—变更出厂默认参数开关；16—电源接口；17—数据接口；18—称盘支架

2. 电子天平使用操作步骤

(1) 调水平

调整地脚螺栓高度，使水平仪内空气气泡位于圆环中央。

(2) 开机

接通电源，按开关键，直至全屏自检。当显示器显示零时，自检过程即告结束，此时，天平工作准备就绪。

在天平的显示屏上出现如下标记：

在右上部显示"O"，表示 OFF，即天平曾经断电（重新接电或断电时间长于 3s）。

左下方显示"O"，表示仪器处于待机状态。显示器已通过◎键关断，天平处于工作准备状态。一旦接通，仪器便可立刻工作，而不必经历预热过程。

显示"◇"，表示仪器正在工作。在接通后到按下第一个键的时间内，显示标记"◇"；如果仪器正在工作时显示这个标记，则表示天平的微处理器正在执行某个功能，此时，不再接受其他任务。

（3）预热

天平在初次接通电源或长时间断电之后，至少需要预热 30min 后再称量。为取得理想的测量结果，天平应保持在待机状态。

（4）校正

首次使用电子天平、改变天平工作场所或工作环境（特别是环境温度）发生变化，则都要求进行重新调校。调校应在预热过程执行完毕后进行。

当显示器出现零时按下 CAL 键：校正程序被启动，如在启动调校程序时出现错误或故障，则在屏幕上显示出"Err 02"。在这种情况下必须进行重复清零操作，并当屏幕显示零时重新按下 CAL 键。将校正砝码轻放到秤盘的中间，电子天平自动执行调校过程。当屏幕显示校正砝码的质量值"g"，并显示数值静止不动时，调校过程即已结束。

（5）清零

按下两个除皮键 Tare 中的任意一个，使质量显示为零。

（6）称量

将物品放在称盘上。当显示器上出现作为稳定标记的质量单位"g"或其他选定的单位时，读出质量数值。

（7）关机

天平应一直保持通电状态（24h），不使用时将开关调至待机状态，使天平保持保温状态，可延长天平使用寿命。

不要将仪器放置在如下极端恶劣的环境里：温度过高或过低、易碰撞、剧烈振动、风吹和湿度较大。

5.2.3　PB-10 型 pH 计使用说明

1. pH 计图示及功能键（图 5-4～图 5-6）

2. 电极的安装和维护

（1）去掉电极的防护帽。

（2）建议电极在第一次使用前，或电极填充液干了，应该浸在标准溶液或 KCl 溶液中 24h 以上。

（3）去掉 pH 计接头上的防护帽，将电极插头接到仪器背面的 Input（电极）和 ATC（温度探头）输入孔。

（4）ORP 及离子选择性电极的选择性连接，去掉 Input 密封盖，将电极接到 Input 输入孔。

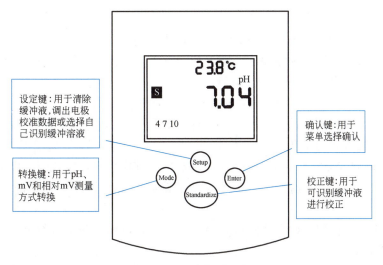

图 5-4　pH 计正视图

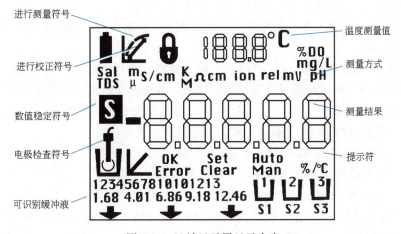

图 5-5　pH 计显示屏显示内容

(5) 在各次测量之间要清洗电极，吸干电极表面溶液（不要擦拭电极），用蒸馏水或去离子水或待测溶液进行冲洗。

(6) 将玻璃电极放在填充液 KCl 溶液中或电极存储液中。测量过程中如选择可填充电解液电极，加液口应敞开；在存放时关闭。并应注意在内部溶液液面较低时添加电解液。温度探头应干燥存放。

3. pH 计使用步骤

(1) 将变压器插头与 pH 计 Power（电源）接口相连，并接好交流电。

(2) 将 pH 复合玻璃电极与 Input

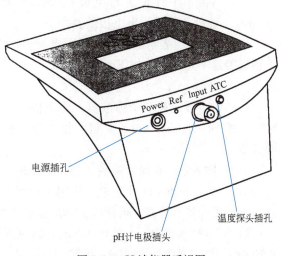

图 5-6　pH 计仪器后视图

（电极）和 ATC（温度探头）输入孔连接。

（3）按 Mode（转换）键，直至显示屏上出现相应的测量方式(pH，mV 或相对 mV)。

（4）pH 计最多可用 3 种缓冲液校准。校准时要将电极浸入缓冲液中，搅拌均匀，按 Standardize（校正）键进行相应的缓冲液值的校准。

（5）显示屏将显示当前 pH，mV 或相对 mV 的测量值。

（6）按 Setup（设置）键可显示经校准而得到的信息和清除或选择输入的缓冲液值。

4. pH 计测量方式的校准

由于电极的响应会发生变化，因此 pH 计和电极都应校准，以补偿电极的变化，越有规律地进行校准，测量就越精确。为了获得精确的测量结果，有必要每天或经常进行校准。

pH 计最多可以使用 3 种缓冲液进行自动校准。若再输入第 4 种缓冲液，将替代第 1 种缓冲液的值。

PB-10 具有自动温度补偿功能。

（1）将电极浸入缓冲液中，搅拌均匀，直至达到稳定。

（2）按 Mode（转换）键，直至显示出所需的 pH 测量方式。用此键可以在 pH 和 mV 模式之间进行切换。

（3）在进行一个新的两点或三点校准之前，要将已经存储的校准点清除。使用 Setup（设置）键和 Enter（确认）键可清除已有缓冲液，并选择您所需要的缓冲液组。

（4）按 Standardize（校正）键。pH 计识别出缓冲液并将闪烁显示缓冲液值。在达到稳定状态后，或通过按 Enter（确认）键，测量值即已被存储。

（5）pH 计显示的电极斜率为 100.0%。当输入第 2 种或第 3 种缓冲液时，仪器首先进行电极检验［见步骤（7）以后步骤］，然后显示电极的斜率。

（6）为了输入第 2 个缓冲液，将电极浸入第 2 种缓冲溶液中，搅拌均匀，并等到示值稳定后，按 Standardize（校正）键。pH 计识别出缓冲液，并在显示屏上显示出第 1 和第 2 个缓冲液值。

（7）当前 pH 计正进行电极检验。电极是完好的则显示"OK"，有故障则显示"Error"。此外，还显示出电极的斜率。

（8）"Error"表示电极有故障。电极斜率应在 90% 和 105% 之间。在测量过程中产生出错报警是不允许的。按 Enter（确认）键，以便清除出错报警并从第（6）步骤处重新进行。

（9）为了设定第 3 个标准值，将电极插入第 3 种缓冲液中，搅拌均匀，并等示值稳定后，按 Standardize（校正）键，结果与步骤（6）、（7）一样。此时，系统显示 3 种缓冲液值。

（10）输入每一种缓冲液后，"Standardizing"显示消失，pH 计将回到测量状态。

（11）为了校准 pH 计，至少使用 2 种缓冲液。待测溶液的 pH 应处于两种缓冲液 pH 之间。用磁搅拌器搅拌，可使电极响应速度更快。

注：如果使用温度探头，pH 计总是随温度不断调整，因此由于温度的变化，缓冲液的显示值与缓冲液的标准值相比可能会有微小波动。缺省温度设置为 25℃，只有当使用温度探头时，才在仪器上显示温度值。

5. Setup（设置）键使用方法

用 Setup（设置）键能清除所有已输入的缓冲液值，查看校准信息或选出所需要的缓冲液组。按 Mode（转换）键，可随时退出设置模式。

(1) 按 Setup（设置）键，仪表闪烁显示"Clear"，能将所有输入的缓冲液测量值清除。如果确实想清除，请按 Enter（确认）键。pH 计将所有存储的校准点清除掉并回到测量状态。

(2) 再按 Setup（设置）键，即得到有关电极状态及第 1 和第 2 个校准点之间斜率的信息。此外，还显示出两个缓冲液的数值。

(3) 再按 Setup（设置）键，显示第 2 和第 3 个缓冲液间的斜率（如果输入了第 3 个缓冲液的话）以及第 2 和第 3 缓冲液的数值。

(4) 再按 Setup（设置）键，仪表闪烁显示"Set"，并显示第一组缓冲液的数值。

(5) 按 Enter（确认）键可以选择所显示的缓冲液组，或者通过按 Setup（设置）键在三组缓冲液组之间切换。

(6) 按 Enter（确认）键选出所需要的缓冲液组。按 Setup（设置）键或随时按 Mode（转换）键，都将回到测量状态。

注：可以从不同的缓冲液组中选择缓冲液。

6. mV（相对 mV）测量方式的校准

测量 mV 主要是为了确定离子浓度和氧化还原电位。

为了确定离子浓度，可以使用离子选择性电极（ISE）记录离子浓度，且使其以电位形式（mV 模式）显示，由电位值能确定试样的离子浓度（借助于事先记录的校准曲线）。

氧化还原电位测量，可用于监测或控制需要定量还原剂或氧化剂的溶液中。

(1) 将电极浸入到标准溶液中。

(2) 按 Mode（转换）键，直至显示 mV 测量方式。

(3) 按 Standardize（校正）键，以便能输入 mV 标准并读出相对 mV 值。

(4) 如果信号保持稳定或按 Enter（确认）键，当前绝对 mV 值就成了相对 mV 值的零点。

(5) 为了清除以前输入的 mV 偏移量而恢复到绝对 mV 测量方式，按 Setup（设置）键，显示器显示出闪烁的"Clear"符号和当前相对 mV 偏移量。

(6) 按 Enter（确认）键，清除相对 mV 测量方式。

5.2.4　DDSJ-308F 型电导率仪使用说明

1. 仪器主要功能

(1) 适用于实验室精确测量水溶液的电导率、电阻率、总溶解固体量（TDS）、盐度值，也可用于测量纯水的纯度与温度，以及海水淡化处理中的含盐量的测定。

(2) 在全量程范围内，具有自动温度补偿、自动校准、自动量程、自动频率切换等功能。

(3) 具有标定功能，可标定电极常数或 TDS 转换系数，且支持二点标定。

(4) 具有 3 种测量模式：连续测量模式、定时测量模式和平衡测量模式。

(5) 具有 USB 接口，配合专用的通信软件，可以实现与 PC 的连接。

2. 仪器主要技术指标

(1) 测量范围

1) 电导率：0.000μS/cm～199.9mS/cm；

2) 电阻率：5.00Ω·cm～20.00MΩ·cm；

3) TDS：0.000mg/L～99.9g/L；

4) 盐度：0.00%～8.00%；

5) 温度：-5.0～110.0℃。

(2) 电子单元基本误差

1) 电导率：±0.5%FS；

2) 电阻率：±0.5%FS；

3) TDS：±0.5%FS；

4) 盐度：±0.1%；

5) 温度：±0.2℃。

(3) 仪器正常工作条件

1) 环境温度：0～40℃；

2) 相对湿度：不大于85%；

3) 供电电源：电源适配器（9V DC，300mA 内正外负）；

4) 周围环境：无影响性能的振动存在，空气中无腐蚀性的气体存在，除地磁场外，无其他影响性能的电磁场干扰。

3. 仪器结构

(1) 仪器的正面图（图 5-7）

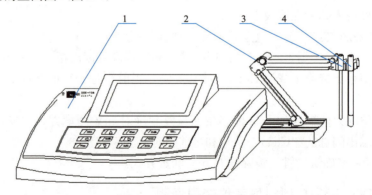

图 5-7　电导率仪器正面图

1—电子单元；2—REX-3 型电极架；3—温度电极；4—电导测量电极

(2) 仪器后面板（图 5-8）

(3) 键盘

如图 5-9 所示，仪器面板上共有 15 个操作键，除确认键、取消键外，其余都为双功能键。需要输入数据时，数字键才有效。各键功能含义如下：

1/输出键：输入数字"1"；查阅贮存数据或标定数据时输出贮存数据或标定数据；

2/▽键、4/◁键、8/△键、6/▷键：输入数字"2""4""8""6"；方向键，用于选择菜单等；

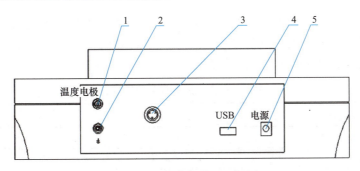

图 5-8　电导率仪器后面板图

1—温度电极插座；2—接地插座；3—电导测量电极插座；4—USB 接口座；5—电源插座

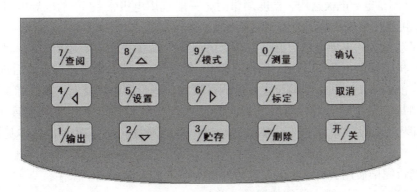

图 5-9　电导率仪键盘图示

³/贮存键：输入数字"3"；测量时贮存测量结果；

⁵/设置键：输入数字"5"；在不同的操作情况下设置不同的功能；

⁷/查阅键：输入数字"7"；查阅贮存数据或标定数据；

⁹/模式键：输入数字"9"；测量状态下用于切换显示窗口或参数；

⁰/测量键：输入数字"0"；在仪器的起始状态开始测量；

·/标定键：输入小数；标定电极斜率、电极常数等；

⁻/删除键：输入负数；查阅贮存数据时可以删除存贮的数据。

开/关键：打开或者关闭仪器。

4. 仪器使用

(1) 电导电极的选用。

1) 电导率范围及对应电极常数推荐见表 5-1。

电导率范围及对应电极常数推荐表　　　表 5-1

电导率范围（μS/cm）	电阻率范围（Ω·cm）	推荐使用电极常数（cm）
0.05~2	20M~500K	0.01, 0.1
2~200	500K~5K	0.1, 1.0
200~2000	5K~500	1.0
2000~20000	500~50	1.0, 10
2×10^4~2×10^5	50~5	10

对常数 1.0、10 类型的电导电极有"光亮"和"铂黑"两种形式,镀铂电极习惯称作铂黑电极;光亮电极较好的测量范围 0~1000μS/cm,超过 1000μS/cm 测量误差较大。

2) TDS 范围及对应电极常数推荐见表 5-2。

TDS 范围及对应电极常数推荐表　　　　　　　　　　表 5-2

TDS 范围（mg/L）	电阻率范围（μS/cm）	推荐使用电极常数（cm）
0~1000	0~2000	1.0
1000~10000	2000~20000	1.0,10
1000~19990	2000~40000	10

3) 盐度测量电导电极选用。盐度测量时,一般选用电极常数 10 的电导电极;10mg/L 以下盐度也可选用电极常数 1 的铂黑电导电极。

(2) 仪器连接：电导电极、温度电极、电源线与仪器主机连接无误,无松动现象。

(3) 开机：插上电源,按 [开/关] 键开启仪器,等待 3~5 秒,仪器经过自检后进入待机状态,显示当前的系统时间、当前设置好的测量模式、测量参数以及上一次的标定结果。

(4) 测量：将电导电极、温度电极同时插入待测溶液中（采用自动温度补偿）。按 [%/测量] 键,如果当前设置不用改变,则按 [确认] 键,开始测量。如需改变,具体见测量设置部分。

(5) 测量完毕后用去离子将电导电极冲洗干净,放入保护瓶中保存。

(6) 按 [开/关] 键, [确认] 键,关闭仪器。

(7) 测量设置（如有必要可进行此操作）。

1) 在起始状态,按 [%/设置] 键,仪器显示设置菜单,如图 5-10 所示。分别可以设置测量模式、手动温度、平衡条件、系统设置、电导常数。仪器反向显示当前的菜单项,用 [²/▽] 键和 [⁸/△] 键选择需要设置的参数,然后按 [确认] 键选择相应的功能模块;按 [取消] 键退出功能菜单选择。

2) 主要设置功能介绍

图 5-10　功能设置菜单示意图

① 测量模式：设置当前的测量模式（连续测量模式、定时测量模式、平衡测量模式）以及该模式对应的测量参数［电导率、总固态溶解物（TDS）、盐度值］。

② 连续测量模式：本测量模式适用于连续监测样品数据,观察样品的变化趋势,需要用户手动终止测量。

③ 定时测量模式：仪器支持两种定时测量模式,一种为固定时间的定时测量,另一种为固定间隔定时测量模式。固定定时测量模式表示开始测量后,仪器一直工作,直到设定的定时时间,比如设置定时 300s,则仪器将持续测量 300s 时间。注意：固定时间定时方式不自动保存测量结果。固定间隔定时测量模式要求设置测量间隔、测量次数,仪器会自动按照设定的间隔采集数据并自动记录,最小定时间隔为 1s。

④ 平衡测量模式：用户首先应该设置好平衡条件,开始测量后,仪器自动测量、计算并显示测量结果,一旦测量符合设定好的平衡条件,本次测量即结束。平衡条件包括平衡时间、平衡值两个参数。在设定的平衡时间里,当所有的测量数据都满足平衡值要求即

为满足平衡条件时,则本次测量结束。平衡时间只对平衡测量模式有效,以秒(s)为单位,范围1~200s。

⑤ 标定结果,表示使用电极的上次标定结果,也是当前测量参数即将使用的电极参数,用户可重新标定。

⑥ 标定者,表示上次标定的操作者,用户无法修改。

⑦ 标定时间,表示上次标定的时间,用户无法修改。

5. 注意事项

(1) 如果需要精确测量,建议先采用二点标定法标定电极常数,然后再进行测量。

(2) 在电导率及TDS测量时,温度电极接上,仪器自动按设定的温度系数将电导率补偿到25.0℃时的值;温度电极不接,仪器显示待测溶液未经补偿的原始电导率值。

(3) 仪器默认的温度补偿系数为2.00%/℃。

(4) 在盐度测量时,温度电极接上,仪器自动将盐度补偿到18.0℃时的值;温度电极不接,仪器显示待测溶液未经补偿的盐度值。

(5) 通常不必设置TDS转换系数值,仪器默认TDS转换系数为0.500。

6. 仪器的维护

(1) 仪器的电极插座必须保持清洁、干燥,切忌与酸、碱、盐溶液接触。

(2) 电极的不正确使用常引起仪器工作不正常。应使电极完全浸入溶液中。电极安装地点应注意避免安装在"死角",而要安装在水流循环良好的地方。测试完样品后,如果第二天使用,所用电极可以用蒸馏水浸泡;如果长时间不使用,应将其储存在干燥环境中。

(3) 对于高纯水的测量,须在密闭流动状态下测量,且水流方向应使水能进入开口处,流速不宜太高。

(4) 电导率超过$3000\mu S/cm$时,光亮电极不能正确测量,此时应换用铂黑电极进行测量。

5.2.5 YSI 550A 溶氧仪

1. 概述

YSI 550A 溶氧仪是由微机处理器和一个可替换的 YSI 溶氧探头组成的数字化仪器,外形如图 5-11 所示。

仪器用"℃"或"℉"来显示温度,用"mg/L"或"%"空气饱和度来显示溶解氧。不管使用哪一种溶解氧显示,该系统只需对任意一种模式进行校准即可。在执行新的校准操作之前盐度补偿值能够随时改变。

一个可分离的校准室被安装在仪器的后面。校准室里的小块海绵被弄湿来提供一个理想水饱和度的校准环境。这种小室同时被用来保存探头,探头保存在小室中,潮湿的空气将延长膜的有效性能和探头寿命。

2. YSI 550A 的功能键

①—启动/关机键:仪器将在几秒钟内激活整个显示屏,然后将有几秒钟的自动检测过程。自检过程中,错误的信息出现或消

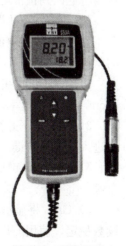

图 5-11 YSI 550A
溶氧仪外形图

失是正常的。如果仪器检查出了某个问题,一批连续的错误信息将会显示出来。

☼—显示屏背景灯启动/关闭按钮:在无操作情况下2分钟后背景灯光将会自动关闭。

Mode—模式键:在溶解氧仪校准期间,可以在"%"或"mg/L"之间切换。选择后,按下Mode键数秒,可以在没有完成校准的情况下退回到测量模式。在测量期间,可以使用Mode键在"%"、"mg/L"和盐度校准之间切换仪器的显示。

▼和▲—增加和降低校准的数值。

▼和Mode—同时按下两键,在华氏温度计和摄氏温度计之间转换。

▲和Mode—同时按下两键,增加和降低仪器在"%"和"mg/L"测量模式下的分辨率。

3. 溶解氧仪的校准

溶解氧仪的校准必须在知道氧气浓度的环境中进行。YSI 550A溶解仪在"mg/L"或"%"饱和度下都能被校准。

在校准前,需要了解下面的信息:

分析待测水的近似盐度(淡水的盐度大约为0,海水盐度大约为35g/L)。

(1) 在"%"饱和度模式下校准

1) 确保校准室里的海绵是潮湿的,把探头插进校准室;

2) 打开仪器至读数稳定,需要5~10min,这取决于仪器的使用时间和探头的状况;

3) 同时按下并且松开向上箭头键和向下箭头键,进入校准菜单;

4) 按下Mode键直到"%"显示在屏幕的右边;

5) LCD将提示输入当地海拔,使用箭头键调整海拔设置,当合适的数值显示在LCD上时,按下回车键,例如:在这嵌入数字12显示出1200英尺(365.76米)。

6) CAL将显示在屏幕上的左下角,校准值显示在屏幕上右下角,而测定的DO值(校准前)将显示在主屏上。一旦当前DO读数稳定,按回车键。

7) 显示屏上将提示输入待分析水的近似盐度。您可以输入从0到70任何数字,单位为"g/L"。使用箭头键调整盐度设置。当正确的盐度出现在显示屏上时,按下回车键,该仪器将返回到正常运作。

(2) 在"mg/L"模式下校准

1) 打开仪器电源并且让读数稳定,需要5~15min,这取决于仪器的使用时间和探头的状况。

2) 把探头放在已知浓度的溶液中,在校准过程中,要使探头在样品溶液中保持16cm/s的移动速率。

3) 同时按下并释放UP ARROW(上向箭头)和DOWN ARROW(下向箭头)两个键进入校准菜单键。

4) 按Mode键切换到"mg/L"模式,"mg/L"会在显示屏的右边出现,然后按下回车键。

5) CAL将显示在屏幕上的左下角,当前的DO值(校准前)显示在主屏上。当DO读数稳定,使用UP ARROW(上向箭头)和DOWN ARROW(下向箭头)键调节显示值至已知溶液的"mg/L"数,按回车键。

6) 显示屏上将提示输入待分析水的近似盐度。您可以输入从0到70任何数字,单位为"g/L"。使用箭头键增加或减少盐度设置。当正确的盐度出现在显示屏上时，按下回车键。该仪器将返回到正常工作状态。

（3）盐度补偿校准

1) 按住 Mode 键直到屏幕上显示盐度校准模式。

2) 使用 UP ARROW（上向箭头）和 DOWN ARROW（下向箭头）键在 0~70g/L 范围内调节你想要测量的样品盐度值。

3) 按下回车键保存这个值。

4) 按下 Mode 键返回到溶解氧的测量状态。

4. 测量程序

（1）把探头放进要测量的水样中。

（2）在水样中保持探头的转动和移动。

（3）等到温度和 DO 示数稳定。

（4）观察或记录读数。

（5）使用后用干净的水将探头冲洗净。

【注意事项】

（1）搅拌可以通过探头的运动或者搅拌样品溶液带动探头移动来实现，搅拌速率要求达到 16cm/s。

（2）正确安装和定期保养可以延长膜的使用寿命，膜的更换周期一般是 4~8 周。如果膜受损、被污物阻塞或在盛有电解液的容器中存在较大气泡都会导致读数漂移。如果示数不稳定或膜发生破坏，要同时更换膜套和电解液。

（3）附着在探头的氯气、二氧化硫、一氧化氮和一氧化二氮都会影响读数，传感器会误把这些气体当作氧气。

（4）探头应该避免与酸性物质、腐蚀剂和强溶剂接触，这可能会损害探头材料。

（5）为防止膜盖和电解液脱水，请始终将探头保存在盛有湿海绵的校准室中。

5.2.6　Turb 550 台式浊度仪使用说明

1. 仪器外形

Turb 550 台式浊度仪主机及配件如图 5-12 所示。

2. 仪器校准

（1）校准准备：打开测量仪，预热 30min；准备校准标准液（1000NTU，10.0NTU，0.02NTU），确保校准比色皿外部清洁，干燥且无指纹。

（2）按上下键至显示 CAL。

（3）按回车键，1000 显示在下一行。

（4）插入 1000NTU 校准液的比色皿。

（5）调整比色皿，等待稳定测量值。

（6）按回车键，Store 闪烁约 3s。1000 显示在上一行，10.0 显示在下一行。

（7）插入 10.0NTU 校准液的比色皿。

（8）调整比色皿，等待稳定测量值。

（9）按回车键，Store 闪烁约 3s。10.0 显示在上一行，0.02 显示在下一行。

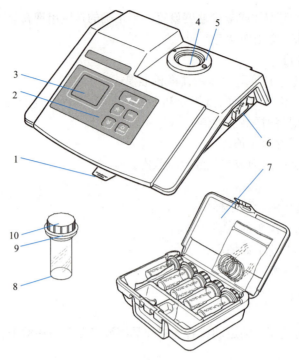

图 5-12　Turb 550 台式浊度仪及配件
1—简要操作卡；2—按键；3—显示屏；4—比色皿管槽；5—标记环；
6—光源；7—附件盒；8—比色皿；9—"O"形圈；10—保护盖

(10) 插入 0.02NTU 校准液的比色皿。

(11) 调整比色皿，等待稳定测量值。

(12) 按回车键，校准完成，仪器自动返回正常测量模式。

3. 浊度测量

(1) 用待测样品清洗比色皿：加入 20mL 样品到比色皿内，盖上比色皿盖，并反复倒转几次。重复清洗两次。

(2) 加入待测样品到比色皿内（约 30mL），盖上光保护盖。确保比色皿外部清洁，干燥且无指纹。

(3) 将比色皿放入浊度测量仪比色皿管槽内。

(4) 调整比色皿，使比色皿 "O" 形圈上的标记点与比色皿管槽标记环上的定位点对应。

(5) 显示散射浊度值。仪器自动选择量程，分辨率。

(6) 如要测量更多样品，按保存键，数据将显示到第二行。第一行用于显示当前测量值。

(7) 所有样品测试重复（1）~（6）步。

(8) 测量结束后，将一个清洗干净的比色皿放入仪器内，以保护光学部件。

5.2.7　HACH 2100N 台式浊度仪使用说明

1. 仪器外形及配件

2100N 型台式浊度仪（图 5-13）可用于浊度为 0~4000 NTU（浊度单位）溶液的浊度测试。仪器的光学系统由一个钨丝灯、用于聚光的透镜和光圈、一个 90°检测器、一个前向散光检测器和一个透射光检测器组成。仪器可以连接打印机、数据记录器或通过输出端口将实验数据输出到计算机。

图 5-13　HACH 2100N 台式浊度仪及配件

2. 校准

首次使用前应校准仪器，以后至少每 90 天应重新校准。

（1）按仪器后面面板上的 I/O 键开启仪器，屏幕将立即显示黑色的检测器读数。

（2）安装清洗过的过滤装置。拿着过滤装置的突出手柄，将过滤器插入浊度仪的前部。

（3）按 CAL/Zero 键。CAL 模式指示灯亮，在操作模式下屏幕上的绿色 LED 数据位将闪烁 00。屏幕将显示前一次校准时的浊度值。

（4）选择标有"<0.1NTU"的标准液样品瓶。擦拭样品瓶，并在样品瓶外表面涂上一层硅油。将它放入比色皿管槽中并盖上瓶盖。按下 ENTER 键，仪器将由 60 到 0 进行倒计数，然后进行测试。仪器将自动转到下一个标准液界面，显示屏将显示 20.00NTU，标准液序号 01 将出现在模式显示框中。从比色皿管槽取出标有"<0.1NTU"标准液样品瓶。

（5）依次选择标有"20.00NTU""200.00NTU""1000NTU""4000NTU"的标准液样品瓶。重复步骤（4）。

（6）按下 CAL/Zero。仪器将根据新的校准数据进行校准，保存新的校准值并返回到测试状态。

3. 浊度测量

（1）用一个清洁的容器收集具有代表性的样品。将样品加入比色皿内至刻度线（约 30mL），盖上瓶盖。操作时小心拿住比色皿的上部。

（2）拿住比色皿瓶盖，并擦去水滴和手指印。

（3）在比色皿的顶部滴加一小滴硅油，并使其流向底部，使比色皿壁覆盖一层薄薄的硅油即可。再用厂家提供的油布擦拭，以使硅油分布均匀，然后擦去多余的油。比色皿壁应擦拭干净，基本没有或看不见油滴。

（4）确认已放入过滤器。将比色皿放入管槽中，将比色皿管壁上的标志线与管槽定位点对应，并盖上仪器盖。

（5）按 RANGE 键，选择手动或自动选择测量范围功能。

（6）按 SIGNAL AVG 键，选择合适的信号平均模式设置（开或关）。

（7）按 RATIO 键，选择合适的转换系数设置（开或关）（注意：当浊度值大于

40NTU 必须将转换系数置于开的状态）。

（8）按 UNITS/EXIT 键，选择合适的测试单位（NTU、EBC 或 NEPH）。

（9）读取并记录结果。

4. 测试超过测量范围的样品

浊度测量法是根据悬浮颗粒的散光性来进行浊度测量的。如果浊度非常高，大部分光可能会被悬浮颗粒明显吸收，只有少量光被散射。这就产生了负面干扰，测量的浊度就会低于实际浊度，这种情况叫作"失光"。但是，吸光颗粒也可能导致"失光"，如活性炭和大量具有颜色的颗粒，用稀释的方法来校正这种干扰可能没有效果。

高浊度的样品可以进行稀释后测量浊度。稀释应采用高品质水（如：蒸馏水、软化水或去离子水）。在稀释和测试完后，按下列方法计算得出实际结果：

（1）计算稀释倍数：

$$稀释倍数 = \frac{总体积}{样品体积}$$

式中　总体积=样品体积+稀释用水体积。

（2）计算最终的浊度值：

$$实际浊度（NTU）= 测试结果 \times 稀释倍数$$

5.2.8　硬度测定仪 HI96735 使用说明

1. 仪器外形（图 5-14）

图 5-14　HI96735 硬度测定仪外形

2. 测量前准备

（1）试剂准备（表 5-3）

专用试剂表　　　　　　　　　　　　　　　　表 5-3

试剂编号	试剂名称	用量
HI93735IND-0	硬度指示试剂	0.5mL/次
HI93735A-LR	硬度低量程试剂 A	9mL/次
HI93735A-MR	硬度中量程试剂 A	9mL/次
HI93735A-HR	硬度高量程试剂 A	9mL/次
HI93735B-0	硬度缓冲试剂 B	2滴/次
HI93735C-0	固定剂	1袋/次

(2) 比色皿准备

使用前先用纯水清洗比色皿以及塑料盖子,再用空白样和样品润洗几次,测量过程中经常检查比色皿表面是否光洁,否则要用清洁布擦拭,以确保玻璃表面没有油污或手印。

3. 总硬度低量程测量步骤

(1) 按下 ON/OFF 键,仪器自检后,LCD 屏幕"ZERO"闪烁,进入零确认状态。

(2) 按 Range 键,选择 P1,即 LR。

(3) 用注射器向比色皿中准确注入 0.5mL 待测水样(注:为使测量结果精确,先用注射器吸取 1mL 水样至刻度,再准确注入 0.5mL 于水样管中)。用塑料吸管添加 0.5mLHI93735IND-0 硬度指示剂。

(4) 用塑料吸管将 HI93735A LR 总硬度低量程试剂 A 加入比色皿中,至 10mL 刻度线处。

(5) 加 2 滴 HI93735B-0 总硬度缓冲试剂 B,将盖子装回比色皿,翻转 5 次混匀。

(6) 将比色皿放入测量槽,确保盖子上的标识正确地定位在测量槽外侧的标识处。

(7) 按 ZERO 键,对仪器进行校零后显示屏将显示"-0.0-",准备进行下一步测量。

(8) 将比色皿取出。往比色皿中加一包 HI93735C-0 固定剂,盖好盖子,轻轻振摇 20 秒。

(9) 将比色皿放入测量槽,确保盖子上的定位标识与测量槽外侧标识对齐。

(10) 按 Read 键仪器将进行读数,显示样品的测量结果,单位为"mg/L(CaCO$_3$)"。

4. 总硬度中量程测量步骤

(1) 按下 ON/OFF 键,仪器自检后,LCD 屏幕"ZERO"闪烁,进入零确认状态。

(2) 按 Range 键,选择 P2,即 MR。

(3) 用注射器向比色皿中准确注入 0.5mL 待测水样(注:为使测量结果精确,先用注射器吸取 1mL 水样至刻度,再准确注入 0.5mL 于水样管中)。用塑料吸管添加 0.5mLHI93735IND-0 硬度指示剂。

(4) 用塑料吸管将 HI93735A MR 总硬度低量程试剂 A 加入比色皿中,至 10mL 刻度线处。

(5) 加 2 滴 HI93735B-0 总硬度缓冲试剂 B,将盖子装回比色皿,翻转 5 次混匀。

(6) 将比色皿放入测量槽,确保盖子上的定位标识与测量槽外侧标识对齐。

(7) 按 ZERO 键,对仪器进行校零后显示屏将显示"-0.0-",准备进行下一步测量。

(8) 将比色皿取出。往比色皿中加一包 HI93735C-0 固定剂,盖好盖子,轻轻振摇 20 秒。

(9) 将比色皿放入测量槽,确保盖子上的定位标识与测量槽外侧标识对齐。

(10) 按 Read 键仪器将进行读数,显示样品的测量结果单位为"mg/L(CaCO$_3$)"。

5. 总硬度高量程测量步骤

(1) 按下 ON/OFF 键,仪器自检后,LCD 屏幕"ZERO"闪烁,进入零确认状态。

(2) 按 Range 键,选择 P3,即 HR。

(3) 用注射器向比色皿中准确注入 0.5mL 待测水样(注:为使测量结果精确,先用注射器吸取 1mL 水样至刻度,再准确注入 0.5mL 于水样管中),用塑料吸管添加 0.5mLHI93735IND-0 硬度指示剂。

(4) 用塑料吸管将 HI93735A HR 总硬度低量程试剂 A 加入比色皿中,至 10mL 刻度线处。

（5）加 2 滴 HI93735B-0 总硬度缓冲试剂 B，将盖子装回比色皿，翻转 5 次混匀。

（6）将比色皿放入测量槽，确保盖子上的凹槽正确地定位在测量槽的凹槽中。

（7）按 ZERO 键，对仪器进行校零后显示屏将显示 "-0.0-"，准备进行下一步测量。

（8）将比色皿取出。往比色皿中加一包 HI93735C-0 固定剂，盖好盖子，轻轻振摇 20 秒。

（9）将比色皿放入测量槽，确保盖子上的定位标识与测量槽外侧标识对齐。

（10）按 Read 键仪器进行读数，显示样品的测量结果单位为 "mg/L（$CaCO_3$）"。

6．注意事项

（1）过量的重金属会干扰测量。

（2）如果水样酸度过大，则需要再加入几滴 HI93735B-0 总硬度缓冲试剂 B。

5.2.9　ZR4-6 型混凝试验搅拌机使用说明

1．仪器外形（图 5-15）

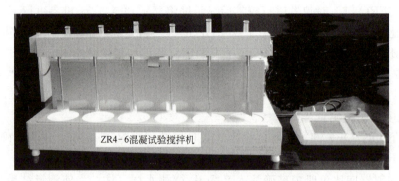

图 5-15　ZR4-6 型混凝试验搅拌机外形

2．仪器操作步骤

（1）打开电源开关，调节控制器右上角的灰度按钮使液晶屏上有清晰文字显示。

（2）点击机箱右侧上方的圆形按钮使搅拌头抬起；上升和下降按钮只需点击一下即可，2s 后方会执行升降动作。

（3）把六个烧杯装好水样后放入灯箱上相应的定位孔上，按下降按钮使工作头降下，另外准备一容器放入相同水样，把温度传感器放入水样中，工作过程中传感器将所测的温度值引入控制器芯片用于 G 值的计算。

（4）根据试验要求向试管中加入混凝剂和稀释用蒸馏水。

（5）按控制器上的任意一键，即转入主菜单，以后所有的操作均可根据屏幕提示进行。

（6）按相应键选择同步运行或独立运行。同步运行时，六个搅拌头运行相同程序，而独立运行时可分别运行不同的程序，由于不同程序运行时间可能不同，为保证所有的头同时停止进入沉淀（此时搅拌头抬起），因而在六头独立运行时，各头不是同时开始搅拌，搅拌时间长的先开始，而其他各头则要等待相应的时间以达到同时结束搅拌的目的，各头的等待时间是由控制器自动计算、自动执行的，不需试验者考虑。

（7）输入程序号。同步运行时输入一个程序号，而独立运行则必须要分别输入六组程序号。注意输完程序号时，要再按回车键才能输入下一个程序号。

(8) 输完程序号要核查一下，如有误可返回重输，如正确即可按回车键开始搅拌。在搅拌或沉淀过程中，按↓键可终止运行，停止后根据提示选择返回主菜单或重新启动运行原程序。按↓键的时间要稍长些，大概需要（1s）。运行时显示屏上显示程序号、程序总段数、目前运行的段号、倒计时值、转速、运行状态、水样温度值、G 值和 GT 值等（独立运行时不显示 GT 值）。

(9) 在搅拌过程中，如要多次加药，必须在前次加药结束后，即准备好新的药液，注入试管等待。为了减少试管中残留药液造成的实验误差，可在第一次加药后，用蒸馏水洗涤试管，然后用手动或自动方式加药将洗涤水加入烧杯。

(10) 当各段搅拌完成后，搅拌头自动抬起，并报警提示开始进入沉淀。

(11) 沉淀结束后，蜂鸣器报警（按任意键解除），可取水样测浊度。此时控制器自动转入另一菜单，可选择返回主菜单或继续运行原程序。在搅拌头重新降下前，必须先解除报警。

控制器上的复位键用于控制器的重新启动，对搅拌头不起作用，因而在各头运行时不能按动；若发现运行出现异常情况（如：搅拌桨超高速转动），而按"↓"键终止也不起作用时则需关闭总电源。

当搅拌头运动到最高或最低点时，如果蜂鸣仍响声不停，则说明电机仍在加电而堵转（可能是控制线路有故障），此时必须关电停机维修。

3. 编程方法

本控制器可编写存储多达 12 组程序，每组程序最多可设十段不同的转速和时间。编程方法如下：在主菜单中选择编程操作，再输入程序号，显示屏上出现程序单（如该程序还未编即显示空白）。光标在待输入处闪动（起始时在左上角），按数字键即可依次输入各项内容，光标自动右移、换行，要注意输入分、秒各为两位，转速为四位，高位如为零，也应输入"0"或按"→"跳过，如在该段程序开始时要加药，即在加药栏输数字"1~9"中的任何键，不加药则输"0"，沉淀程序需把转速设为"0000"。对原有的程序进行修改时，可使用"←、→、↑、↓"四个键使光标移到相应位置，再输入新改的数字，在输入沉淀程序后，以后的各段程序就全部自动删除，如在某段把分秒值全输入"00"，由该程序段开始直到最后的程序也都被删除。本机不能单独删除某一段程序。程序编写或修改完后，按回车键结束，根据屏幕上的提示选择存储、同步运行或者继续编程等功能。

在主菜单可按"4"键进入程序查阅，可查看各程序内容。在查阅时不能修改程序。

在主菜单按"5"键可将所有程序清除。

4. 操作注意事项及简单的故障处理

(1) 本搅拌机虽然已考虑了防水问题，但试验者仍需注意避免将水溅到机箱或控制器上，溅上后要立即擦干。

(2) 搅拌头在工作时，不能升出或降入水面，若叶片一边高速旋转一边升出或降入水中，可能会损坏电路，此点必须注意，如不慎操作错误，遇到这种情况，须立即关掉电源，10min 后再开机检查。

(3) 当某一搅拌头不转动时，应采用交换排除法来判断是机箱内驱动电路板以前还是以后的问题。第一步，用万用表测试连接控制器的两根电缆是否通路，电缆两端金属插头上有 1~8 编号，用表对应测试；第二步，可打开机箱上盖，首先查看电路板上对应保险管（1.0A）是否完好，然后把该路电机驱动的插头插到另一路试运转（为插拔方便，可先拔掉所有插头），若电机仍然不转，则说明从电路板到电机有问题，如是电机问题，可打开搅拌头的罩，拆下电机更换；但更常见的是电路板到电机之间的连线或接插件接触不良，可用万用表测试。（特别注意：电机在驱动电路板上对应的插头位置为从右至左）

（4）当加药试管转位不正确时，可松开加药杆右侧固定螺杆和加药手柄上的小螺栓，调节螺杆和手柄的角度，使得药液可全部加入烧杯。

（5）控制器如出现问题，请送维修，不要自行打开。

（6）若控制器液晶和机箱内日光灯都不亮，则有可能是电源开关内的保险丝（2A）烧掉，可检查更换。

（7）若机箱内蜂鸣持续鸣叫、搅拌头不提升或提升不到位，则需要更换机箱内左侧的提升电路板或提升电机。

（8）当搅拌头处于升起状态时，避免将手放在搅拌桨下，以防搅拌头突然掉下来伤手。

（9）更换灯箱内日光灯时，先关闭电源开关，松开灯箱左侧螺栓，抽出灯箱约18cm，拿掉接线盒上透明塑料盖，松开接线盒上方两接线柱后，才能将灯箱全部抽出，更换日光灯。

5. 保障平行试验结果准确的措施

（1）保证桨离杯底的高度一致，细微差距（2mm以内）可调整搅拌桨插入电机轴的长度，差距较大时可调整搅拌头左右的高低（打开机箱后盖，旋转机器外侧左右两边淡黄色的塑料偏心支撑）。

（2）确保搅拌桨叶片和桨杆是活套连接，防止絮凝体或别的渣滓塞住间隙。

（3）保证搅拌桨在杯子内正中央，可通过调节提升臂控制。

6. ZR4-6搅拌机的技术性能

（1）转速范围：20～900转/分，无级调速，转速精度：±0.5％。

（2）时间范围：0～99分59秒，时间精度：±0.1％。

（3）测温范围：0～50℃，测温精度：±1℃。

（4）主要功能：转速和时间程序控制、程序存储、自动加药、自动测温、搅拌头自动升降、G值GT值自动计算等。

5.2.10 ZBSX-92A标准振筛机使用说明

1. 仪器外形（图5-16）

2. 控制器面板说明（图5-17）与操作

（1）将电机线插头插在程控器插座上，把电源线插头插在三相线插座上。

（2）设定时间：

1）根据需要，旋转定时器至指定时间位置。

2）根据试验规程设定需要时间。

（3）按"启动"按钮，机器开始工作，运行时绿色指示灯亮，达到设定时间后机器自动停止。

注：① 在正常工作时，如需要停机可按"停止"按钮。

② 每停机一次，需重新设置时间。

③ 使用时不要频繁开、关机器，停机后应切断电源。

第 5 章 实验室安全及仪器设备使用说明

图 5-16 ZBSX-92A 标准振筛机外形图

图 5-17 控制器面板图

3. 仪器的主要技术参数（表 5-4）

仪器的主要技术参数　　　　　　表 5-4

序号	名称		单位	数值
1	筛子直径		mm	300　200
2	筛子叠高		mm	440
3	筛座振幅		mm	8
4	筛摇动次数		次/分	221
5	振击次数		次/分	147
6	回转半径		mm	12.5
7	A07142电动机	功率	千瓦	0.37
		转数	转/分	1400

5.2.11 711型便携式悬浮物分析仪使用说明

1. 概述

711型便携式悬浮物/界面分析仪配711型探头是一种坚固的防水设计的仪器，如图5-18所示。它被设计为远距离样液的精密检测，在河流、湖泊和水处理系统中应用。当仪器在测量悬浮物浓度时以"g/l"显示，在测量界面高度时，以百分浓度显示。

图5-18 711型便携式悬浮物/界面分析仪图

2. 在"克/升"(g/l)模式下的校准

(1) 启动

首先给仪器安装新电池。开始使用时，把传感器插头插到传感器连接口，按"ON"键。仪器开始使用时总是处于"g/l"模式，在LCD显示器右边出现"g/l"符号。在第一次使用前仪器必须校准零点和满度。

(2) 校准

仪器的电路和光路部分都十分稳定。重新校准后程序将根据过程的变化确定其主要的部分。零点是改变传感器缝隙内部的光面来消除因刮痕引起的漂移。因此，在开始使用前要校准零点，以后每6个月校准一次。在测量过程中仪器将根据颗粒出现的形状和大小的变化重新校准满度。在正常环境下随季节的变化而改变，因此，每个月需校准一次满度。

1) 零点

校准零点就是简单的按一下仪器的一个键。为得到最大精度，校准零点要在室内或没有太阳光的地方进行。先清洗传感器，操作如下：

① 把探头放到清水中。

② 检查并确认在"g/l"模式。

③ 按ZERO键。

④ 等10sCAL指示部分将变亮和显示横线（交叉进行大约每秒一次），当仪器完成抽样过程后，仪器将取测量的平均值为校准零点并存下结果，之后自动回到测量模式，将探头从清水中取出。

注意：传感器放在空气中不能精确到零点，空气中传感器缝隙光线的传递比通过水传递的要多些。

2) 抽样和范围

711型便携式悬浮物/界面分析仪微处理机利用特有的方法来进行满度的校准，并保证合理的精度。校准分两步进行：首先使用仪器的抽样功能把实际的待测水测量值存入仪器的记忆；然后在实验室分析先前的待测水得出有效的结果，仪器的满度功能将调出保存的值，允许用户修正满度值。操作如下：

① 把仪器放在一个通风的装有正常的待测量水的池中。

② 确认仪器在"g/l"模式。

③ 把探头放到水中深0.6~0.9m处。

④ 按SAMP键，等10sCAL指示部分将变亮和显示横线（交叉进行大约每秒一次），当仪器完成抽样过程后，仪器将取测量的平均值为校准满度并存下结果，之后自动回到测

量模式,将探头从水中取出。

⑤ 这时在相同的位置取水样,在实验室用标准的实验方法测量出样品水的悬浮物浓度。

⑥ 当等待水样分析结果时,不需要采取特殊措施来保证存放的数据不丢失。仪器可以在另外的操作模式下使用,关闭仪器和更换电池不影响仪器的记忆,这个值只能通过在"g/l"模式按 SAMP 重写。

⑦ 实验室的分析结果一出来,打开仪器在"g/l"模式下。

⑧ 按 SPAN 键,CAL 显示部分将变亮,仪器将立即读出在"SAMP"时得到的悬浮物的浓度值。

⑨ 使用"∧"和"∨"键改变此值为实验室分析得到的值。

⑩ 再次按 SPAN 键确认校准值,新的满度值将存入记忆,仪器将跳回"g/l"测量模式,此时仪器可以使用了。

3. 仪器使用步骤

仪器校准以后,在"g/l"模式下的使用只是一个简单的仪器启动和把探头浸入待测水中。假如仪器已经启动,但在"LEVEL"模式,按"g/l-LEVEL"键转到"g/l"模式。为了精确测量应注意以下几点:

(1) 在"g/l"操作模式下仪器的响应时间为 10s,在使用时必须保证稳定值。因为悬浮物颗粒不是均匀分布,仪器必须取经过传感器缝隙的待测水的平均读数,因此,在仪器得出读数,1s 内保持传感器位置不变很重要。

(2) 假如 BAT 的 LCD 显示部分照亮,这意味着电池电压降到仪器使用的临界水平。假如电池电压太低,将影响仪器精度。

(3) 在池内测量点的选择也是影响仪器精度的因素,应避免污泥回流区,选择能代表池内平均状况的点。

(4) 不要把传感器放在气泡上升的涡流柱末端,气泡集中可能影响读数精度,把传感器放到涡流柱旁边。

5.2.12 TDL-5 型低速大容量离心机使用说明

1. 仪器结构

该机由机体部分、转头部分、传动部分、减振系统、控制系统等组成,其结构如图 5-19 所示。仪器控制面板如图 5-20 所示,各符号含义见表 5-5。

2. 仪器操作步骤

(1) 将样品等量放置在离心杯内,并将其对称放入转头。

(2) 拧紧转轴螺母,盖好盖门,将仪器接上电源,此时数码管显示"0000",表示仪器已接通电源。

(3) 如需调整仪器的运行参数(运转时间和运转速度),可按功能键,使相应的指示灯亮,数码管即显示该参数值,此时可用◀键、▲键及▼键相结合,调整该参数至需要的值,并按记忆键确认贮存。

(4) 按运行键启动仪器。仪器运行过程中数码管显示转速,当需要查看其他参数时,可按功能键使该参数对应的指示灯点亮,数码管即显示该参数值。当仪器运行完所设定的时间后自行停机,停机过程中数码管闪烁显示转速,属于正常。

注：① 为确保安全和离心效果，仪器必须放置在坚固水平的台面上，工程塑料盖门上不得放置任何物品。
② 样品必须对称放置，并在开机前确保已拧紧螺母。
③ 应经常检查转头及试验用的离心管是否有裂纹、老化等现象，如有就应及时更换。
④ 试验完毕后，需将仪器擦拭干净，以防腐蚀。
⑤ 如样品密度超过 1.2g/cm³，最高转速 n 按下式计算：

$$n = n_{max} \times \sqrt{1.2样品密度}$$

⑥ 在未停稳的情况下不得打开盖门。

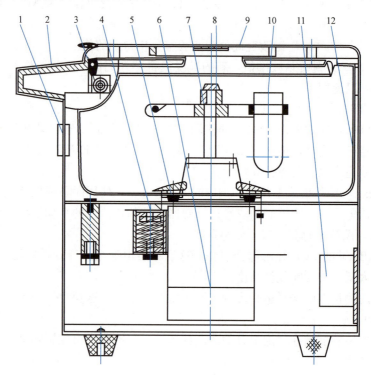

图 5-19　离心机结构示意图

1—电源开关；2—控制面板；3—电磁门锁；4—风罩；5—离心杯；6—电机；7—转轴螺母；8—转子；9—盖门；10—电机密封圈；11—减振装置；12—电器控制系统

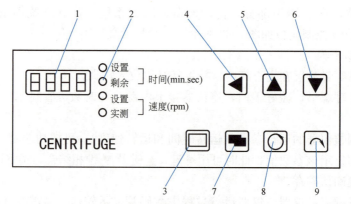

图 5-20　离心机控制面板示意图

1—数码管；2—指示灯；3—功能键；4—数字选择位键；5—增加键；6—降低键；7—记忆键；8—运转键；9—停止键

仪器控制面板符号含义及功能　　　　　　　　　　　　　　　表 5-5

1	数码管	用以显示仪器的转速、时间等参数
2	指示灯	数码管显示参数值时，该参数对应的指示灯亮
3	功能键	按该键可使 4 只指示灯切换点亮，同时数码管显示相应的参数值
4	◀	数字选择位键，按此键可使数码管闪烁位左移
5	▲	增键，按此键可使数码管闪烁位由 0～9 变化
6	▼	减键，按此键可使数码管闪烁位由 9～0 变化
7	记忆键	按此键，贮存所修改的参数值
8	运转键	启动离心机
9	停止键	停止离心机

3. 常见故障和排除（表 5-6）

常见故障和排除　　　　　　　　　　　　　　　　表 5-6

常见故障	原因	排除方法
插上电源后，显示屏不亮	无 220V 电源	查供电电源
	保险丝不良	检查或更换
	电源滤纸电容 2.5μF 损坏	检查或更换
显示屏亮显示"0000"，按运转键机器不转	线路板供电变压器损坏	更换
	面板插件与线路板松动	插紧
	面板按键损坏	改换面板
	电机损坏或碳刷接触不良	更换电机
能运转但速度上不去，机器有怪声或有异味	电机损坏或漏电	检查电机
设定转速与实际转速显示不同、失控或转速慢	控制线路板故障	送厂家维修
开机或运转数显"Err"	控制板故障	送厂家维修
运转时门锁不能吸合	门锁变压器损坏门锁吸铁损坏或卡紧	检查或更换

4. 注意事项

（1）插上电源，打开电源开关：仪器控制系统的数码管显示，请按停止键，速度数码管显示"OPEN"，电子门锁动作，盖门自动微抬，这时可用手打开盖门，如盖门不能自动微抬，3s 内必须用手把盖门打开。超过 3s 电子门锁又自动锁门。若要开启盖门，必须按面板上的停止键，速度数码管显示"OPEN"，才能打开盖门。

（2）如果用户对出厂设定的参数不作任何改动，请将装有等量试液样品的试管对称放入转子孔内，然后按运转键直接运转。如需改变设定参数，请按面板上的键进行设定并记忆，完毕后按运转键（设定的转速不得超过规定转速）仪器运转。运转结束显示"0"到"OPEN"，这时可以打开盖门，如 3s 内未把门打开，"OPEN"变成"0"，则须按停止键出现"OPEN"，3s 内把盖门打开。

（3）盖门不能打开时的应急操作。

如遇到电子门锁不能正常动作时，请取下仪器左右对称的橡胶塞，将螺丝刀平行插入孔内（图 5-21），用力将电子门锁向内推进，同时用手轻微拉动盖门，直到盖门自动打开为止。

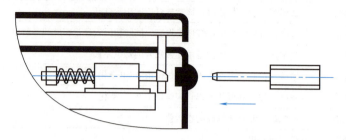

图 5-21　非正常时打开盖门方法示意图

5.2.13　DL 电热鼓风干燥箱使用说明

1. 基本结构和工作原理

电热鼓风干燥箱是实验室常用设备，适用于对物品的干燥、烘焙、熔蜡、灭菌等。DL 系列电热鼓风干燥箱主要由箱体、电热元件、鼓风机、控制系统等部分组成。

（1）箱体：采用优质不锈钢材料制成，具有耐腐蚀、易清洁的特点。箱体内部具有隔热层，可有效减少能源损耗。

（2）电热元件：采用电热管或电热丝，分布于箱体内部，通电后产生热量，对物品进行加热。

（3）鼓风机：鼓风机采用离心式，将热空气吸入箱体，再通过搅拌使热空气均匀分布，达到均匀干燥的效果。

（4）控制系统：采用智能温度控制器，可对温度进行精确控制，并具有定时功能，方便用户设定干燥时间。

其工作原理是：工作室内空气经电热元件加热后，经风机强制循环，在工作区与被加热物品进行均匀的热量交换，以达到烘烤或干燥的目的。

2. 使用方法

（1）打开箱门，把需加热处理的物品放入箱内的搁板上，关好箱门，把排气调节阀旋转扭开到一半（加热过程中可随被干燥物品的温度进行适当调整）。

（2）打开电源开关，接通设备电源，电源指示灯亮、设备进入待机状态，温控仪表分别显示当前温度值及设定值。

（3）设置温度：根据被加热物品的需要，通过温度控制器设定所需温度。

（4）打开加热开关，温度控制器上的"OUT"指示灯亮，电热元件开始加热工作，当工作室温度接近设定温度时，"OUT"指示灯断续亮灭，进入 PID 控制阶段。

（6）定时观察：在干燥过程中，定时检查物品干燥情况，以及温度是否正常。如有问题，及时调整。

（7）关机：到达规定时间后，关闭电源总开关，并断开空气闸刀开关，使设备外接电源全部切断。

3. 温度控制器使用方法

（1）面板布局（图 5-22）

（2）使用方法

1）功能调出

接通电源，打开电源开关，上排显示"Inp-LLL"，下排显示"pt"。按SET键3秒，进入第一菜单，上排显示"SO"，为所需要的设定温度，按"▲"或"▼"设定所需温度，再按SET键保存设定值。按SET键5秒，进入第二菜单所需要的设定参数（表5-7），再按"SET"键5秒保存设定值。

2）仪表自整定功能

按▼键5秒自整定开始"AT"灯闪，自整定结束后"AT"灯灭，得出一组能克服超温的PID参数。在自整定过程中，按▼键5秒后"AT"灯灭，自整定停止，仪表按原来的PID参数进行控制。

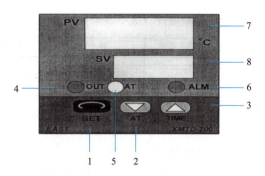

图5-22 温控器面板示意图

1—功能键；2—减键-自整定；3—加键-通电时间；4—主控输出指示灯；5—自整定指示灯；6—上限报警指示灯；7—测量值指显示窗口；8—设定值显示窗口

设定参数表　　　　　　　　　　　　　　　　　　表5-7

	提示符号	名称	设定范围	说明	出厂值
第一菜单	SO	温度设定	全范围		随机
第二菜单					

序号	提示符号	名称	设定范围	说明	出厂值
1	SHP	报警	999℃		2
2	TI	设定时间定时		温度到设定值时计时	
3	P	比例带	0～9999		10
4	I	积分	0～9999	用于消除静态误差	200
5	D	微分	0～9999	用于提前调节	50
6	T	周期	99秒	通电后输出时间是周期秒数	20
7	IT	过冲抑制	0～100%	比例再设（需要修正的）/（比例范围P）	2
8	SC1	修正传感器			0
9	SC2	斜率修正	±100		
10	LOK	电子锁	0 1 2	0——无锁；1——第二菜单锁定；2——一二菜单全锁	0

3）时间功能

按▲键10秒，总通电时间显示分钟，5秒后自动恢复。

4）设置定时功能

按SET键10秒，出现第二菜单。仪表上排显示"TI"，下排设定时间分钟。当仪表所需要的时间到后，下排显示熄灭输出功能停止。如果要恢复设定控制时间应先关机再通电开机。设置为0时仪表取消定时功能，连续输出。

4. 故障处理（表 5-8）

常见故障和排除　　　　　　　　　　　　表 5-8

常见故障	原因	处理方法
无电源	插头未插好或断线	更换插头或接好线
	熔断丝断	更换熔断丝
箱内温度不升	设定温度低	调整设定温度
	电加热器坏	更换电加热器
	控温仪坏	更换控温仪
	循环风机坏	更换风机
设定温度与实测温度相差大	温度传感器坏	更换传感器
	温度未调整好	打开自调整
超温报警异常	设定温度低	调整设定温度
	控温仪坏	更换控温仪
	温度传感器坏	更换传感器

5. 注意事项

（1）在供电线路中需安装空气闸刀开关一只，供设备专用；做好设备的接地工作（将接地线插片端插入接线柱并旋紧，另一端与用户固定接地线装置相连）。

（2）本设备为非防爆型设备，切勿将易燃、易爆、腐蚀性、挥发性的物品放入箱内干燥处理，以免引起爆炸事故及其他危险。

（3）放置物品时被加热物品不得大于搁板面积的 70%，切勿过密，试品之间留有一定空隙，易于热风循环。散热板上（即干燥箱底部）不能放置试品及其他东西，以免影响空气对流以及物品损坏。

（4）使用期间必须有专人看管，以确保设备正常运行。

附录 1　实验常用数据表

附表 1　正　交　表

1. 二水平表

(1)　$L_4(2^3)$

实验号	列　号		
	1	2	3
1	1	1	1
2	1	2	2
3	2	1	2
4	2	2	1

注：任意两列间的交互作用列是另外一列。

(2)　$L_8(2^7)$

实验号	列　号						
	1	2	3	4	5	6	7
1	1	1	1	1	1	1	1
2	1	1	1	2	2	2	2
3	1	2	2	1	1	2	2
4	1	2	2	2	2	1	1
5	2	1	2	1	2	1	2
6	2	1	2	2	1	2	1
7	2	2	1	1	2	2	1
8	2	2	1	2	1	1	2

(3)　$L_{12}(2^{11})$

实验号	列　号										
	1	2	3	4	5	6	7	8	9	10	11
1	1	1	1	1	1	1	1	1	1	1	1
2	1	1	1	1	1	2	2	2	2	2	2
3	1	1	2	2	1	1	1	2	2	2	2
4	1	2	1	2	2	1	2	2	1	1	2
5	1	2	2	1	2	2	1	2	1	2	1
6	1	2	2	2	1	2	2	1	2	1	1
7	2	1	2	2	1	2	2	1	2	1	1
8	2	1	2	1	2	2	1	1	1	2	2
9	2	1	1	2	2	1	2	2	1	2	1
10	2	2	2	1	1	1	2	2	1	2	2
11	2	2	1	2	1	2	1	1	1	2	2
12	2	2	1	1	2	1	2	1	2	2	1

(4) $L_{16}(2^{15})$

实验号	列号														
	1	2	3	4	5	6	7	8	9	10	11	12	13	14	15
1	1	1	1	1	1	1	1	1	1	1	1	1	1	1	1
2	1	1	1	1	1	1	1	2	2	2	2	2	2	2	2
3	1	1	1	2	2	2	2	1	1	1	1	2	2	2	2
4	1	1	1	2	2	2	2	2	2	2	2	1	1	1	1
5	1	2	2	1	1	2	2	1	1	2	2	1	1	2	2
6	1	2	2	1	1	2	2	2	2	1	1	2	2	1	1
7	1	2	2	2	2	1	1	1	1	2	2	2	2	1	1
8	1	2	2	2	2	1	1	2	2	1	1	1	1	2	2
9	2	1	2	1	2	1	2	1	2	1	2	1	2	1	2
10	2	1	2	1	2	1	2	2	1	2	1	2	1	2	1
11	2	1	2	2	1	2	1	1	2	1	2	2	1	2	1
12	2	1	2	2	1	2	1	2	1	2	1	1	2	1	2
13	2	2	1	1	2	2	1	1	2	2	1	1	2	2	1
14	2	2	1	1	2	2	1	2	1	1	2	2	1	1	2
15	2	2	1	2	1	1	2	1	2	2	1	2	1	1	2
16	2	2	1	2	1	1	2	2	1	1	2	1	2	2	1

2. 三水平表

(5) $L_9(3^4)$

实验号	列号			
	1	2	3	4
1	1	1	1	1
2	1	2	2	2
3	1	3	3	3
4	2	1	2	3
5	2	2	3	1
6	2	3	1	2
7	3	1	3	2
8	3	2	1	3
9	3	3	2	1

注：任意两列间的交互作用列是另外两列。

(6) $L_{27}(3^{13})$

实验号	列号												
	1	2	3	4	5	6	7	8	9	10	11	12	13
1	1	1	1	1	1	1	1	1	1	1	1	1	1
2	1	1	1	1	2	2	2	2	2	2	2	2	2

续表

实验号	列 号												
	1	2	3	4	5	6	7	8	9	10	11	12	13
3	1	1	1	1	3	3	3	3	3	3	3	3	3
4	1	2	2	2	1	1	1	2	2	2	3	3	3
5	1	2	2	2	2	2	2	3	3	3	1	1	1
6	1	2	2	2	3	3	3	1	1	1	2	2	2
7	1	3	3	3	1	1	1	3	3	3	2	2	2
8	1	3	3	3	2	2	2	1	1	1	3	3	3
9	1	3	3	3	3	3	3	2	2	2	1	1	1
10	2	1	2	3	1	2	3	1	2	3	1	2	3
11	2	1	2	3	2	3	1	2	3	1	2	3	1
12	2	1	2	3	3	1	2	3	1	2	3	1	2
13	2	2	3	1	1	2	3	2	3	1	3	1	2
14	2	2	3	1	2	3	1	3	1	2	1	2	3
15	2	2	3	1	3	1	2	1	2	3	2	3	1
16	2	3	1	2	1	2	3	3	1	2	2	3	1
17	2	3	1	2	2	3	1	1	2	3	3	1	2
18	2	3	1	2	3	1	2	2	3	1	1	2	3
19	3	1	3	2	1	3	2	1	3	2	1	3	2
20	3	1	3	2	2	1	3	2	1	3	2	1	3
21	3	1	3	2	3	2	1	3	2	1	3	2	1
22	3	2	1	3	1	3	2	2	1	3	3	2	1
23	3	2	1	3	2	1	3	3	2	1	1	3	2
24	3	2	1	3	3	2	1	1	3	2	2	1	3
25	3	3	2	1	1	3	2	3	2	1	2	1	3
26	3	3	2	1	2	1	3	1	3	2	3	2	1
27	3	3	2	1	3	2	1	2	1	3	1	3	2

3. 四水平表

(7) $L_{16}(4^5)$

实验号	列 号				
	1	2	3	4	5
1	1	1	1	1	1
2	1	2	2	2	2
3	1	3	3	3	3
4	1	4	4	4	4
5	2	1	2	3	4
6	2	2	1	4	3
7	2	3	4	1	2

续表

实验号	列号				
	1	2	3	4	5
8	2	4	3	2	1
9	3	1	3	4	2
10	3	2	4	3	1
11	3	3	1	2	4
12	3	4	2	1	3
13	4	1	4	2	3
14	4	2	3	1	4
15	4	3	2	4	1
16	4	4	1	3	2

注：任意两列间的交互作用列是另外三列。

4. 五水平表

(8) $L_{25}(5^6)$

实验号	列号					
	1	2	3	4	5	6
1	1	1	1	1	1	1
2	1	2	2	2	2	2
3	1	3	3	3	3	3
4	1	4	4	4	4	4
5	1	5	5	5	5	5
6	2	1	2	3	4	5
7	2	2	3	4	5	1
8	2	3	4	5	1	2
9	2	4	5	1	2	3
10	2	5	1	2	3	4
11	3	1	3	5	2	4
12	3	2	4	1	3	5
13	3	3	5	2	4	1
14	3	4	1	3	5	2
15	3	5	2	4	1	3
16	4	1	4	2	5	3
17	4	2	5	3	1	4
18	4	3	1	4	2	5
19	4	4	2	5	3	1
20	4	5	3	1	4	2
21	5	1	5	4	3	2
22	5	2	1	5	4	3
23	5	3	2	1	5	4
24	5	4	3	2	1	5
25	5	5	4	3	2	1

注：任意两列间的交互作用列是另外四列。

附表 2 检验可疑数据临界值表

（1） 格拉布斯（Grubbs）检验临界值 $G_{(\alpha, m)}$ 表

m	显著性水平 α				m	显著性水平 α			
	0.05	0.025	0.01	0.005		0.05	0.025	0.01	0.005
3	1.153	1.155	1.155	1.155	30	2.745	2.908	3.103	3.236
4	1.463	1.481	1.492	1.496	31	2.759	2.024	3.119	3.253
5	1.672	1.715	1.749	1.764	32	2.773	2.938	3.135	3.270
6	1.822	1.887	1.944	1.973	33	2.786	2.952	3.150	3.286
7	1.938	2.020	2.097	2.139	34	2.799	2.965	3.164	3.301
8	2.032	2.126	2.221	2.274	35	2.811	2.979	3.178	3.316
9	2.110	2.215	2.323	2.387	36	2.823	2.991	3.191	3.330
10	2.176	2.290	2.410	2.482	37	2.835	3.003	3.204	3.343
11	2.234	2.355	2.485	2.564	38	2.846	3.014	3.216	3.356
12	2.285	2.412	2.550	2.636	39	2.857	3.025	3.288	3.369
13	2.331	2.462	2.607	2.699	40	2.866	3.036	3.240	3.381
14	2.371	2.507	2.659	2.755	41	2.877	3.046	3.251	3.393
15	2.409	2.549	2.705	2.806	42	2.887	3.057	3.261	3.404
16	2.443	2.585	2.747	2.852	43	2.896	3.067	3.271	3.415
17	2.475	2.620	2.785	2.894	44	2.905	3.075	3.282	3.425
18	2.504	2.651	2.821	2.932	45	2.914	3.085	3.295	3.435
19	2.532	2.681	2.854	2.968	46	2.923	3.094	3.302	3.445
20	2.557	2.709	2.884	3.001	47	2.931	3.103	3.310	3.455
21	2.580	2.733	2.912	3.031	48	2.940	3.111	3.319	3.464
22	2.603	2.758	2.939	3.060	49	2.948	3.120	3.329	3.474
23	2.624	2.781	2.963	3.087	50	2.956	3.128	3.336	3.483
24	2.644	2.802	2.987	3.112	60	3.025	3.199	3.411	3.560
25	2.663	2.822	3.009	3.135	70	3.082	3.257	3.471	3.622
26	2.681	2.841	3.029	3.157	80	3.130	3.305	3.521	3.673
27	2.698	2.859	3.049	3.178	90	3.171	3.347	3.563	3.716
28	2.714	2.876	3.068	3.199	100	3.207	3.383	3.600	3.754
29	2.730	2.893	3.085	3.218					

（2） 柯克兰（Cochran）最大方差检验临界值 $C_{(\alpha, m, n)}$ 表

m	$n=2$		$n=3$		$n=4$		$n=5$		$n=6$	
	$\alpha=0.01$	0.05	0.01	0.05	0.01	0.05	0.01	0.05	0.01	0.05
2	—	—	0.995	0.975	0.979	0.939	0.959	0.906	0.937	0.877
3	0.993	0.967	0.942	0.871	0.883	0.798	0.834	0.745	0.793	0.707
4	0.968	0.906	0.864	0.768	0.781	0.684	0.721	0.629	0.676	0.590
5	0.928	0.841	0.788	0.684	0.696	0.598	0.633	0.544	0.588	0.506
6	0.883	0.781	0.722	0.616	0.626	0.532	0.564	0.480	0.520	0.445
7	0.838	0.727	0.664	0.561	0.568	0.480	0.508	0.431	0.466	0.397
8	0.794	0.680	0.615	0.516	0.521	0.438	0.463	0.391	0.423	0.360

续表

m	n=2		n=3		n=4		n=5		n=6	
	α=0.01	0.05	0.01	0.05	0.01	0.05	0.01	0.05	0.01	0.05
9	0.754	0.638	0.573	0.478	0.481	0.403	0.425	0.358	0.387	0.329
10	0.718	0.602	0.536	0.445	0.447	0.373	0.393	0.331	0.357	0.303
11	0.684	0.570	0.504	0.417	0.418	0.348	0.366	0.308	0.332	0.281
12	0.653	0.541	0.475	0.392	0.392	0.326	0.343	0.288	0.310	0.262
13	0.624	0.515	0.450	0.371	0.369	0.307	0.322	0.271	0.291	0.246
14	0.599	0.492	0.427	0.352	0.349	0.291	0.304	0.255	0.274	0.232
15	0.575	0.471	0.407	0.335	0.332	0.276	0.288	0.242	0.259	0.220
16	0.553	0.452	0.388	0.319	0.316	0.262	0.274	0.230	0.246	0.208
17	0.532	0.434	0.372	0.305	0.301	0.250	0.261	0.219	0.234	0.198
18	0.514	0.418	0.356	0.293	0.288	0.240	0.249	0.209	0.223	0.189
19	0.496	0.403	0.343	0.281	0.276	0.230	0.238	0.200	0.214	0.181
20	0.480	0.389	0.330	0.270	0.265	0.220	0.229	0.192	0.205	0.174
21	0.465	0.377	0.318	0.261	0.255	0.212	0.220	0.185	0.197	0.167
22	0.450	0.365	0.307	0.252	0.246	0.204	0.212	0.178	0.189	0.160
23	0.437	0.354	0.297	0.243	0.238	0.197	0.204	0.172	0.182	0.155
24	0.425	0.343	0.287	0.235	0.230	0.190	0.197	0.166	0.176	0.149
25	0.413	0.334	0.278	0.228	0.222	0.185	0.190	0.160	0.170	0.144
26	0.402	0.325	0.270	0.221	0.215	0.179	0.184	0.155	0.164	0.140
27	0.391	0.316	0.262	0.215	0.209	0.173	0.179	0.150	0.159	0.135
28	0.382	0.308	0.255	0.209	0.202	0.168	0.173	0.146	0.154	0.131
29	0.372	0.300	0.248	0.203	0.196	0.164	0.168	0.142	0.150	0.127
30	0.363	0.293	0.241	0.198	0.191	0.159	0.164	0.138	0.145	0.124
31	0.355	0.286	0.235	0.193	0.186	0.155	0.159	0.134	0.141	0.120
32	0.347	0.280	0.229	0.188	0.181	0.151	0.155	0.131	0.138	0.117
33	0.339	0.273	0.224	0.184	0.177	0.147	0.151	0.127	0.134	0.114
34	0.332	0.267	0.218	0.179	0.172	0.144	0.147	0.124	0.131	0.111
35	0.325	0.262	0.213	0.175	0.168	0.140	0.144	0.121	0.127	0.108
36	0.318	0.256	0.208	0.172	0.165	0.137	0.140	0.118	0.124	0.106
37	0.312	0.251	0.204	0.168	0.161	0.134	0.137	0.116	0.121	0.103
38	0.306	0.246	0.200	0.164	0.157	0.131	0.134	0.113	0.119	0.101
39	0.300	0.242	0.196	0.161	0.154	0.129	0.131	0.111	0.116	0.099
40	0.294	0.237	0.192	0.158	0.151	0.126	0.128	0.108	0.114	0.097

附表3 F 分布表

(1) ($\alpha=0.05$)

n_2	\multicolumn{14}{c}{n_1}													
	1	2	3	4	5	6	7	8	9	10	12	15	20	60	∞
1	161.4	199.5	215.7	224.6	230.2	234.0	236.8	238.9	240.5	241.9	243.9	245.9	248.0	252.2	254.3
2	18.51	19.00	19.16	19.25	19.3	19.33	19.35	19.37	19.38	19.40	19.41	19.43	19.45	19.48	19.50
3	10.13	9.55	9.28	9.12	9.01	8.94	8.89	8.85	8.81	8.79	8.74	8.70	8.66	8.57	8.53
4	7.71	6.94	6.59	6.39	6.26	6.16	6.09	6.04	6.00	5.96	5.91	5.86	5.80	5.69	5.63
5	6.61	5.79	5.41	5.19	5.05	4.95	4.88	4.82	4.77	4.74	4.68	4.62	4.56	4.43	4.36
6	5.99	5.14	4.76	4.53	4.39	4.28	4.21	4.15	4.10	4.06	4.00	3.94	3.87	3.74	3.67
7	5.59	4.74	4.35	4.12	3.97	3.87	3.79	3.37	3.68	3.64	3.57	3.51	3.44	3.30	3.23
8	5.32	4.46	4.07	3.84	3.69	3.58	3.50	3.44	3.39	3.35	3.28	3.22	3.15	3.01	2.93
9	5.12	4.26	3.86	3.63	3.48	3.37	3.29	3.23	3.18	3.14	3.07	3.01	2.94	2.79	2.71
10	4.96	4.10	3.71	3.48	3.33	3.22	3.14	3.07	3.02	2.98	2.91	2.85	2.77	2.62	2.54
11	4.84	3.98	3.59	3.36	3.20	3.09	3.01	2.95	2.90	2.85	2.79	2.72	2.65	2.49	2.40
12	4.75	3.89	3.49	3.26	3.11	3.00	2.91	2.85	2.80	2.75	2.69	2.62	2.54	2.38	2.30
13	4.67	3.81	3.41	3.18	3.03	2.92	2.83	2.77	2.71	2.67	2.60	2.53	2.46	2.30	2.21
14	4.60	3.74	3.34	3.11	2.96	2.85	2.76	2.70	2.65	2.60	2.53	2.46	2.39	2.22	2.13
15	4.54	3.68	3.29	3.06	2.90	2.79	2.71	2.64	2.59	2.54	2.48	2.40	2.33	2.16	2.07
16	4.49	3.63	3.24	3.01	2.85	2.74	2.66	2.59	2.54	2.49	2.42	2.35	2.28	2.11	2.01
17	4.45	3.59	3.20	2.96	2.81	2.70	2.61	2.55	2.49	2.45	2.38	2.31	2.23	2.06	1.96
18	4.41	3.55	3.16	2.93	2.77	2.66	2.58	2.51	2.46	2.41	2.34	2.27	2.19	2.02	1.92
19	4.38	3.52	3.13	2.90	2.74	2.63	2.54	2.48	2.42	2.38	2.31	2.23	2.16	1.98	1.88
20	4.35	3.49	3.10	2.87	2.71	2.60	2.51	2.45	2.39	2.35	2.28	2.20	2.12	1.95	1.84
21	4.32	3.47	3.07	2.84	2.68	2.57	2.49	2.42	2.37	2.32	2.25	2.18	2.10	1.92	1.81
22	4.30	3.44	3.05	2.82	2.66	2.55	2.46	2.40	2.34	2.30	2.23	2.15	2.07	1.89	1.78
23	4.28	3.42	3.03	2.80	2.64	2.53	2.44	2.37	2.32	2.27	2.20	2.13	2.05	1.86	1.76
24	4.26	3.40	3.01	2.78	2.62	2.51	2.42	2.36	2.30	2.25	2.18	2.11	2.03	1.84	1.73
25	4.24	3.39	2.99	2.76	2.60	2.49	2.40	2.34	2.28	2.24	2.16	2.09	2.01	1.82	1.71
30	4.17	3.32	2.92	2.69	2.53	2.42	2.33	2.27	2.21	2.16	2.09	2.01	1.93	1.74	1.62
40	4.08	3.23	2.84	2.61	2.45	2.34	2.25	2.18	2.12	2.08	2.00	1.92	1.84	1.64	1.51
60	4.00	3.15	2.76	2.53	2.37	2.25	2.17	2.10	2.04	1.99	1.92	1.84	1.75	1.53	1.39
120	3.92	3.07	2.68	2.45	2.29	2.17	2.09	2.02	1.96	1.91	1.83	1.75	1.66	1.43	1.25
∞	3.84	3.00	2.60	2.37	2.21	2.10	2.01	1.94	1.88	1.83	1.75	1.67	1.57	1.32	1.00

(2) ($\alpha=0.01$)

n_2	\multicolumn{14}{c}{n_1}													
	1	2	3	4	5	6	7	8	9	10	12	15	20	60	∞
1	4052	4999.5	5403	5625	5764	5859	5928	5982	6022	6056	6106	6157	6209	6313	6366
2	98.50	99.00	99.17	99.25	99.30	99.33	99.36	99.37	99.39	99.40	99.42	99.43	99.45	99.48	99.50
3	34.12	30.82	29.46	28.71	28.24	27.91	27.67	27.49	27.35	27.23	27.05	26.37	26.69	26.32	26.13
4	21.20	18.00	16.69	15.98	15.52	15.21	14.98	14.80	14.66	14.55	14.37	14.20	14.02	13.65	13.46

续表

n_2	n_1													
	1	2	3	4	5	6	7	8	9	10	12	15	20	60	∞
5	16.26	13.27	12.06	11.39	10.97	10.67	10.46	10.29	10.16	10.05	9.89	9.72	9.55	9.20	9.02
6	13.75	10.92	9.78	9.15	8.75	8.47	8.26	8.10	7.98	7.87	7.72	7.56	7.40	7.06	6.88
7	12.25	9.55	8.45	7.85	7.46	7.19	6.99	6.84	6.72	6.62	6.47	6.31	6.16	5.82	5.65
8	11.26	8.65	7.59	7.01	6.63	6.37	6.18	6.03	5.91	5.81	5.67	5.52	5.36	5.03	4.86
9	10.56	8.02	6.99	6.42	6.06	5.80	5.61	5.47	5.35	5.26	5.11	4.96	4.81	4.48	4.31
10	10.04	7.56	6.55	5.99	5.64	5.39	5.20	5.06	4.94	4.85	4.71	4.56	4.41	4.08	3.91
11	9.65	7.21	6.22	5.67	5.32	5.07	4.89	4.74	4.63	4.54	4.40	4.25	4.10	3.78	3.60
12	9.33	6.93	5.95	5.41	5.06	4.82	4.64	4.50	4.39	4.30	4.16	4.01	3.86	3.54	3.36
13	9.07	6.70	5.74	5.21	4.86	4.62	4.44	4.30	4.19	4.10	3.96	3.82	3.66	3.34	3.17
14	8.86	6.51	5.56	5.04	4.69	4.46	4.28	4.14	4.03	3.94	3.80	3.66	3.51	3.18	3.00
15	8.68	6.36	5.42	4.89	4.56	4.32	4.14	4.00	3.89	3.80	3.67	3.52	3.37	3.05	2.87
16	8.53	6.23	5.29	4.77	4.44	4.20	4.03	3.89	3.78	3.69	3.55	3.41	3.26	2.93	2.75
17	8.40	6.11	5.18	4.67	4.34	4.10	3.93	3.79	3.68	3.59	3.46	3.31	3.16	2.83	2.65
18	8.29	6.01	5.09	4.58	4.25	4.01	3.84	3.71	3.60	3.51	3.37	3.23	3.08	2.75	2.57
19	8.18	5.93	5.01	4.50	4.17	3.94	3.77	3.63	3.52	3.43	3.30	3.15	3.00	2.67	2.49
20	8.10	5.85	4.94	4.43	4.10	3.87	3.70	3.56	3.46	3.37	3.23	3.09	2.94	2.61	2.45
21	8.02	5.78	4.87	4.37	4.04	3.81	3.64	3.51	3.40	3.31	3.17	3.03	2.88	2.55	2.36
22	7.95	5.72	4.82	4.31	3.99	3.76	3.59	3.45	3.35	3.26	3.12	2.98	2.83	2.50	2.31
23	7.88	5.66	4.76	4.26	3.94	3.71	3.54	3.41	3.30	3.21	3.07	2.93	2.78	2.45	2.26
24	7.82	5.61	4.72	4.22	3.90	3.67	3.50	3.36	3.26	3.17	3.03	2.89	2.74	2.40	2.21
25	7.77	5.57	4.68	4.18	3.85	3.63	3.46	3.32	3.22	3.13	2.99	2.85	2.70	2.36	2.17
30	7.56	5.39	4.51	4.02	3.70	3.47	3.30	3.17	3.07	2.98	2.84	2.70	2.55	2.21	2.01
40	7.31	5.18	4.31	3.83	3.51	3.29	3.12	2.99	2.89	2.80	2.66	2.52	2.37	2.02	1.80
60	7.08	4.98	4.13	3.65	3.34	3.12	2.95	2.82	2.72	2.63	2.50	2.35	2.20	1.84	1.60
120	6.85	4.79	3.95	3.48	3.17	2.96	2.79	2.66	2.56	2.47	2.34	2.19	2.03	1.66	1.38
∞	6.63	4.61	3.78	3.32	3.02	2.80	2.64	2.51	2.41	2.32	2.18	2.04	1.88	1.47	1.00

附表 4 相关系数 r 检验表

$n-2$	0.05	0.01	$n-2$	0.05	0.01	$n-2$	0.05	0.01
1	0.997	1.000	16	0.468	0.590	35	0.325	0.418
2	0.950	0.990	17	0.456	0.575	40	0.304	0.393
3	0.878	0.959	18	0.444	0.561	45	0.288	0.372
4	0.811	0.917	19	0.433	0.549	50	0.273	0.354
5	0.754	0.874	20	0.423	0.537	60	0.250	0.325
6	0.707	0.834	21	0.413	0.526	70	0.232	0.302
7	0.666	0.798	22	0.404	0.515	80	0.217	0.283
8	0.632	0.765	23	0.396	0.505	90	0.205	0.267
9	0.602	0.735	24	0.388	0.496	100	0.195	0.254
10	0.576	0.708	25	0.381	0.487	125	0.174	0.228
11	0.553	0.684	26	0.374	0.478	150	0.159	0.208
12	0.532	0.661	27	0.367	0.470	200	0.138	0.181
13	0.514	0.641	28	0.361	0.463	300	0.113	0.148
14	0.497	0.623	29	0.355	0.456	400	0.098	0.128
15	0.482	0.606	30	0.349	0.449	1000	0.062	0.081

附表 5　氧在蒸馏水中的溶解度（饱和度）

水温 T (℃)	溶解度 (mg/L)	水温 T (℃)	溶解度 (mg/L)	水温 T (℃)	溶解度 (mg/L)	水温 T (℃)	溶解度 (mg/L)
0	14.62	8	11.87	16	9.95	24	8.53
1	14.23	9	11.59	17	9.74	25	8.38
2	13.84	10	11.33	18	9.54	26	8.22
3	13.48	11	11.08	19	9.35	27	8.07
4	13.13	12	10.83	20	9.17	28	7.92
5	12.80	13	10.60	21	8.99	29	7.77
6	12.48	14	10.37	22	8.83	30	7.63
7	12.17	15	10.15	23	8.63		

附表 6　空气的物理性质（在一个标准大气压下）

温度（℃）	密度（kg/m³）	重度（N/m³）
−40	1.515	14.86
−20	1.395	13.68
0	1.293	12.68
10	1.248	12.24
20	1.205	11.82
30	1.165	11.43
40	1.128	11.06
60	1.060	10.40
80	1.000	9.81
100	0.946	9.28
200	0.747	7.33

附表 7　90°散射光 940mm 波长，不同浊度单位转换系数

	福马肼 (ASBC)	福马肼 (EBC)	福马肼 (FTU)	杰克森 (JTU)	硅藻土 APHA 型 百万分之一 SiO_2
福马肼 (ASBC)	1	0.014	0.053	0.053	0.053
福马肼 (EBC)	72	1	4	4	4
福马肼 (FTU)	18	0.25	1	1	1
杰克森 (JTU)	18	0.25	1	1	1
硅藻土 APHA 型 百万分之一 SiO_2	18	0.25	1	1	1

附录 2　臭氧浓度测定方法

1. 原理

臭氧与碘化钾发生氧化还原反应而析出与水样中所含 O_3 等量的碘。臭氧含量越多析出的碘也越多，溶液颜色也就越深，化学反应式如下：

$$O_3 + 2KI + H_2O = I_2 + 2KOH + O_2 \uparrow$$

以淀粉作指示剂，用硫代硫酸钠标准溶液滴定，化学反应式如下：

$$I_2 + 2Na_2S_2O_3 = 2NaI + Na_2S_4O_6$$

待完全反应，生成物为无色碘化钠，可根据硫代硫酸钠耗量计算出臭氧浓度。

2. 设备及用具

(1) 500mL 气体吸收瓶 2 只；

(2) 25mL 量筒 1 个；

(3) 湿式煤气表 1 只；

(4) 气体转子流量计 25～250L/h，2 只；

(5) 浓度 20％碘化钾溶液 1000mL；

(6) 6N 硫酸溶液 1000mL；

(7) 0.1N 硫代硫酸钠标准溶液 1000mL；

(8) 浓度 1％淀粉溶液 100mL。

3. 步骤及记录

(1) 用量筒将碘化钾溶液（浓度 20％）20mL 加入气体吸收瓶中。

(2) 然后往气体吸收瓶中加 250mL 蒸馏水，摇匀。

(3) 打开进气阀门，往瓶内通入臭氧化空气 2L，用湿式煤气表计量（注意控制进气口转子流量计读数为 500mL/min），平行取 2 个水样，并加入 5mL 的 6N 硫酸溶液摇匀后静止 5min。

(4) 用 0.1N 硫代硫酸钠溶液滴定。待溶液呈淡黄色时，滴入浓度为 1％的淀粉溶液数滴，溶液呈蓝褐色。

(5) 继续用 0.1N 硫代硫酸钠溶液滴定至无色，记录其用量。

4. 成果整理

计算臭氧浓度 $C(\text{mg/L})$ 公式：

$$C = \frac{24 N_2 V_2}{V_1} (\text{mg/L})$$

式中　N_2——硫代硫酸钠溶液的摩尔浓度；

　　　V_2——硫代硫酸钠溶液的滴定用量（体积）（mL）；

　　　V_1——臭氧取样体积（L）。

附录3　习题参考答案

第1章　参考答案

1. 解

(1) 固定硫酸铝为 5mg/L，对三氯化铁采用 0.618 法进行 5 次优选实验。实验范围 [10，30]，根据式(1-1)、式(1-2) 分别计算出 x_1、x_2：

$$x_1 = 10 + 0.618 \times (30 - 10) = 22.36 (\text{mg/L}) \quad ①$$
$$x_2 = 10 + 0.382 \times (30 - 10) = 17.64 (\text{mg/L}) \quad ②$$

已知②比①好，故保留 x_2 所在区间 [10，22.36]，计算出 x_3（左点）：

$$x_3 = 10 + 0.382 \times (22.36 - 10) = 14.72 (\text{mg/L}) \quad ③$$

已知③比②好，故保留 x_3 所在区间 [10，17.64]，计算出 x_4（左点）：

$$x_4 = 10 + 0.382 \times (17.64 - 10) = 12.92 (\text{mg/L}) \quad ④$$

已知③比④好，故保留 x_3 所在区间 [12.92，17.64]，计算出 x_5（右点）：

$$x_5 = 12.92 + 0.618 \times (17.64 - 12.92) = 15.84 (\text{mg/L}) \quad ⑤$$

已知⑤比③好，⑤ $x_5 = 15.84$（mg/L）作为三氯化铁用量最佳点。

(2) 三氯化铁用量 15.84mg/L，对硫酸铝采用 0.618 法进行 4 次优选实验，实验范围 [2，10]，根据式(1-1)、式(1-2) 分别计算出 x_1、x_2：

$$x_1 = 2 + 0.618 \times (10 - 2) = 6.94 (\text{mg/L}) \quad ①$$
$$x_2 = 2 + 0.382 \times (10 - 2) = 5.06 (\text{mg/L}) \quad ②$$

已知①比②好，保留 x_1 所在区间 [5.06，10]，计算出 x_3（右点）：

$$x_3 = 5.06 + 0.618 \times (10 - 5.06) = 8.11 (\text{mg/L}) \quad ③$$

已知①比③好，保留 x_1 所在区间 [5.06，8.11]，计算出 x_4（左点）：

$$x_4 = 5.06 + 0.382 \times (8.11 - 5.06) = 6.22 (\text{mg/L}) \quad ④$$

根据实验结果，①比④好，① $x_1 = 6.94$（mg/L）作为硫酸铝用量好点。

即最佳用量：三氯化铁 15.84mg/L，硫酸铝 6.94mg/L。

2. 解

(1) 选用 $L_9(3^4)$ 正交表，计算结果见答案表-1。

污水中某种物质转化正交实验方案及实验结果极差分析表　　答案表-1

实验号	A 反应温度(℃)	B 加碱量(kg)	C 加酸量(kg)	D (空列)	实验结果 转化率 α(%)
1	1(80)	1(35)	1(25)	1	51
2	1	2(48)	2(30)	2	71

续表

实验号	A 反应温度(℃)	B 加碱量(kg)	C 加酸量(kg)	D (空列)	实验结果 转化率α(%)
3	1	3(55)	3(35)		58
4	2(85)	1	2		82
5	2	2	3		69
6	2	3	1		59
7	3(90)	1	3		77
8	3	2	1		85
9	3	3	2		84
K_1	180	210	195		
K_2	210	225	237		
K_3	246	201	204		
$\overline{K}_1$	60	70	65		
$\overline{K}_2$	70	75	79		
$\overline{K}_3$	82	67	68		
极差 R	22	8	14		

（2）实验结果的极差分析

由极差大小可得主次因素顺序为：

$$A(反应温度) \to C(加酸量) \to B(加碱量)$$

较佳的水平组合（$\overline{K}_i$ 值越大越好）：$A_3B_2C_2$

即：反应温度 90℃，加碱量 48kg，加酸量 30kg。

3. 解

（1）选用 $L_9(3^4)$ 正交表，计算结果见答案表-2。

正交实验方案及实验结果极差分析表　　　　答案表-2

实验号	A 加药体积(mL)	B 加药量(mg/L)	C 反应时间(min)	D (空列)	实验结果 比阻 $R(10^8 S^2/g)$
1	1 (1)	1 (5)	1 (20)		1.122
2	1	2 (10)	2 (40)		1.119
3	1	3 (15)	3 (60)		1.154
4	2 (5)	1	2		1.091
5	2	2	3		0.979
6	2	3	1		1.206
7	3 (9)	1	3		0.938
8	3	2	1		0.990
9	3	3	2		**0.702**
K_1	3.395	3.151	3.318		
K_2	3.276	3.088	2.912		
K_3	2.630	3.062	3.071		
$\overline{K}_1$		1.132	1.050	1.106	
$\overline{K}_2$	1.092	1.029	**0.971**		
$\overline{K}_3$	**0.877**	**1.021**	1.024		
极差 R	0.255	0.029	0.135		

(2) 实验结果的极差分析

由极差大小可得主次因素顺序为：
$$A(加药体积) \to C(反应时间) \to B(加药量)$$

较佳水平组合（$\overline{K_i}$ 越小越好）：$A_3B_3C_2$

即：加药体积 9mL，加药量 15mg/L，反应时间 40min。

通过极差分析得到的较佳水平组合 $A_3B_3C_2$，与表中最佳的第 9 号实验结果一致。

4．解

(1) 选用 $L_9(3^4)$ 正交表，计算结果见答案表-3。

正交实验方案及实验结果极差分析表　　　答案表-3

实验号	A 混合速度梯度 (s^{-1})	B 滤速 (m/h)	C 混合时间 (s)	D 投药量 (mg/L)	实验结果 出水浊度 y (NTU)
1	1 (400)	1 (10)	1 (10)	1 (9)	0.75
2	1	2 (8)	2 (20)	2 (7)	0.80
3	1	3 (6)	3 (30)	3 (5)	0.85
4	2 (500)	1	2	3	0.90
5	2	2	3	1	0.45
6	2	3	1	2	0.65
7	3 (600)	1	3	2	0.65
8	3	2	1	3	0.85
9	3	3	2	1	**0.35**
K_1	2.40	2.30	2.25	1.55	
K_2	2.00	2.10	2.05	2.10	
K_3	1.85	1.85	1.95	2.60	
$\overline{K_1}$	0.80	0.77	0.75	0.52	
$\overline{K_2}$	0.67	0.70	0.68	0.70	
$\overline{K_3}$	**0.62**	**0.62**	**0.65**	0.87	
极差 R	0.18	0.15	0.10	0.35	

(2) 实验结果的极差分析

由极差大小可得主次因素顺序为：
$$D(投药量) \to A(混合速度梯度) \to B(滤速) \to C(混合时间)$$

较佳水平组合（$\overline{K_i}$ 越小越好）：$A_3B_3C_3D_1$

即：混合速度梯度 $600s^{-1}$，滤速 6m/h，混合时间 30s，投药量 9mg/L。

5．解

(1) 选用 $L_4(2^3)$ 正交表，计算结果见答案表-4。

正交实验方案及实验结果极差分析表　　　答案表-4

实验号	A 进水负荷 (m³/(m²·h))	B 池型	C 空白	实验结果 x_R/x	实验结果 SS (mg/L)	评分 x_R/x	评分 SS (mg/L)	综合评分
1	1 (0.45)	1 (斜)		2.06	60	92	83	88
2	1	2 (矩)		2.20	48	100	100	100

续表

实验号		A 进水负荷 ($m^3/(m^2·h)$)	B 池型	C 空白	实验结果		评分		
					x_R/x	SS (mg/L)	x_R/x	SS (mg/L)	综合评分
3		2 (0.60)	1		1.49	77	60	60	60
4		2	2		2.04	63	91	79	85
x_R/x	K_1	4.26	3.55						
	K_2	3.53	4.24						
	$\overline{K_1}$	**2.13**	1.78						
	$\overline{K_2}$	1.76	**2.12**						
	极差 R	**0.37**	0.34						
SS	K_1	108	137						
	K_2	140	111						
	$\overline{K_1}$	**54**	68.5						
	$\overline{K_2}$	70	**55.5**						
	极差 R	**16**	13						
综合评分	K_1	188	148						
	K_2	145	185						
	$\overline{K_1}$	**94.0**	74.0						
	$\overline{K_2}$	72.5	**92.5**						
	极差 R	**21.5**	18.5						

(2) 实验结果的极差分析

由极差大小可得主次因素顺序为：

污泥浓缩倍数 x_R/x 指标：A（进水负荷）→ B（池型）；

出水悬浮物浓度 SS 指标：A（进水负荷）→ B（池型）。

各因素较佳的水平组合：

污泥浓缩倍数 x_R/x（$\overline{K_i}$ 越大越好）：A_1B_2；

出水悬浮物浓度 SS（$\overline{K_i}$ 越小越好）：A_1B_2。

综合两项指标，最佳组合为 A_1B_2。

即：进水负荷 0.45 [$m^3/(m^2·h)$]，池型选择矩形。

(3) 综合分析

将全部实验结果按照指标从优到劣进行排队评分。

污泥浓缩倍数 x_R/x 越大越好，因此对于该指标的 2 号实验结果评分 100 分，3 号实验 x_R/x 值最小，评分 60 分，1 号、4 号按比例换算出评分。

出水悬浮物浓度（SS）越小越好，因此 SS 指标的 2 号实验结果评分 100 分，3 号实验结果评分 60 分，1 号、4 号按比例换算出评分。

评分结果见答案表-4，污泥浓缩倍数 x_R/x 和出水悬浮物浓度 SS 按同等重要分析，将两者的算术平均分作为综合评分值，并计算出各因素水平均值、$\overline{K_i}$ 和极差 R，得出主次因素顺序及较佳水平组合。

由极差大小可得主次因素顺序为：

$$A(\text{进水负荷}) \rightarrow B(\text{池型})$$

由 $\overline{K_i}$（越大越好），得较佳水平组合为：A_1B_2；

即：进水负荷 $0.45[\text{m}^3/(\text{m}^2 \cdot \text{h})]$，池型选择矩形。

第2章 参考答案

1. 解：
（1）用格拉布斯和肖维涅检验法判断第一工况某天测定数据中是否有离群数据

1) 格拉布斯法检验

根据式(2-8)、式(2-10)、式(2-19)、式(2-20)分别计算出四个指标的总均值 $\overline{\overline{x}}$、标准差 S、G_{max}、G_{min}，查附表 2（1）得临界值 $G_{(\alpha, m)}$，结果汇总于答案表-5。

格拉布斯法检验计算结果表　　答案表-5

	总均值 $\overline{\overline{x}}$	标准差 S	G_{max}	G_{min}	临界值 $G_{(0.05, m)}$	临界值 $G_{(0.01, m)}$	比较 G_{max} 与 $G_{(0.05, m)}$	比较 G_{min} 与 $G_{(0.05, m)}$	结论
进水流量 (m³/h)	0.32	0.009	2.222	1.111	2.285	2.550	小于	小于	无异常值
污泥浓度 (mg/L)	2978.67	150.946	0.989	1.416	1.822	1.944	小于	小于	无异常值
进水水质 (mg/L)	594.17	38.338	0.987	1.804	1.822	1.944	小于	小于	无异常值
出水水质 (mg/L)	13.00	2.191	1.369	1.369	1.822	1.944	小于	小于	无异常值

当显著性水平 $\alpha=0.05$ 和 $\alpha=0.01$ 时，均无离群数据，应全部保留。

2) 肖维涅准则法检验

查表 2-2 可得肖维涅检验临界值 z_c，并计算出四个指标的 z_cS 值，结果汇总于答案表-6。

肖维涅准则检验法计算结果表　　答案表-6

	偏差 $|d_s|$	标准差 S	临界值 z_c	z_cS	$|d_s|$ 与 z_cS 比较	结论
进水流量 (m³/h)	0.02	0.009	2.04	0.018	大于	有异常值
污泥浓度 (mg/L)	213.67	150.946	1.73	261.136	小于	无异常值
进水水质 (mg/L)	69.17	38.338	1.73	66.325	大于	有异常值
出水水质 (mg/L)	3.00	2.191	1.73	3.790	小于	无异常值

比较 $|d_s|$ 与 z_cS 值可知：

进水流量第六个数据（0.34m³/h）的 $|d_s|$ 值（0.02）大于 $z_cS=0.018$，应去掉；
进水水质第三个数据（525mg/L）的 $|d_s|$ 值（69.17）大于 $z_cS=66.325$，应去掉；
污泥浓度、出水水质的 $|d_s|$ 均小于对应的 z_cS，应全部保留。

（2）求第一工况污泥去除负荷 N_s 的误差值，并用拉依达检验法判断是否有离群数据。

污泥去除负荷计算公式：$N_s = \dfrac{Q(S_0 - S_e)}{VX}$（其中 Q 为 m^3/d），连续 10 天的污泥去除负荷 N_s，见答案表-7。

均值 $\overline{N_s}$：$\overline{N_s} = \dfrac{1}{10}\sum\limits_{i=1}^{10} N_{si} = 0.150 [kg/(kg \cdot d)]$

根据绝对误差公式(2-1)、相对误差公式(2-4)，用均值 $\overline{N_s}$ 代替真值，计算 N_s 的绝对误差、相对误差及偏差绝对值 $|d_s|$，计算结果见答案表-7。

标准差 $S = \sqrt{\dfrac{\sum\limits_{i=1}^{n} d_i^2}{n-1}} = \sqrt{\dfrac{\sum\limits_{i=1}^{10}(N_{si}-\overline{N_s})^2}{10-1}} = 0.006$

第一工况下的污泥去除负荷 N_s 及其误差　　　　答案表-7

项目＼序号	1	2	3	4	5	6	7	8	9	10
N_s	0.150	0.144	0.159	0.144	0.150	0.163	0.150	0.148	0.152	0.143
绝对误差	0.000	−0.006	0.009	−0.006	0.000	0.013	0.000	−0.002	0.002	−0.007
相对误差	0.000	−0.040	0.060	−0.040	0.000	0.087	0.000	−0.013	0.013	−0.047
偏差绝对值 $|d_s|$	0.000	0.006	0.009	0.006	0.000	0.013	0.000	0.002	0.002	0.007

拉依达检验法判断是否有离群数据：

$$K_s = 3S = 3 \times 0.006 = 0.018$$

将偏差绝对值 $|d_s|$ 与 K_s 作比较，$|d_s|$ 均小于 K_s，无离群数据，应全部保留。

（3）进行回归分析，建立 S_e 与 N_s 的关系式

1）采用 Excel 软件，以污泥负荷 N_s 为横坐标，出水水质 S_e 为纵坐标作散点图。从散点图看出，S_e 与 N_s 基本呈线性关系，故选线性布局，可得 S_e 与 N_s 的回归方程为：

$$S_e = 124.66 N_s - 1.1443 \qquad r^2 = 0.9975 \qquad r = 0.9987$$

2）格拉布斯法检验

根据 $n-2=7-2=5$，$\alpha=0.05$，$\alpha=0.01$ 查附表 4 相关系数检验表得：$r_{0.05}=0.754$，$r_{0.01}=0.874$。

因为 $r=0.9987 > r_{0.05}$ 及 $r_{0.01}$，故上述线性关系成立。

2. 解：

（1）将出水水质的统计计算结果列于答案表-8。

污泥负荷对出水水质影响数据计算表　　　　答案表-8

	污泥负荷 [kg/(kg·d)]			Σ
	0.15	0.25	0.35	
Σ	84.3	112.7	151.3	348.3
$(\Sigma)^2$	7106.49	12701.29	22891.69	42699.47

（2）计算结果列于答案表-9。

方差分析表　　　　　　　　　　　　　　　　　　　　　　　　　　答案表-9

方差来源	统计量	偏差平方和	自由度	均方	F
组间误差	$b=3$ $a=7$ $n=7$	$S_A=Q-P=323.120$	$f_A=b-1=2$ $f_E=b(a-1)=18$ $f_T=ab-1=20$	$\overline{S}_A=\dfrac{S_A}{b-1}$ $=161.560$	$F=\dfrac{\overline{S}_A}{\overline{S}_E}$ $=1795.111$
组内误差	$Q=6099.924$ $P=5776.804$ $R=6101.55$	$S_E=R-Q=1.626$		$\overline{S}_E=\dfrac{S_E}{b(a-1)}$ $=0.090$	
总和		$S_T=S_A+S_E=324.746$			

(3) 查临界值 $F_\alpha(n_1, n_2)$。

组间差自由度 $n_1=f_A=b-1=2$，组内差自由度 $n_2=f_E=b(a-1)=18$，由 F 分布表附表 3 可知：

当显著性水平分别为 $\alpha=0.01$，$\alpha=0.05$ 时，$F_{0.01}(2,18)=6.01$，$F_{0.05}(2,18)=3.55$

(4) 显著性检验

由于 $F=1795.11$ 远大于 $F_{0.01}(2,18)=6.01$ 和 $F_{0.05}(2,18)=3.55$，故污泥负荷对出水水质影响特别显著。

3. 解：

(1) 计算各因素不同水平的评价指标之和 K_i、评价指标 y 之和、$\sum_{i=1}^{b}K_i^2$ 及 $\dfrac{1}{a}\sum_{i=1}^{b}K_i^2$ 并填入答案表-10。

污水中某物质转化率实验及结果　　　　　　　　　　　　　　　　　答案表-10

实验号	A 反应温度(℃)	B 加碱量(kg)	C 加酸量(kg)	D 空白	评价指标 y 转化率(%)
$\sum_{i=1}^{b}K_i^2$	137016	135126	135810	135090	$\Sigma y=636$
$\dfrac{1}{a}\sum_{i=1}^{b}K_i^2$	45672	45042	45270	45030	$W=46182$

(2) 计算各统计量见答案表-11。

方差分析表　　　　　　　　　　　　　　　　　　　　　　　　　答案表-11

方差来源	统计量	偏差平方和	自由度	均方	F
组间误差	$b=3$ $a=3$ $n=9$ $P=44944$ $W=46182$ $Q_A=45672$ $Q_B=45042$ $Q_C=45270$	$S_A=Q_A-P=728$ $S_B=Q_B-P=98$ $S_C=Q_C-P=326$	$f_A=f_B=f_C$ $=b-1=2$ $f_T=ab-1=8$ $f_E=f_T-(f_A+f_B+f_C)=2$	$\overline{S}_A=\dfrac{S_A}{f_A}=364$ $\overline{S}_B=\dfrac{S_B}{f_B}=49$ $\overline{S}_C=\dfrac{S_C}{f_C}=163$ $\overline{S}_E=\dfrac{S_E}{f_E}=43$	$F_A=\dfrac{\overline{S}_A}{\overline{S}_E}=\dfrac{364}{43}=8.46$ $F_B=\dfrac{\overline{S}_B}{\overline{S}_E}=\dfrac{49}{43}=1.14$ $F_C=\dfrac{\overline{S}_C}{\overline{S}_E}=\dfrac{163}{43}=3.79$
组内误差	$Q_0=45030$	$S_E=Q_0-P=86$			
总和		$S_T=W-P=1238$			

（3）显著性检验

$$n_1 = f_A = f_B = f_C = 2, \quad n_2 = f_E = 2$$

1) 当显著性水平 α 取 0.05 时，查附表 3 的 F 分布表得：

$$F_{0.05}(f_A, f_E) = F_{0.05}(f_B, f_E) = F_{0.05}(f_C, f_E) = F_{0.05}(2, 2) = 19.00$$

由于 $F_A = 8.46$、$F_B = 1.14$、$F_C = 3.79$ 均小于 $F_{0.05}(2,2) = 19.00$，故反应温度、加碱量和加酸量均为非显著性因素。

2) 当显著性水平 α 取 0.01 时，查附表 3 的 F 分布表得：

$$F_{0.01}(f_A, f_E) = F_{0.01}(f_B, f_E) = F_{0.01}(f_C, f_E) = F_{0.01}(2, 2) = 99.00$$

由于 $F_A = 8.46$、$F_B = 1.14$、$F_C = 3.79$ 均小于 $F_{0.01}(2,2) = 99.00$，故反应温度、加碱量和加酸量均为非显著性因素。

4. 解：

（1）计算各因素不同水平的评价指标之和 K_i、评价指标 y 之和、$\sum_{i=1}^{b} K_i^2$、$\frac{1}{ac}\sum_{i=1}^{b} K_i^2$、$\sum_{i=1}^{nc} y_i$ 和 W 并填入答案表-12。

碱式氯化铝投加药剂实验及结果　　　　　　　　　　　　　　　答案表-12

实验号	A 混合速度梯度(s^{-1})	B 滤速(m/h)	C 混合时间(s)	D 投药量(mg/L)	实验结果 出水浊度 y_1 (NTU)	实验结果 出水浊度 y_2 (NTU)	y_1+y_2 (NTU)
1	400	10	10	9	0.75	1.25	2.00
2	400	8	20	7	0.80	0.50	1.30
3	400	6	30	5	0.85	0.37	1.22
4	500	10	20	5	0.90	1.36	2.26
5	500	8	30	9	0.45	0.28	0.73
6	500	6	10	7	0.65	0.27	0.92
7	600	10	30	7	0.65	0.84	1.49
8	600	8	10	5	0.85	0.43	1.28
9	600	6	20	9	0.35	0.40	0.75
K_1	4.52	5.75	4.20	3.48			
K_2	3.91	3.31	4.31	3.71	$\sum_{i=1}^{nc} y_i = 11.95$		
K_3	3.52	2.89	3.44	4.76			
$\sum_{i=1}^{b} K_i^2$	48.109	52.371	48.050	48.532	$W = \sum_{i=1}^{nc} y_i^2 = 9.628$		
$\frac{1}{ac}\sum_{i=1}^{b} K_i^2$	8.018	8.728	8.008	8.089			

（2）计算各统计量见答案表-13。

$$S_{E2} = \sum_{i=1}^{n} \sum_{j=1}^{c} y_{ij}^2 - \frac{\sum_{i=1}^{n} \left(\sum_{j=1}^{c} y_{ij}\right)^2}{c} = 9.628 - \frac{18.086}{2} = 0.585$$

方差分析表　　　　　　　　　　　　　　　答案表-13

方差来源	统计量	偏差平方和	自由度	均方	F
组间误差	$c=2$ $b=3$ $a=3$ $n=9$ $P=7.933$ $W=9.628$ $Q_A=8.018$ $Q_B=8.728$ $Q_C=8.008$ $Q_D=8.089$	$S_A=Q_A-P=0.085$ $S_B=Q_B-P=0.795$ $S_C=Q_C-P=0.075$ $S_D=Q_D-P=0.156$	$f_A=f_B=f_C=f_D$ $=b-1=2$ $f_T=nc-1=17$ $f_{E1}=0$ $f_{E2}=n(c-1)=9$ $f_E=f_{E1}+f_{E2}=9$	$\overline{S}_A=\dfrac{S_A}{f_A}=0.042$ $\overline{S}_B=\dfrac{S_B}{f_B}=0.398$ $\overline{S}_C=\dfrac{S_C}{f_C}=0.038$ $\overline{S}_D=\dfrac{S_D}{f_D}=0.078$	$F_A=\dfrac{\overline{S}_A}{\overline{S}_E}=\dfrac{0.042}{0.065}$ $=0.65$ $F_B=\dfrac{\overline{S}_B}{\overline{S}_E}=\dfrac{0.398}{0.065}$ $=6.12$ $F_C=\dfrac{\overline{S}_C}{\overline{S}_E}=\dfrac{0.038}{0.065}$ $=0.58$
组内误差		$S_E=S_{E1}+S_{E2}$ $=0+0.585=0.585$		$\overline{S}_E=\dfrac{S_E}{f_E}=0.065$	$F_D=\dfrac{\overline{S}_D}{\overline{S}_E}=\dfrac{0.078}{0.065}$ $=1.20$
总和		$S_T=S_A+S_B+S_C$ $+S_D+S_E=1.696$			

(3) 显著性检验

$$n_1=f_A=f_B=f_C=f_D=2,\ n_2=f_E=9$$

1) 当显著性水平 α 取 0.05 时，查附表 3 的 F 分布表得：

$F_{0.05}(f_A,\ f_E)=F_{0.05}(f_B,\ f_E)=F_{0.05}(f_C,\ f_E)=F_{0.05}(f_D,\ f_E)=F_{0.05}(2,\ 9)=4.26$

2) 当显著性水平 α 取 0.01 时，查附表 3 的 F 分布表得：

$F_{0.01}(f_A,\ f_E)=F_{0.01}(f_B,\ f_E)=F_{0.01}(f_C,\ f_E)=F_{0.01}(f_D,\ f_E)=F_{0.01}(2,\ 9)=8.02$

由于 $F_A=0.65$，$F_C=0.58$，$F_D=1.20$ 均小于 $F_{0.05}(2,\ 9)$ 和 $F_{0.01}(2,\ 9)$，故混合速度梯度、混合时间和投药量均为非显著性因素；而 $F_B=6.12$ 大于 $F_{0.05}(2,\ 9)=4.26$，小于 $F_{0.01}(2,\ 9)=8.02$，因此，滤速为显著性因素。

5. 解：

(1) 普通曝气法

1) 采用 Excel 软件，用散点作图，选择线性布局，可得：

$$y=18.6664-11.8247x \qquad r^2=0.5476 \qquad r=-0.7400$$

2) 检验

根据 $n-2=11-2=9$，$\alpha=0.01$ 和 $\alpha=0.05$ 查附表 4 相关系数 r 检验表得 $r_{0.01}(9)=0.735$，$r_{0.05}(9)=0.602$。

因为 $|r|=0.7400$ 大于 $r_{0.05}(9)=0.602$ 和 $r_{0.01}(9)=0.735$，故普通曝气法的出水硝酸盐氮和污泥负荷存在线性关系，两变量在水平 $\alpha=0.05$ 或 0.01 下线性关系高度显著。

(2) A/O 法

1) 采用 Excel 软件，用散点作图，选择线性布局，可得：

$$y=11.3035-10.2130x \qquad r^2=0.6558 \qquad r=-0.8098$$

2) 检验

根据 $n-2=13-2=11$，$\alpha=0.01$ 和 $\alpha=0.05$ 查附表 4 相关系数 r 检验表得 $r_{0.01}(11)=0.684$，$r_{0.05}(11)=0.553$。

因为 $|r|=0.8098$ 大于 $r_{0.05}(11)=0.553$ 和 $r_{0.01}(11)=0.684$，故 A/O 流程下出水硝

酸盐氮和污泥负荷存在线性关系，两变量在水平 α 为 0.05 或 0.01 下线性关系高度显著。

(3) A^2/O 法

1) 采用 Excel 软件，用散点作图，选择线性布局，可得：
$$y=9.4081-10.4791x \quad r^2=0.6154 \quad r=-0.7845$$

2) 检验

根据 $n-2=7-2=5$，$\alpha=0.01$ 和 $\alpha=0.05$ 查附表 4 相关系数 r 检验表，得 $r_{0.01}(5)=0.874$，$r_{0.05}(5)=0.754$。

因为 $|r|=0.7845$ 大于 $r_{0.05}(5)=0.754$，小于 $r_{0.01}(5)=0.874$，故 A^2/O 流程下出水硝酸盐氮和污泥负荷存在线性关系，两变量在水平 $\alpha=0.05$ 或 $\alpha=0.01$ 下线性关系一般显著。

主要参考文献

[1] 孙丽欣. 水处理工程应用实验 [M]. 哈尔滨：哈尔滨工业大学出版社，2002.
[2] 许保玖，龙腾锐. 当代给水与废水处理原理 [M]. 北京：高等教育出版社，2000.
[3] 常青. 水处理絮凝学 [M]. 北京：化学工业出版社，2003.
[4] 张统. 间歇式活性污泥及污水处理技术及工程实例 [M]. 北京：化学工业出版社，2002.
[5] 张可方. 水处理实验技术 [M]. 广州：暨南大学出版社，2003.
[6] 严煦世，高乃云. 给水工程 [M]. 第5版. 北京：中国建筑工业出版社，2022.
[7] 张自杰. 排水工程下册 [M]. 第5版. 北京：中国建筑工业出版社，2015.
[8] 许保玖. 给水处理理论 [M]. 北京：中国建筑工业出版社，2000.
[9] 张树国，李咏梅. 膜生物反应器污水处理技术 [M]. 北京：化学工业出版社，2003.
[10] 张自杰. 废水处理理论与设计 [M]. 北京：中国建筑工业出版社，2003.
[11] 刘广立，赵广英. 膜技术在水和废水处理中的应用 [M]. 北京：化学工业出版社，2003.
[12] 何晓群，刘文卿. 应用回归分析 [M]. 第5版. 北京：中国人民大学出版社，2019.
[13] Douglas C. Montgomery. 实验设计与分析 [M]. 北京：中国统计出版社，2009.
[14] 中国环境监测总站编写组. 环境水质监测质量保证手册 [M]. 北京：化学工业出版社，1984.
[15] 同济大学给水排水教研室. 水污染控制实验 [M]. 上海：上海科学技术出版社，1981.
[16] 理查德 J 拉森，莫里斯·L. 马克斯. 数理统计及其应用 [M]. 第6版. 王璐，赵威，卢鹏等译. 北京：机械工业出版社，2023.
[17] 茆诗松，王静龙，濮晓龙. 高等数理统计 [M]. 第3版. 北京：高等教育出版社，2022.
[18] 张忠占，徐兴忠. 应用数理统计 [M]. 北京：机械工业出版社，2008.
[19] 张成军. 实验设计与数据处理 [M]. 北京：化学工业出版社，2009.
[20] 何灿芝，罗汉. 应用统计学 [M]. 长沙：湖南大学出版社，2004.
[21] 陈宏盛，刘雨. 计算方法 [M]. 长沙：国防大学出版社，2001.
[22] 易大义，沈云宝，李有法. 计算方法 [M]. 杭州：浙江大学出版社，2001.
[23] 国家环境保护总局，《水和废水监测分析方法》编委会. 水和废水监测分析方法 [M]. 第4版. 北京：中国环境科学出版社，2002.
[24] 庞超明，黄弘. 试验方案优化设计与数据分析 [M]. 南京：东南大学出版社，2018.
[25] 何为，薛卫东，唐斌. 优化试验设计方法及数据分析 [M]. 北京：化学工业出版社，2018.
[26] 李志西，杜双奎. 试验优化设计与统计分析 [M]. 北京：科学出版社，2010.
[27] 任露泉. 试验设计及其优化 [M]. 北京：科学出版社，2009.
[28] 汤旦林，王松柏. 几种国际通用统计软件的比较 [J]. 数理统计与管理，1997，2：48~53.
[29] 冯亮能. 统计电算化软件比较分析 [J]. 统计与预测，2002，12：44~46.
[30] 向穷，施树良，李钰. 常用统计软件在生物统计中的应用比较 [J]. 现代生物医学进展，2009，5：1775~1777.
[31] 冯雪楠，崔玉杰. 实用统计软件比较分析 [J]. 北方工业大学学报，2008，3：62~65.
[32] 刘婉如，余道街，吴岚，等. 一项从CAA到CAD的工作 [J]. 数理统计与管理，1994，10：43~45.
[33] 茆诗松. 实验设计与分析 [J]. 数理统计与管理，1999，6：51~53.

高等学校给排水科学与工程学科专业指导委员会规划推荐教材

征订号	书名	作者	定价（元）	备注
40573	高等学校给排水科学与工程本科专业指南	教育部高等学校给排水科学与工程专业教学指导分委员会	25.00	
39521	有机化学（第五版）（送课件）	蔡素德等	59.00	住建部"十四五"规划教材
41921	物理化学（第四版）（送课件）	孙少瑞、何洪	39.00	住建部"十四五"规划教材
37018	供水水文地质（第六版）	李广贺等	56.00	住建部"十四五"规划教材
42807	水资源利用与保护（第五版）（送课件）	李广贺等	63.00	住建部"十四五"规划教材
42947	水处理实验设计与技术（第六版）（送课件）	冯萃敏等	58.00	住建部"十四五"规划教材
27559	城市垃圾处理（送课件）	何品晶等	42.00	土建学科"十三五"规划教材
31821	水工程法规（第二版）（送课件）	张智等	46.00	土建学科"十三五"规划教材
31223	给排水科学与工程概论（第三版）（送课件）	李圭白等	26.00	土建学科"十三五"规划教材
32242	水处理生物学（第六版）（送课件）	顾夏声、胡洪营等	49.00	土建学科"十三五"规划教材
35780	水力学（第三版）（送课件）	吴玮、张维佳	38.00	土建学科"十三五"规划教材
36037	水文学（第六版）（送课件）	黄廷林	40.00	土建学科"十三五"规划教材
36442	给水排水管网系统（第四版）（送课件）	刘遂庆	45.00	土建学科"十三五"规划教材
36535	水质工程学（第三版）（上册）（送课件）	李圭白、张杰	58.00	土建学科"十三五"规划教材
36536	水质工程学（第三版）（下册）（送课件）	李圭白、张杰	52.00	土建学科"十三五"规划教材
37017	城镇防洪与雨水利用（第三版）（送课件）	张智等	60.00	土建学科"十三五"规划教材
37679	土建工程基础（第四版）（送课件）	唐兴荣等	69.00	土建学科"十三五"规划教材
37789	泵与泵站（第七版）（送课件）	许仕荣等	49.00	土建学科"十三五"规划教材
37766	建筑给水排水工程（第八版）（送课件）	王增长、岳秀萍	72.00	土建学科"十三五"规划教材
38567	水工艺设备基础（第四版）（送课件）	黄廷林等	58.00	土建学科"十三五"规划教材
32208	水工程施工（第二版）（送课件）	张勤等	59.00	土建学科"十二五"规划教材
39200	水分析化学（第四版）（送课件）	黄君礼	68.00	土建学科"十二五"规划教材
33014	水工程经济（第二版）（送课件）	张勤等	56.00	土建学科"十二五"规划教材
29784	给排水工程仪表与控制（第三版）（含光盘）	崔福义等	47.00	国家级"十二五"规划教材
16933	水健康循环导论（送课件）	李冬、张杰	20.00	
37420	城市河湖水生态与水环境（送课件）	王超、陈卫	40.00	国家级"十一五"规划教材
37419	城市水系统运营与管理（第二版）（送课件）	陈卫、张金松	65.00	土建学科"十五"规划教材
33609	给水排水工程建设监理（第二版）（送课件）	王季震等	38.00	土建学科"十五"规划教材
20098	水工艺与工程的计算与模拟	李志华等	28.00	
32934	建筑概论（第四版）（送课件）	杨永祥等	20.00	
24964	给排水安装工程概预算（送课件）	张国珍等	37.00	
24128	给排水科学与工程专业本科生优秀毕业设计（论文）汇编（含光盘）	本书编委会	54.00	
31241	给排水科学与工程专业优秀教改论文汇编	本书编委会	18.00	

以上为已出版的指导委员会规划推荐教材。欲了解更多信息，请登录中国建筑工业出版社网站：www.cabp.com.cn 查询。在使用本套教材的过程中，若有任何意见或建议，可发 Email 至：wangmeilingbj@126.com。